论圆的几何学

A TREATISE ON THE GEOMETRY OF THE CIRCLE

[英] 威廉·J. 麦克兰德（William J. M'Clelland） 著
赵勇 译

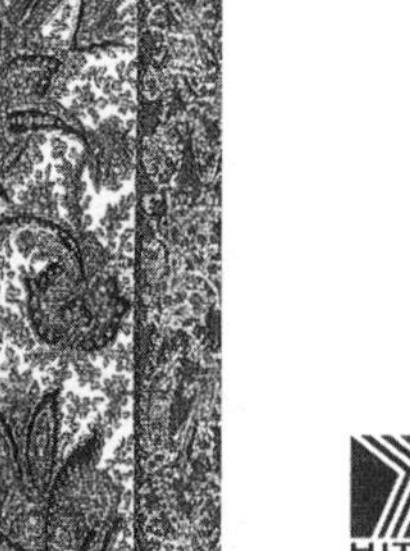

HITP
哈尔滨工业大学出版社
HARBIN INSTITUTE OF TECHNOLOGY PRESS

内 容 简 介

本书英文版出版于1891年,是一本在欧氏几何学研究领域有着广泛影响的优秀著作.作者对19世纪下半叶欧氏几何学研究的成果进行了适时地整理,其中对几何极值、点组的平均中心等内容的论述较一些同类书籍来说更为精彩.

本书适合大学师生、中学师生和平面几何学爱好者学习和参考使用.

图书在版编目(CIP)数据

论圆的几何学/(英)威廉·J.麦克兰德(William J. M'Clelland)著;赵勇译.—哈尔滨:哈尔滨工业大学出版社,2024.6

书名原文:A Treatise on the Geometry of the Circle

ISBN 978-7-5767-0944-5

Ⅰ.①论… Ⅱ.①威… ②赵… Ⅲ.①圆-几何学 Ⅳ.①O123.6

中国国家版本馆CIP数据核字(2023)第126391号

LUN YUAN DE JIHEXUE

策划编辑 刘培杰 张永芹
责任编辑 聂兆慈 李兰静
封面设计 孙茵艾
出版发行 哈尔滨工业大学出版社
社　　址 哈尔滨市南岗区复华四道街10号 邮编150006
传　　真 0451-86414749
网　　址 http://hitpress.hit.edu.cn
印　　刷 黑龙江艺德印刷有限责任公司
开　　本 787 mm×1 092 mm 1/16 印张16 字数318千字
版　　次 2024年6月第1版 2024年6月第1次印刷
书　　号 ISBN 978-7-5767-0944-5
定　　价 48.00元

翻译说明

本书译自威廉·J.麦克兰德(William J. M'Clelland)所著的 *A Treatise On The Geometry Of The Circle* 一书，由英国麦克米兰(Macmillan)出版有限公司于1891年出版.

19世纪下半叶至20世纪初，欧氏几何学研究进入了一个繁荣时期，在短短的几十年间就取得了丰硕的成果，当时称这些为近世几何学. 本书与R.拉克兰(R. Lachlan)的《近世纯粹几何学初论》, R.A.约翰逊(R.A. Johnson)的《近代欧氏几何学》, N.A.考特(N.A. Court)的《大学几何学》等书一样，都是对这一时期研究成果的优秀总结. 这几本书在研究方法上都是以演绎法为主，在论述的内容上有一些共同的部分，但也有各自独有的内容. 即使对于相同的主题，介绍、论述的方法也往往不尽相同，所以对欧氏几何的学习者和研究者来说，这些书在内容上可以互为补充，让我们有可能得以一窥近世几何学的全貌. 本书运用连续性原理对极大、极小值进行了研究(第二章)，还给出了点组的平均中心的论述(第四章) 等内容，这些内容是另外几本书中没有介绍的. 在本书中，一个主要结论后往往会有多个推论，作者善于对一个结论通过取特殊情形或一般化来获得新结论，让读者看到表面上似乎没有关联的两个结论之间的内在联系，其思维角度新颖且富有启发性.

本书的出版距今已有一百三十多年了，其中一些记号规则与今天的使用习惯有所不同，读者在阅读中应加以注意. 例如，符号 AB 除了表示连接 A, B 两点的线段或直线外，也表示点 A 到直线 B 的垂线或距离，还可以表示直线 A 和 B 的交点，甚至表示 A, B 这两个点. 又如目56后的例7中用 O_2, O_3, O_4 表示三个旁心，而用 r_1, r_2, r_3 表示对应的旁切圆的半径，字母的下标并不一致. 有时一个字母的含义在正文中并不明确给出，而要通过看插图才会明白；有时同一个字母在紧邻的上下文中表示不同的含义，而不加以说明. 读者在阅读中如果不留意这些细节，就可能造成理解上的困惑. 为了便于读者阅读，译者在翻译本书时对书中的一些记号进行了统一或改写. 例如，当

用 AB 表示两个点时，统一分开记为“A, B”；原书中记号 Or; O,r; (O,r) 都表示以点 O 为圆心，半径为 r 的圆，在中译本中都统一为最后一种记号. 还有其他一些类似的例子，这里不再一一指出.

在本书的翻译过程中，对原书中一些明显的排版错误，译者径自予以改正，而不再逐一进行说明. 对少量误差较大的插图译者也进行了修正，如目 19 下的图 2.25，目 48 下的例 5 的图 3.10，目 106 下的图 9.3 等. 此外，本书的一些插图对一些证明中用到的点、线未进行标注，但考虑到读者易于辨别，故译者都未进行改动. 本书的正文中有一些章节没有章节名，但目录中有，或者目录与正文中的章节名不一致，译者参照两者对这些部分进行了补充或统一. 对于其他的一些小失误，只要对内容不造成本质的影响，都尽量保留原著风貌而不予修改.

限于译者水平，中译本中定有许多不当之处，望读者朋友们予以指出，以帮助译者以后进行完善.

赵 勇

2021 年 9 月

于六安市清水河学校

序

我出版这本关于现代几何学专著的目的是为公立学校中较优秀的学生和大学中攻读数学荣誉学位的人提供那些我认为具有根本重要性的命题的一个简要说明，并提供众多的例题来阐释它们.

由这些命题直接联想到的结论，无论是作为特殊情形还是推广的陈述，都附加在它们后面作为推论.

例题用小号字排版，并归类在包含那些在它们的解答中必需的主要定理的目下.

比较困难的例题完全解答出来，而对其余的例题大多数都给出了提示.

对于熟悉具有简单演绎法的欧几里得(Euclid)《原本》前六卷和平面三角学中基本公式的读者来说，要掌握本书的内容是毫无困难的.

在第二章我详细讨论了有关极大和极小的理论.

在第三章我专注于由1873年莱莫恩(Lemoine)在名为《三角形的一个值得注意的点的一些性质》[①]的论文中开创的三角形几何学的最新进展.

布洛卡(M. Brocard)几何的研究在现阶段正当时，而我证明了布洛卡和其他一些几何学家(都身在英格兰和欧洲大陆)推演出的结论是目19中称为O点定理的熟知性质的简单而直接的推论.

在第九章我给出了纽伯格(Neuberg)和泰利(Tarry)关于三相似形研究的一个论述.

本书的一个特点是将倒演法应用于大量众所周知的定理中，借助于它，二次曲线的对应性质就得到了证明. 极力追求这一方法和反演法在一本初等几何论著的研究范围和界限内是被许可的.

在本书的准备工作中，我主要参考了马尔卡希(Mulcahy)，克雷莫纳(Cremona)，卡塔兰(Catalan)，萨蒙(Salmon)和汤森(Townsend)的著作，特此向这些供我任意使用的宝贵资料库表示感激!

---

① 法文原题为 *Sur quelques propriétés d'un point remarquable du triangle.* ——译者注

本书中的大多数例题都取自都柏林大学的试卷，尤其是那些由麦凯(M'Cay)先生命置的试卷.

我尽可能地指明附加资料的出处，并向读者给出从中有所摘录的参考的原始论文.

威廉·J.麦克兰德

1891年11月1日

于 **Santry School**

目　录

第 1 章　绪论

第 2 章　极大与极小

第 1 节　导论

第2节 无穷小法

第3节 O 点定理

第4节 杂命题

第3章 O 点定理的最新进展

第1节 三角形的布洛卡点和布洛卡圆

第2节 三角形的类似中线

第3节 塔克圆

第4节 塔克圆的特殊情形

第 4 章　点组平均中心的一般理论

第 1 节　平均中心的基本性质

目 页

第 2 节　对偶定理

第 5 章　共线点与共点线

第 1 节　梅涅劳斯定理和塞瓦定理

第2节 四边形的调和性质

第3节 关于帕斯卡六边形与布利安桑六边形的注记

第6章 关于圆的反演点

第7章 关于圆的极点和极线

第1节 共轭点. 极圆

第2节 萨蒙定理

第3节 倒演

第4节 圆的倒形

第8章 共轴圆

第1节 共轴圆

第 2 节 共轴圆另外的判定准则

第 3 节 相似圆

第 9 章 相似形的理论

第 1 节 两相似形

第2节 三相似形

第3节 麦凯圆

第10章 相似圆和逆相似圆

第1节 相似中心

第2节 逆相似积

第 3 节 逆相似圆

第 11 章 反演

第 1 节 引论

第 2 节 两图形的交角及它们反形的交角

第 3 节 非调和比经过反演不变

第12章 非调和分割的一般理论

第1节 非调和分割

第2节 角的非调和分割

第13章 对合

第1节 对合的判定

第2节 笛沙格定理

第14章 二重点

第1章 绪 论

定义. 通过一点的多条直线被称为一个*共点束*(Concurrent System).

这个点称为该线束的*顶点*(Vertex)，而这些直线称为*一束射线*[1](a Pencil of Rays).

位于一条直线上的各点被称为*共线点*(Collinear Points).

对称. 正和负的约定.

1. 字母 A, B, C, $\cdots$ 一般用来表示点以及各位置的直线，而 a, b, c, $\cdots$ 表示长度，例如，一个三角形的顶点是 A, B, C，而对边的长度是 a, b, c.

用 AB 表示 A 到 B 的距离，是指从 A 向 B 度量，而用 BA 表示沿相反的方向度量的同样距离.

因而 $AB=-BA$ 或 $AB+BA=0$.

类似地，对于三个共线点 A, B, C，有

$$AB+BC=AC=-CA,$$

因此

$$BC+CA+AB=0.$$

2. 如果在一个圆上按字母的顺序取四个点 A, B, C, D，那么根据托勒密(Ptolemy)定理有

$$BC\cdot AD+AB\cdot CD=BD\cdot AC=-CA\cdot BD, \qquad [1]$$

这六条线段是由左向右，或者说是按正向来度量的，如图1.1所示. 由此移项可得

$$BC\cdot AD+CA\cdot BD+AB\cdot CD=0.$$

另外，因为每条弦与它对该圆上任一第五点 O 所张角的正弦成比例，所以这个等式可转化为

$$\sin\angle BOC\sin\angle AOD+\sin\angle COA\sin\angle BOD+\sin\angle AOB\sin\angle COD=0.$$

---

① 这里射线的含义与现今中小学课本中的含义并不相同，现在的射线在当时称为“半直线”. —— 译者注

这个结论对于任意一个包含四条直线的线束自然也成立，通过它的顶点以任意半径作圆，可根据托勒密定理直接推出.

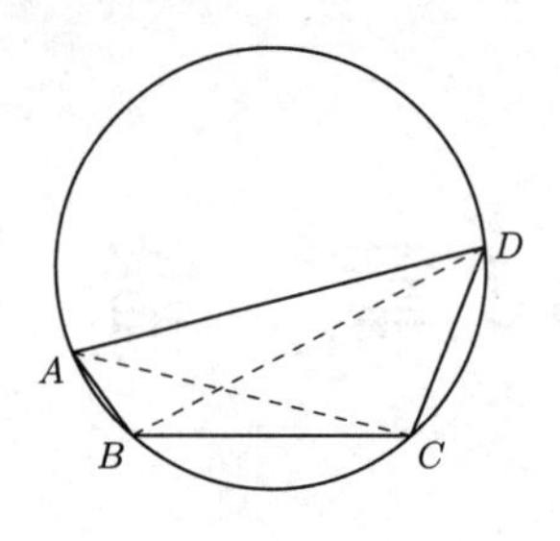

图 1.1

在这个等式中暗指用 $\angle AOC$ 来表示由 A 向 C 度量的角的值，因而 $\sin\angle AOC = -\sin\angle COA$.

3. 用 $O.ABCD$ 表示一个共点于 O 的直线束；其中点 A，B，C，D 表示一条直线 L 与该直线束中直线的交点；而 p 是顶点 O 到 L 的距离.

那么有

$$2S_{\triangle BOC} = BC\cdot p = OB\cdot OC\sin\angle BOC,$$
$$2S_{\triangle AOD} = AD\cdot p = OA\cdot OD\sin\angle AOD;$$

相乘得

[2]

$$BC\cdot AD\cdot p^2 = OA\cdot OB\cdot OC\cdot OD\cdot\sin\angle BOC\cdot\sin\angle AOD; \tag{1}$$

类似地，有

$$CA\cdot BD\cdot p^2 = OA\cdot OB\cdot OC\cdot OD\cdot\sin\angle COA\cdot\sin\angle BOD; \tag{2}$$

式 (1) 除以式 (2)，得

$$BC\cdot AD : CA\cdot BD = \sin\angle BOC\cdot\sin\angle AOD : \sin\angle COA\cdot\sin\angle BOD. \tag{3}$$

同学们应该注意这三对角是通过取任意一对射线与剩下的一对射线或者说共轭对组成的.

因此 $\angle BOC$ 和 $\angle AOD$ 可以方便地记为 α 和 α'，$\angle COA$ 和 $\angle BOD$ 记为 β 和 β'，而 $\angle AOB$ 和 $\angle COD$ 记为 γ 和 γ'.

用这一记号式 (3) 可以写为

$$BC\cdot AD : CA\cdot BD = \sin\alpha\sin\alpha' : \sin\beta\sin\beta',$$

而一般根据对称性我们能推断出

$$BC\cdot AD : CA\cdot BD : AB\cdot CD = \sin\alpha\sin\alpha' : \sin\beta\sin\beta' : \sin\gamma\sin\gamma'. \tag{4}$$

推论 1. 如果我们作出这个线束中各条射线的平行线，那么我们一般能得到一个三角形及其各边的一条截线. 此外，如果我们将这个三角形的各角记

为 α，β，γ，这条截线与三角形各条对边构成的角记为 α'，β'，γ'，那么由此对于任一个三角形和任一条截线，总有

$$\sin\alpha\sin\alpha' + \sin\beta\sin\beta' + \sin\gamma\sin\gamma' = 0.$$

推论 2. 设线段 $ABCD$ 是调和分割的，或者说使得 $\dfrac{AB}{BC} = \dfrac{AD}{CD}$，那么 $BC \cdot AD = AB \cdot CD$；由此根据式 (4) 可知这个线束是调和分割的，即$\angle COA$ 被按相同的正弦比内分于点 B 并外分于点 D.

定义. 式 (4) 左侧的三个比与它们的倒数被称为这四个共线点的非调和比(Anharmonic Ratios)①；而右侧的各比被称为线束 $O.ABCD$ 的非调和比.　[3]

它们相等可以表述为：一条动直线与一个线束交成固定的非调和比，或任一个线束与截线截其所得的点列是等非调和的(Equianharmonic).

自一点向一条直线所作垂线的垂足称为该点在这条直线上的射影(Projection)，而这条垂线称为它的投影线(Projector).

如果 A' 和 B' 是点 A 和 B 在一条直线 L 上的射影，那么称 $A'B'$ 为 AB 的射影(Projection)，且等于 $AB\cos\theta$，这里 θ 是 AB 和 L 的夹角.

例 题

1. 一个多边形的各边在任意一条直线上的射影的和等于 0；而一般地，如果作一些线段分别与一个多边形的各边成相等的夹角并与之成比例，那么它们的射影的和等于零.

2. $\cos\alpha + \cos\left(\alpha + \dfrac{2\pi}{n}\right) + \cos\left(\alpha + \dfrac{4\pi}{n}\right) + \cdots + \cos\left(\alpha + \dfrac{2(n-1)\pi}{n}\right) = 0$，且这组角的正弦的和也等于 0.

[因为它们与一个正多边形的各边在两条成直角的直线上的射影成正比.]

3. 在任一个各边为 a，b，c，d 的四边形中(如图 1.2 所示)，证明

$$d^2 = a^2 + b^2 + c^2 - 2bc\cos\widehat{bc} - 2ca\cos\widehat{ca} - 2ab\cos\widehat{ab},$$　[4]

这里 $\widehat{bc}$ 表示 b 和 c 之间的夹角.

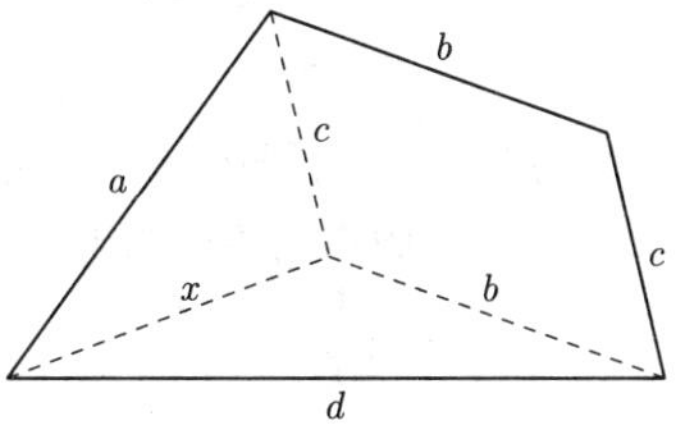

图 1.2

① 非调和比现在一般称为交比. —— 译者注

[完成以 b 和 c 为两边的平行四边形并作 x，我们得到

$$d^2 = b^2 + x^2 + 2bx',$$

这里 x' 是 x 在 b 的平行线上的射影；而根据例 1，有

$$x' = a\cos\widehat{ab} - c\cos\widehat{bc},$$

将 x' 替换为这个值，并将 x^2 替换为 $a^2+c^2-2ac\cos\widehat{ac}$，即得到上面的结论.]

4. **欧拉(Euler)定理.**[①] 对于三个共线点 A，B，C 和任一个第四点 P（如图 1.3 所示），证明关系式

$$BC\cdot AP^2 + CA\cdot BP^2 + AB\cdot CP^2 = -BC\cdot CA\cdot AB.$$

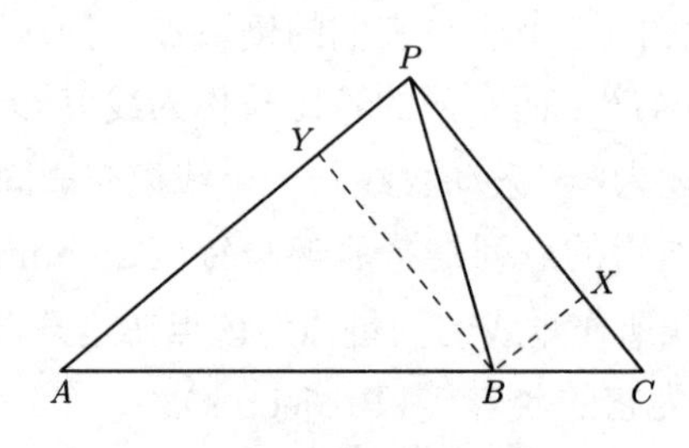

图 1.3

[根据 Euc. II. 12，13[②]，有

$$AP^2 = AB^2 + BP^2 - 2AB\cdot BP\cos B, \tag{1}$$

$$CP^2 = BC^2 + BP^2 + 2BC\cdot BP\cos B, \tag{2}$$

将式 (1) 乘以 BC，将式 (2) 乘以 AB，并相加以消去 $\cos B$，化简后即得到上面的结果.]

4a. 一个三角形的底边 c 已给定，且 $la^2+mb^2=$ 定值，求顶点的轨迹，这里 l，m 是已知的值.

5. 如果 $\angle APC$ 是一个直角，那么例 4 中的关系式等价于

$$BC^2\cdot AP^2 + AB^2\cdot CP^2 = AC^2\cdot BP^2.$$

[这可以从例 4 推出，或直接由如下得出：如图 1.3 所示，作 BX 和 BY 分别垂直于 CP 和 AP，那么

$$XY^2 = BP^2 = BX^2 + BY^2 = BC^2\sin^2 C + AB^2\sin^2 A;$$

将等式 $BP^2 = BC^2\sin^2 C + AB^2\sin^2 A$ 乘以 AC^2；因此，……]

6. 如果一个调和线束的截线平行于其中一条射线 D，那么截线段 AC 被 D 的共轭射线 B 所平分.

[5]

7. 如果一条直线 L 绕一个定点 P 旋转并与两条定直线 OA 和 OB 分别交于点 A' 和点 B'，那么点 P 关于 $A'B'$ 的调和共轭点 Q 的轨迹是一条通过 O 的直线，且

$$\frac{1}{PA'} + \frac{1}{PB'} = \frac{2}{PQ}.$$

[利用例题 6.]

---

① 卡塔兰，*Théorèmes et Problèmes de Géométrie Élémentaire*，1879，p. 141.

② Euc. II. 12，13 指欧几里得《几何原本》第 2 卷的命题 12 和命题 13. ——译者注

注记. 根据 Euc. VI. 2，如果动线段 PQ 在点 Q' 处被平分，那么点 Q' 的轨迹是 OQ 的一条平行线，且

$$\frac{1}{PA'}+\frac{1}{PB'}=\frac{1}{PQ'}.$$

由此对于任意三条直线 A，B，C，我们用相同的方法能求出使得

$$\frac{1}{PA'}+\frac{1}{PB'}+\frac{1}{PC'}=\frac{1}{PQ'}$$

成立的点 Q' 描出的是一条直线.

8. 对于任意一组直线 A，B，C，D，$\cdots$，使得

$$\frac{1}{PA'}+\frac{1}{PB'}+\frac{1}{PC'}+\cdots=\frac{1}{PQ'}\quad\left(\text{即 }\sum\frac{1}{PA'}=\frac{1}{PQ'}\right)$$

成立的点 Q' 的轨迹是一条直线.

[参见例6和例7.]

9. 对于一个正多边形，如果 P 重合于中心，那么

$$\sum\frac{1}{PA'}=0.$$

[过 P 作其中一条边的平行线，……]

10. 如果过任一点 O 作例 4 中四条直线的平行线，那么这个关系式可以写为

$$\frac{\sin\beta'\sin\gamma'}{\sin\beta\sin\gamma}+\frac{\sin\gamma'\sin\alpha'}{\sin\gamma\sin\alpha}+\frac{\sin\alpha'\sin\beta'}{\sin\alpha\sin\beta}=1.$$

11. 根据公式 $BC\cdot AD+CA\cdot BD+AB\cdot CD=0$，证明：若 A，B，C 是三个共线点，而 P 是任一个第四点，则 $BC\cot A+CA\cot B+AB\cot C=0$，各角都是按相同的方向来度量的；并由此求出具有已知底边 c 且当 $l\cot A+m\cot B=$ 定值时，顶点的轨迹.

4. 极限情形，0 和 ∞.

定义. 两个圆的交角 (Angle of Intersection) 是指它们在任一个交点处的两条切线的夹角；因而等于过任一个公共点所作的两条半径的夹角[①] (Euc. **[6]**

① 如果 (O_1,r_1)，(O_2,r_2) 是这两个圆，δ 是距离 O_1O_2，θ 是交角，而 t 是外公切线长，那么有

$$\begin{aligned}\delta^2&=r_1^2+r_2^2-2r_1r_2\cos\theta\\&=(r_1-r_2)^2+4r_1r_2\sin^2\tfrac{1}{2}\theta;\end{aligned}$$

因此

$$\delta^2-(r_1-r_2)^2=4r_1r_2\sin^2\tfrac{1}{2}\theta,$$

即

$$\frac{t^2}{4r_1r_2}=\sin^2\tfrac{1}{2}\theta. \tag{1}$$

类似地

$$\delta^2-(r_1+r_2)^2=-4r_1r_2\cos^2\tfrac{1}{2}\theta,$$

由此如果 t' 是内公切线的长，那么

$$t'^2=-4r_1r_2\cos^2\tfrac{1}{2}\theta. \tag{2}$$

将式 (1) 和式 (2) 相乘并化简，可得

$$tt'=2\mathrm{i}\cdot r_1r_2\sin\theta. \tag{3}$$

这里 $\sqrt{-1}=\mathrm{i}$；另外，如果 γ 表示这两个圆公共弦的长度(实的或虚的)，那么由于 $2r_1r_2\sin\theta=\gamma\delta$，因此 $t\cdot t'=\mathrm{i}\cdot\gamma\cdot\delta$.

显然，或者这两个圆的内公切线是虚的，或者它们的交角是虚的.

III. 19).

如果这两个圆相内切，那么这个交角是 0°；如果相外切，那么交角是 180°. 当这个夹角是 90° 时，它们被称为*正交的*(Orthogonally).

一条直线与一个圆构成的角是指这条直线与该圆在它们交点处的切线的夹角.

例 题

1. 求 $\triangle ABC$ 的外接圆和各旁切圆的交角.

[因为 $\delta_1^2 = R^2 + 2Rr_1$，等等，我们容易得到 $2\cos\frac{1}{2}\theta_1 = \sqrt{\frac{r_1}{R}}$；对于 θ_2 和 θ_3 有类似的表达式.]

2. 求内切圆和外接圆的交角.

[$\delta^2 = R^2 - 2Rr$，因而 $2\sin\frac{1}{2}\theta_1 = \sqrt{\frac{\mathrm{i}r}{R}}$，这里 $\sqrt{-1} = \mathrm{i}$.]

3. 如果两个同心圆相正交，那么其中一个圆是实圆而另外一个圆是虚圆，且它们的半径具有 ρ, $\mathrm{i}\rho$ 的形式.

[7]

如图 1.4 所示，设 AX 是一条通过定点 A 的动弦，并作出点 A 处的切线. 随着弦 AX 和 $\angle TAX$ 在数量上的减少，点 X 趋近于这条切线. 当点 X 无限接近于 A 时，就说 AX 到达了它的*极限位置*(Limiting Position)，并可以看作与这条切线相重合.

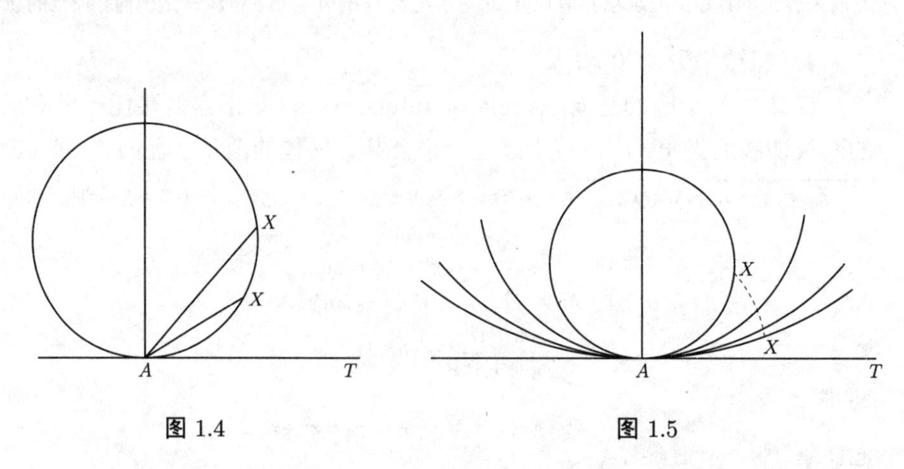

图 1.4　　图 1.5

因此：*一个圆的一条切线与其切点处的无穷小弦的方向相同，或者说切线是连接两个无限接近的点的弦.*

另外，设切线 T 和它的切点是固定的，且弦 AX 具有已知的长度. 当这个圆的半径增加时，圆的曲率在减小，而点 X 显然趋向于切线. 因此通过增加这个圆的半径，可以使点 X 任意地接近于这条切线，如图1.5所示.

在极限情形，当半径无限大时，点X 到切线 T 的距离无限小，我们可以认为这个点就位于这条直线上. 因此一个半径无限大的圆的有限部分展开成一条直线，而剩余部分自然在无限大距离处，即在无穷远处. [8]

5. 包络. 设一条动直线绕一个定点 O 旋转并与任一条定直线相交，如图1.6所示. 随着它与垂线 OM 的夹角的增大，线段 OA，OB，OC 连续增长，而 $\angle A$，$\angle B$，$\angle C$ 连续减小. 在极限情形下，它到达一个与 OM 成直角的位置. 此时它与定直线的夹角消失了，而它们的交点在无穷远处. 在此情形下，这两条直线是互相平行的(Euc. I. 28)；因此，平行直线可以看作是夹角等于 $0°$，或相交于无穷远处的直线. 所以一组平行线是一个顶点在无穷远处的射线束.

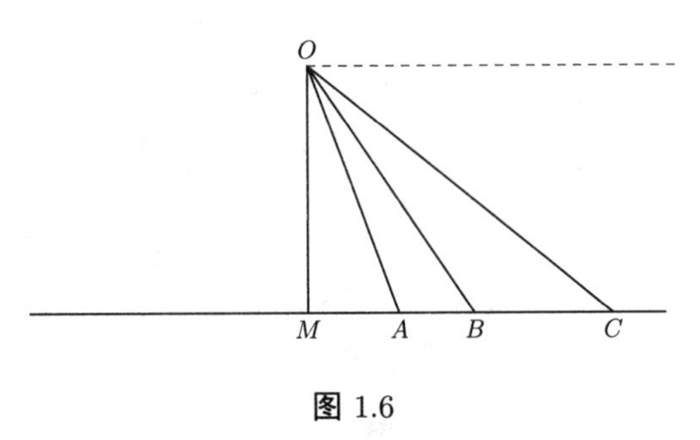

图 1.6

6. 设 A 和 X 是一条曲线上的任意两个点，其中 A 是定点而 X 是动点，并设 TA 和 TX 是切线. 与前面一样，随着点 X 趋近于 A，弦 AX 及 $\triangle TAX$ 的底角 $\angle A$ 和 $\angle X$ 逐渐减小并最终消失.

但是当底角减小时，顶点 T 趋近于底边，更加趋近于曲线 AX 的部分. 因此在极限位置，即当这两条切线是连续的时，它们的交点在这条曲线上.

如果一条曲线与一条动直线相切，那么这条曲线称为这条动直线的包络(Envelope). 因此，一条按照任一规则变化的直线的包络，是它在连续位置的交点的轨迹. [9]

例 题

1. 一个圆中等弦的包络是一个同心圆 (Euc. III. 14).

2. **博比利尔(Bobillier)定理.** 一个已知三角形的两条边与两个定圆相切，那么它的第三条边也与一个圆相切，或者说包络出一个圆.

[设 $\triangle ABC$ 已知，过两个已知圆的圆心 O_1，O_2，作相应边[①]的平行线交底边于点 A'

① 指与该圆相切的那条边.

和 B'，并互相交于点 C'. 作圆 O_1O_2C'，并作 $C'O_3$① 平行于 AB.

因为 $\angle O_2C'O_3$ 是一个已知角（$=\angle A$），所以 O_3 是一个定点. 但是 $\triangle A'B'C'$ 除了位置，各方面都是已知的；所以点 O_3 到 $A'B'$ 的距离 p 是一个已知值. 因此底边 AB 的包络是一个以 O_3 为圆心且半径为 p 的圆.]

3. 求与 $\triangle ABC$ 的边 AC 和 BC 以及外接圆相切的圆的半径 (ρ).

[设 I 表示这个三角形的内心，O 表示外心，如图 1.7 所示. 要求半径的这个圆的圆心 M 在直线 CI 上. 那么 $OM = R-\rho$，$OI^2 = R^2-2Rr$，$IC = \dfrac{r}{\sin\frac{1}{2}C}$，$MC = \dfrac{\rho}{\sin\frac{1}{2}C}$，且 $MI = \dfrac{\rho-r}{\sin\frac{1}{2}C}$.

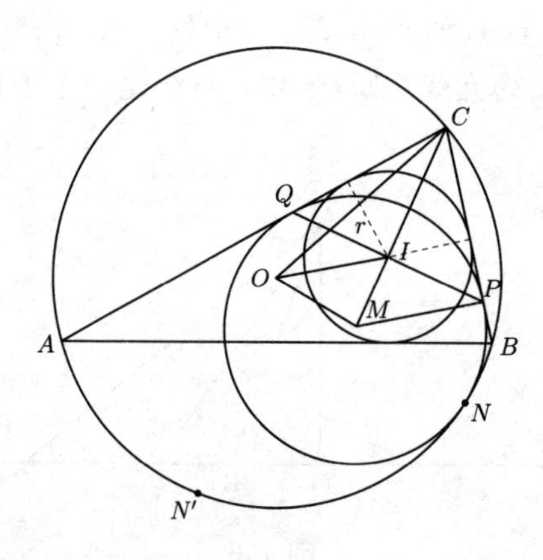

图 1.7

另外，因为 C，I，M 是一条直线上的三个点，而 O 是任意的一个第四点，根据欧拉定理，通过化简后可得

[10]

$$r = \rho\cos^2\tfrac{1}{2}C. \tag{1}$$

此外，如果圆 (M,ρ) 与外接圆相外切，那么能类似的证明

$$r_3 = \rho\cos^2\tfrac{1}{2}C.② \tag{2}$$

注记. 关系式 (1) 可用另外的形式来表示：

因为 $$\frac{r}{\rho} = \cos^2\tfrac{1}{2}C,\quad \frac{\rho-r}{\rho} = \sin^2\tfrac{1}{2}C.$$

而 $$\frac{\rho-r}{\rho} = \frac{MI}{MC},\quad \frac{\rho^2}{MC^2} = \sin^2\tfrac{1}{2}C,$$

所以 $$MI\cdot MC = \rho^2. \tag{3}$$

即圆 (M,ρ) 与这个三角形两条边的切点弦 PQ 通过内切圆的圆心.]

4. **曼海姆（Mannheim）定理.** 具有给定的顶角以及内切圆和相应旁切圆的半径的三角形，其外接圆的包络是一个圆.

[利用例 3.]

---

① O_3 是 $C'O_3$ 与圆 O_1O_2C' 的另一个交点.

② r_3 是 $\triangle ABC$ 的与 BC 边对应的旁切圆的半径. —— 译者注

7. 我们以下述涉及与第五个圆相切的四个圆的公切线的有用性质来结束本章，它属于已故的开世(Casey)博士.

将圆心为点 O 且半径为 r 的圆记为 (O,r); 并设四个圆 (O_1,r_1), (O_2,r_2), (O_3,r_3), (O_4,r_4) 分别与第五个圆 (O,r) 切于点 A, B, C, D, 如图1.8所示. 设距离 O_2O_3 为 δ_{23}, 而相应两圆的外公切线为 $\overline{23}$. 那么

$$\overline{23}^2 = {\delta_{23}}^2 - (r_2 - r_3)^2. \qquad [11]$$

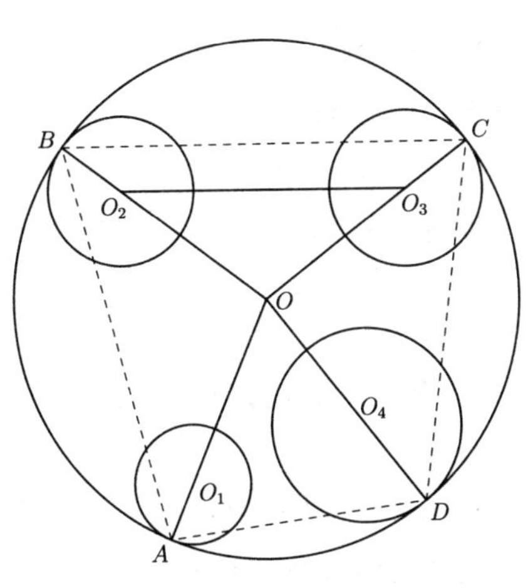

图 1.8

在 $\triangle OO_2O_3$ 中, 有

$$\begin{aligned} O_2O_3^2 &= OO_2^2 + OO_3^2 - 2OO_2 \cdot OO_3 \cos\angle BOC \\ &= (OO_2 - OO_3)^2 + 4OO_2 \cdot OO_3 \sin^2 \tfrac{1}{2}\angle BOC, \end{aligned}$$

即

$${\delta_{23}}^2 - (r_2 - r_3)^2 = 4OO_2 \cdot OO_3 \sin^2 \tfrac{1}{2}\angle BOC,$$

或

$$\overline{23}^2 = 4OO_2 \cdot OO_3 \sin^2 \tfrac{1}{2}\angle BOC = \frac{OO_2 \cdot OO_3 \cdot BC^2}{R^2}.$$

类似地

$$\overline{14}^2 = \frac{OO_1 \cdot OO_4 \cdot AD^2}{R^2};$$

由此相乘并化简, 可得

$$\overline{23} \cdot \overline{14} = \frac{(OO_1 \cdot OO_2 \cdot OO_3 \cdot OO_4)^{\frac{1}{2}} BC \cdot AD}{R^2},$$

因而根据托勒密定理可得

$$\overline{23} \cdot \overline{14} + \overline{31} \cdot \overline{24} + \overline{12} \cdot \overline{34} = 0. \qquad (1)$$

图1.8中的相切都是相似的, 或者说都是同一类型的, 但是要注意的是如果第五个圆与任两个圆以相反的类型相切, 那么在式 (1) 中必须以它们的内

公切线来替换.

我们用 $\overline{12'}$ 来表示圆 (O_1, r_1) 和 (O_2, r_2) 的内公切线，那么

$$\overline{12'}^2 = {\delta_{12}}^2 - (r_1 + r_2)^2.$$

例如，如果圆 (O_1, r_1) 与圆 (O, R) 外切，而剩下的圆与 (O, R) 内切，那么这个关系式写为

$$\overline{23} \cdot \overline{14'} + \overline{31'} \cdot \overline{24} + \overline{12'} \cdot \overline{34} = 0,$$

对其他所有的情形有类似的表达式.

注记. 同学们一定细心注意到这个等式的三项中有两项是正的，而有一项是负的；后者对应于这些圆对的相切是间隔的. 因此在图 1.8 中，圆 (O_1, r_1) 和 (O_3, r_3) 与已知圆是间隔相切的，所以 $\overline{31} \cdot \overline{24}$ 这一项是负的，而如果仅取绝对值，那么这个等式是

$$\overline{23} \cdot \overline{14} + \overline{12} \cdot \overline{34} = \overline{31} \cdot \overline{24}.$$

[12] 这一点极为重要，在下面的例子中要铭记在心.

例 题

1. 当这些圆变为点时，这个一般性的性质转化为什么？

[托勒密定理.]

2. 表述一个已知三角形的外接圆与另一个圆相切的条件.

[如果 a，b，c 是三边长，t_1，t_2，t_3 是各个顶点到另一个圆的切线长，那么有 $at_1 + bt_2 + ct_3 = 0$.]

3. **费尔巴哈(Feuerbach)定理.** 一个三角形的九点圆与内切圆和旁切圆相切.

[三边的中点以及内切圆是满足例 2 中等式的四个圆. 这是因为 $\overline{23} = \frac{1}{2}a$ 且 $\overline{14} = \frac{1}{2}(b-c)$；因此 $\sum \overline{23} \cdot \overline{14} = \frac{1}{4}\sum a(b-c) = 0$①.]

4. 如果 a，b，c 是一个内接于某圆的三角形的边长，而 λ，μ，ν 是它的三个顶点到任一条切线的距离，证明例 2 中的等式转化为

$$a\sqrt{\lambda} + b\sqrt{\mu} + c\sqrt{\nu} = 0.②$$

5. 更一般地，如果 λ，μ，ν 表示到任一条直线的距离，给出等式

$$a\sqrt{\lambda - x} + b\sqrt{\mu - x} + c\sqrt{\nu - x} = 0$$

的几何解释，并由此求出一个关联一个三角形的三边与它的各个顶点到一条已知直线的距离的关系式.

[这个关于 x 的二次方程的两根是这条直线到该圆的与之平行的两条切线的距离，……]

---

① 该证明是开世博士的关系式的逆命题的一个应用.

② 这个结论可以另外证明如下：设 P 是这条切线的切点. 那么 $BC \cdot AP + CA \cdot BP + AB \cdot CP = 0$. 而 $AP^2 = 2r\lambda$, $BP^2 = 2r\mu$, 以及 $CP^2 = 2r\nu$，代入这些值；因此，……

6. **费尔巴哈定理的哈特(Hart)推广.** 如果一个三角形的三边被替换成三个圆，并作出四个与它们相切的圆，相当于该三角形的内切圆及三个旁切圆，那么这个四圆组与一个圆相切.

[设这个由三个圆组成的三角形为 $\triangle ABC$，并设 $a<b<c$. 那么 $s-a>s-b>s-c$. 如果内切圆和三个旁切圆分别用数字标注为 1，2，3，4，那么边 a 与四个圆相切且向圆 2 所作的是内公切线，而且相切的顺序是 3，1，2，4，因此这个等式是 [13]

$$-\overline{23'}\cdot\overline{14}+\overline{31}\cdot\overline{24'}+\overline{12'}\cdot\overline{34}=0. \tag{1}$$

对于边 b 来说，向圆 3 所作的是内公切线，而相切的顺序是 2，1，3，4，因此

$$-\overline{23'}\cdot\overline{14}+\overline{31'}\cdot\overline{24}+\overline{12}\cdot\overline{34'}=0. \tag{2}$$

对于边 c 来说，向圆 4 所作的是内公切线，且相切的顺序是 3，4，1，2，因此

$$\overline{23}\cdot\overline{14'}-\overline{31}\cdot\overline{24'}+\overline{12}\cdot\overline{34'}=0. \tag{3}$$

将式 (1) 和式 (3) 相加并减去式 (2)，得

$$\overline{23}\cdot\overline{14'}-\overline{31'}\cdot\overline{24}+\overline{12'}\cdot\overline{34}=0, \tag{4}$$

这表明圆 2，3，4 以相同的类型，而圆 1 以相反的类型与一个圆相切，该圆与所有四个圆相切.] [14]

第2章 极大与极小

第1节 导 论

8. 当一个三角形的底边和顶角给定时，顶点的轨迹是一个作在底边上的圆中所含的角等于这个顶角的一段（Euc. III. 21）. 设已经作出一些满足已知条件的三角形，那么可以观察到当顶点从底边的任一个端点开始后退时，高和面积同时增大，直到一个特定的点，超过这个点后它们开始减小.

这个点显然是这段弧的中点——具有已知条件的等腰三角形的顶点，这段弧在该点处的切线平行于底边.

在此点称面积和高取到它们的极大(Maximum)值.

另外由于侧边 AC 和 BC 的积等于外接圆的直径和高的积（$ab = dp$）；所以 ab 和 p 同时取到极大值.

又因为
$$a^2 + b^2 = 2(\tfrac{1}{2}c)^2 + 2\beta^2,$$
这里 β 是底边 c 上的中线，所以当 β 取得极大值或极小值时，$a^2 + b^2$ 取得极大值或极小值.

[15]

而如果 N 是底边下方圆弧的中点，如图 2.1 所示，那么因为 $AN = BN$（设 $BN = x$），所以根据托勒密定理，有

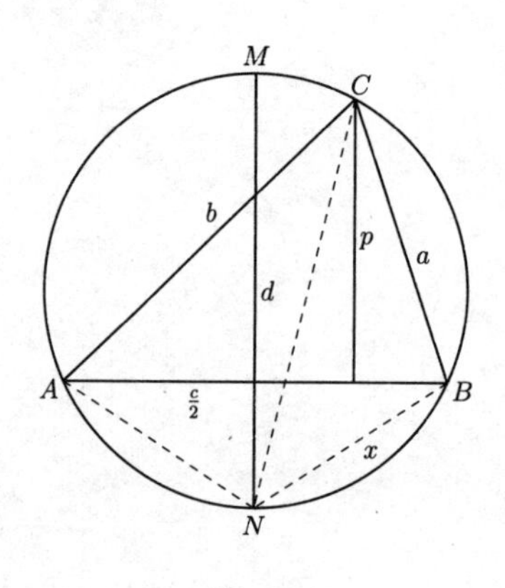

图 2.1

$$ax + bx = c \cdot CN,$$

即
$$x(a+b) = c \cdot CN,$$

由此 $a+b$ 和 CN 同时取得极大值，即当顶点 C 位于弧 AB 的中点 M 时.

另一方面表明，随着顶点 C 趋近于点 M，底角的差[①]($\angle A - \angle B$)和侧边的差($a-b$)同时减小，并在该点处变为零；而在点 C 通过这个点之后，每个差开始增大. 当点 C 在这一点时，称它们取得了*极小*(Minimum)值，不过这个值不需要必须是零.

因此，一般地，在一些特定的条件下，一个变量增大到一个确定的极限值，随后则开始减小，就称在这个位置取得了它的极大值；而如果是在减小之后，它又开始增大，那么称它在这个停止减小的地方达到了它的极小值. **[16]**

前面的论述可以总结为：在具有已知底边和顶角的所有三角形中，等腰三角形具有下列最大值——面积，高，侧边的乘积，侧边的和，底边上的中线，以及侧边的平方和.[②]

例　题

1. 在一个圆的内接三角形中，面积和周长最大的是等边三角形.

[因为每个顶点一定位于另外两个顶点的中间位置，即通过移动任一个顶点到这个中间位置，面积和周长一起增大.]

2. 内接于一个圆的 n 边形中，正多边形的面积和周长大于任一其他的多边形.

[利用例 1.]

9. 定理. *如果 $\triangle ABC$ 的两边 AC 和 AB 的长度是已知的，那么当它们的夹角为直角时，三角形的面积最大.*

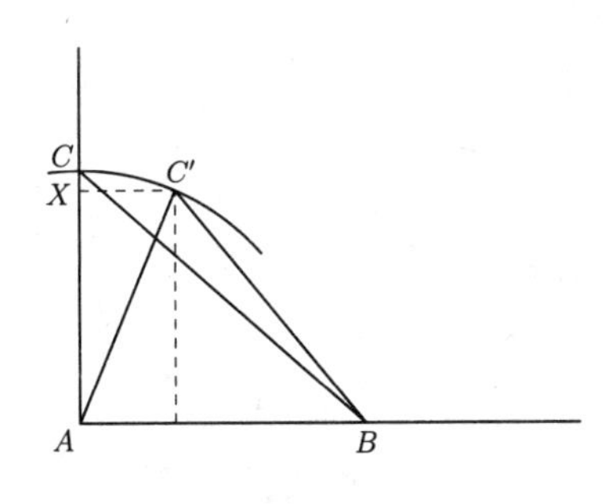

图 2.2

① 这里的差指用两底角中大的角减去小的角，或理解为差的绝对值. 后面侧边的差也一样.——译者注

② 顶角假定为锐角.

设 Rt$\triangle ABC$ 表示这个直角三角形，而 $\triangle ABC'$ 是由已知边组成的任一另外的三角形. 作 $C'X$ 垂直于 AC，如图 2.2 所示.

因为 $AC = AC'$ 且 $AC' > AX$，所以 $AC > AX$，因此（Euc. I. 41）

[17] $S_{\triangle ABC} > S_{\triangle ABC'}$，而对于任一其他的位置类似. 因此，……

例 题

1. 如果将一条长度已知的细绳的两端连接起来，那么当这个封闭图形取为半圆形时面积最大.

[如图 2.3 所示，在这条细绳 ABC 上取任一点 A 并连接 AB 和 AC. 将这条细绳被点 A 分成的两段看成坚硬地附着在线段 AB 和 AC 上. 如果点 A 处的角不是直角，通过将 AC 绕点 A 旋转直至垂直于 AB，使得 $\triangle ABC$ 的面积增大，自然也使得整个图形的面积增大.

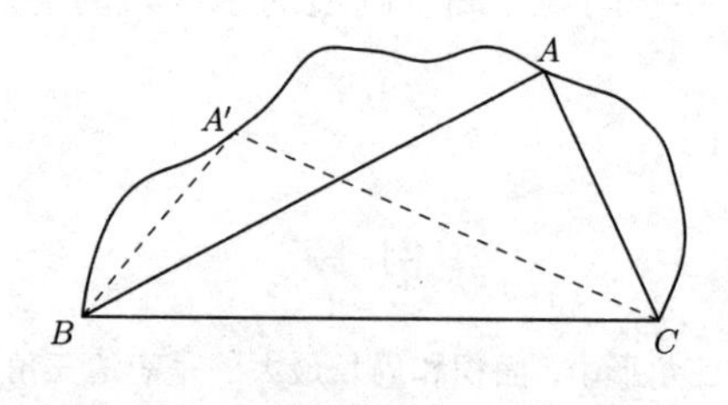

图 2.3

对于任一个另外的点 A' 类似，因此当连线 BC 对这条细绳上的每个点都张直角时，封闭的面积最大.]

2. 一条周长已知的封闭曲线，当它是一个圆形时，面积最大.

[如图 2.4 所示，设 A 是这条曲线上的任一点，并取点 B 使得 AMB 和 ANB 的长

[18] 度相等. 那么 AMB 和 ANB 的面积当 AB 是位于其两侧的两个半圆的直径时最大，因此，……]

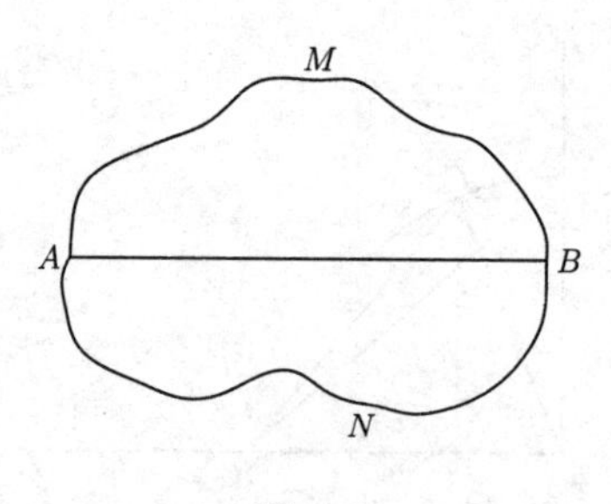

图 2.4

3. 一个已知四条边 a，b，c，d 的四边形，当它的四个顶点共圆时面积最大.

[如图 2.5 所示，设 $ABCD$ 是这个具有已知边长的圆内接四边形，并将各边上的弓形看

作坚硬地附着在它们上面.① 如果这个图形按任一种方式被扭曲到一个新的位置 $A'B'C'D'$ [19]（如图2.6所示），那么圆 $ABCD$ 的面积 > 图形 $A'B'C'D'$ 的面积（例 2），但是各弓形的面积 $AB = A'B'$，$BC = B'C'$，…，取走这些相等的部分，剩下的四边形 $ABCD$ 的面积大于四边形 $A'B'C'D'$ 的面积.]②

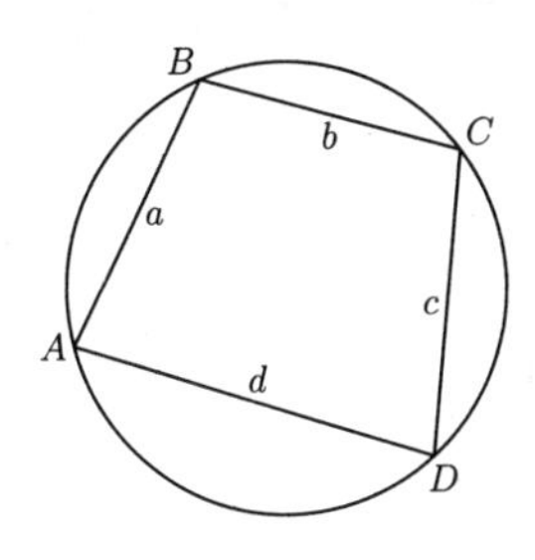

图 2.5

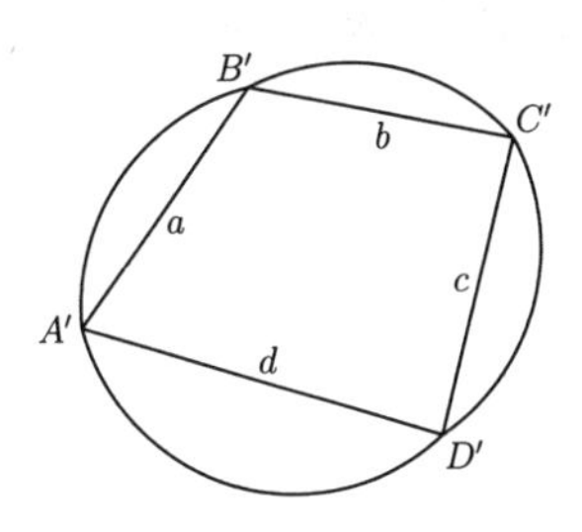

图 2.6

4. 如果一个四边形的三边 a，b，c 的长度已知，那么当第四条边 d 是通过各个顶点的圆的直径时，面积最大. 而一般地有：

当一个任意边数的多边形除一条边外的所有边都具有已知长度时，那么当以这条结尾边为直径的圆通过剩余的各个顶点时，它的面积最大.③

---

① 四边长已知的圆内接四边形的作法如下：

如图2.7所示，作 CE 使得 $\angle DCE = \angle BAC$. 因为根据 Euc. iii. 22 有 $\angle CDE = \angle ABC$，所以 $\triangle ABC$ 和 $\triangle CDE$ 相似；因此 $DE : c = b : a$（Euc. vi. 4）；故 DE 是已知的，从而 E 是一个定点.

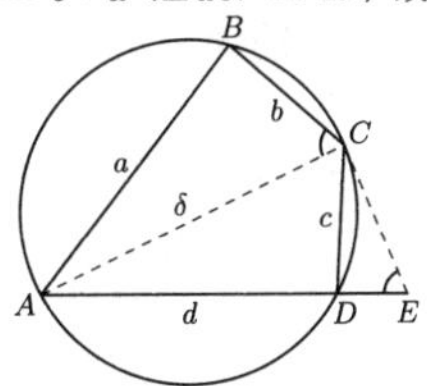

图 2.7

另外，$AC : CE = a : c$，所以在 $\triangle ACE$ 中我们知道底边 AE 以及两条侧边的比；因此点 C 的轨迹是一个圆（Euc. vi. 3）；这条轨迹与以 D 为圆心并以 c 为半径的圆交于点 C；因此，……

② 同学们应该学习一下任一个四边形的面积使用四条边以及任一组对角的和来表示的三角表达式的证明.

$$(\text{面积})^2 = (s-a)(s-b)(s-c)(s-d) - abcd\cos^2\tfrac{1}{2}(A+C).$$

(Casey，*Plane Trig.*，art. 152，cors. 3，4.)

③ 作出这个四边形. 设 θ 是 a 和 b 的夹角，且 $AC = x$. 那么

$$d^2 = c^2 + x^2 = a^2 + b^2 + c^2 - 2ab\cos\theta; \tag{1}$$

但是

$$\cos\theta = -\frac{c}{d};$$

代入式 (1) 并化简，我们得到如下 d 的表达式

$$d^3 - d(a^2 + b^2 + c^2) - 2abc = 0,$$

这个方程仅有一个正根.（Burnside 和 Panton，*Theory of Equations*，Art. 13.）

在 $a = b = c$ 的特殊情形中，关于 d 的方程化为

$$(d-2a)(d+a)^2 = 0;$$

因此

$$d = 2a,$$

这表明这个四边形是一个正六边形的一半.

[证明与上面相同.]

5. 已知一个四边形的对角线 δ 和 δ' 以及一组对边 BC 和 AD，那么当 BC 平行于 AD 时它的面积最大.

[如图2.8所示，取这个四边形的任一位置，并过点 C 作 CE 平行且等于 δ. 连接 AB，CD，BE，DE，AE.

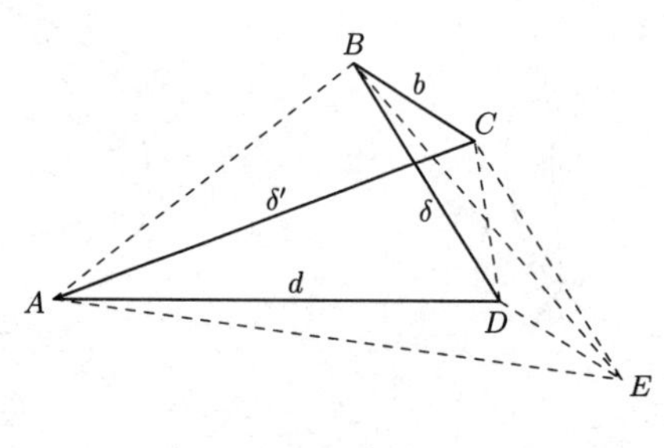

图 2.8

$\triangle BDE$ 和 $\triangle BCD$ 的面积相等(Euc. I. 37)；对每个三角形加上 $\triangle ABD$，因此

[20] $S_{四边形ABCD} = S_{四边形ABED}$.

因为当 AD 和 DE 在同一条直线上时，四边形 $ABED$ 的面积最大，所以当 BC 平行于 AD 时，四边形 $ABCD$ 的面积最大.]

6. 一个四边形的两条对角线分别是 9 英寸和 10 英寸(1 英寸 = 2.54 厘米)，而两条对边分别是 5 英寸和 3 英寸，求何时它的面积最大.

10. 定理. *一个三角形具有给定的底边 AB，且顶点的轨迹是一条与底边的延长线相交的直线 L，那么当 L 是顶角的外角平分线时，侧边的和 $AC+BC$ 取得最小值.*

如图2.9所示，作垂线 BL 并取 $B'L = BL$. 连接 AB' 并设 C 是它与 L

[21] 的交点. 在这条直线上取任一另外的点 P，并连接 AP 和 $B'P$.

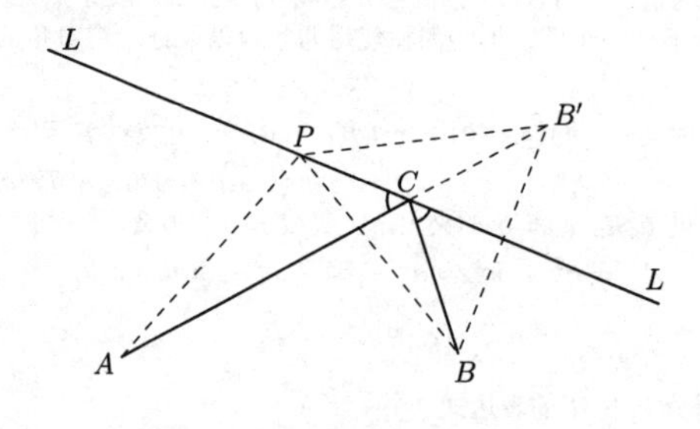

图 2.9

$\triangle BCL$ 和 $\triangle B'CL$① 全等(Euc. I. 4)，因此 $BC = B'C$. 类似地，$BP = B'P$. 因此由(Euc. I. 20) $AP + B'P > AB'$ 能推出 $AP + BP > AC + BC$.

① 这里 L 表示 BB' 与直线 L 的交点. —— 译者注

推论. 如果直线 L 交在底边的内部，那么当它内等分 $\angle C$ 时，两条侧边的差 $(AC - BC)$ 取得最大值.

例 题

1. 一个已知三角形的周长最小的内接三角形，是由连接自各个顶点向对边所作垂线[①]的垂足 X，Y，Z 构成的.

[因为这些连线对它们相交于其上的各边成相等的倾角(Euc. III. 21).]

2. 一个已知多边形的周长最小的内接多边形的各角被已知多边形的边所外等分.

[利用例 1.]

3. 如果一个三角形的底边和面积是给定的，那么当这个三角形是等腰三角形时周长最小.

[因为直线 L 平行于底边.]

4. 如果过一个圆内接四边形的对角线的交点 O 作各边的垂线，并将它们的垂足 P，Q，R，S 连起来，那么 $PQRS$ 是这个圆的内接四边形中周长最小的内接四边形.

4a. 如果在已知四边形的各边上取点 P'，Q'，R'，S'，使得 $P'Q'$，$Q'R'$，$R'S'$ 平行于 PQ，QR，RS，那么 $P'S'$ 平行于 PS，且这两个四边形的周长相等.

[Euc. VI. 2 和 I. 5.]

5. 例 4 中这个不定内接四边形的最小周长的值等于 $\dfrac{2\delta\delta'}{D}$，这里 D 是外接圆的直径.

6. 已知 $\triangle ABC$，求一点 O 使得 $OA + OB + OC$ 最小.

[这里 $\angle BOC = \angle COA = \angle AOB = 120°$.[②]]　**[22]**

11. 问题. 已知一个三角形的一个角 C 以及底边上的一点 P，作出面积最小的三角形.

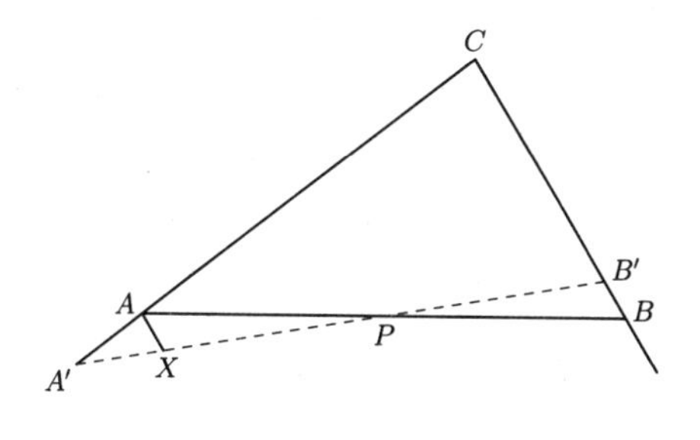

图 2.10

① 这些垂线一般称为该三角形的高，而 $\triangle XYZ$ 称为 $\triangle ABC$ 的垂心三角形.

② 点 O 一般称为 $\triangle ABC$ 的费马(Fermat)点. 当这个三角形的每个角都小于 $120°$ 时，点 O 的位置由本题结论所确定. 但当这个三角形有一个内角大于或等于 $120°$ 时，那么此钝角的顶点就是所求的点.——译者注

如图2.10所示，过点 P 作 APB 使得 $AP = BP$. 那么 $\triangle ABC$ 的面积小于任一另外的 $\triangle A'B'C$ 的面积.

作 AX 平行于 BB'. 那么 $\triangle APX$ 和 $\triangle BPB'$ 全等(Euc. I. 4)；因此 $S_{\triangle AA'P} > S_{\triangle BB'P}$. 对每一边都加上四边形 $APB'C$，那么 $S_{\triangle A'B'C} > S_{\triangle ABC}$；因此面积最小的三角形是底边被这个点所平分的那个三角形.

12. 定理. 已知一个角以及任一条凹面朝向其顶点 C 的曲线. 那么与这个角的两边组成面积最小的 $\triangle ABC$ 的切线 AB 被它的切点(P)所平分.

因为这条切线在点 P 处被平分，所以它截出的面积比其他任意通过点 P 的直线截出的面积都要小. 如图2.11所示，现在作任一条另外的切线 XY，并作 $A'PB'$ 平行于它. 因为这条曲线是凹面朝向点 C 的，所以 $S_{\triangle A'B'C} < S_{\triangle XYC}$；更有 $S_{\triangle ABC} < S_{\triangle XYC}$.

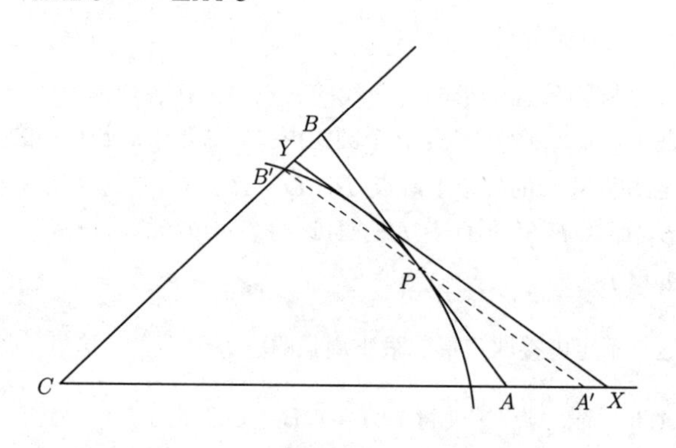

图 2.11

推论 1. 特别地，当这条曲线是一个中心在点 C 的圆时，这个三角形是等腰三角形. 这个性质可以另一种方式来叙述. 如果一个三角形的顶角和高是已知的，那么当这个三角形是等腰三角形时，底和面积都取得最小值.

[23]

因为等腰三角形这一性质的重要性，对它给出一个独立的证明.

如图2.12所示，设 $\triangle ABC$ 是一个等腰三角形，而 $\triangle A'B'C$ 是任一其他的三角形，它们具有相同的顶角和高 CM.

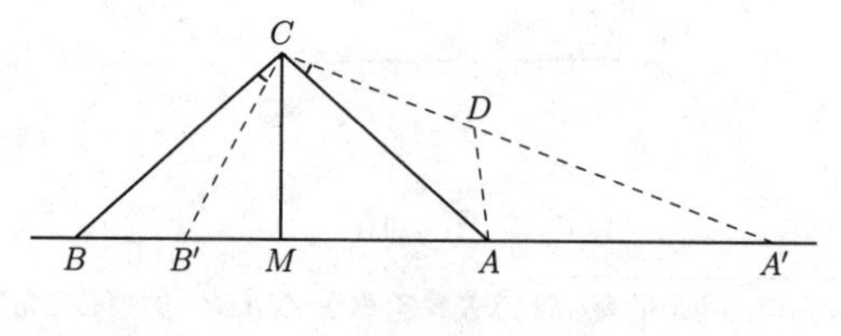

图 2.12

现在 $BC > B'C$ (Euc. III. 8)，而 $BC = AC < A'C$，因此 $A'C > B'C$. 设

$CD = B'C$，连接 AD. $\triangle ACD$ 和 $\triangle BCB'$ 全等(Euc. I. 4)，因此 $S_{\triangle AA'C} > S_{\triangle BB'C}$；所以 $S_{\triangle A'B'C} > S_{\triangle ABC}$；因此，……

推论 2. 如图2.13所示，当这条曲线是一个与该角两边相切的圆时，那么当这个三角形是等腰三角形时，切线 AB 的长度和 $\triangle ABC$ 的面积都最小. **[24]**

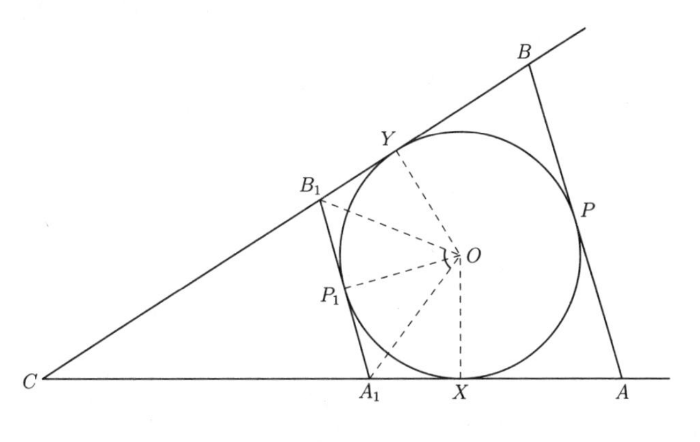

图 2.13

推论 3. 如果我们考虑推论 2 中圆上凸面朝向 C 的部分，那么一条动切线被该角两边截得的线段对这个圆的圆心张成一个定角 α（$2\alpha = \pi - \angle C$）. 因此动 $\triangle A_1B_1O$ 有固定的顶角(α) 和高(γ)，由此，当 $A_1O = B_1O$ 时，它的底和面积都最小. 在此情形中切点 P_1 是 A_1B_1 的中点. 因此，对于一个已知圆和两条定切线，一条动切线被这两条定切线截得的部分在两个位置取得极小值，即当它的切点内等分或外等分弧 XY 时.

在后一情形中截得的面积($\triangle ABC$ 的面积)极小，而在前者是极大.

因为 $$S_{\triangle A_1B_1C} = S_{\text{四边形}\,CXOY} - 2S_{\triangle A_1B_1O};$$
由于四边形 $CXOY$ 的面积是定值，所以当 $\triangle A_1B_1O$ 的面积取得极小值时，$\triangle A_1B_1C$ 的面积极大. **[25]**

例 题

1. 一个圆的面积和周长最小的外切三角形是正三角形.

[因为每一条边的切点平分另两个切点之间的弧；参见目 8 下的例 1.]

2. 一个圆的面积和周长最小的外切多边形是正多边形.

[利用例 1.]

3. 一个三角形具有已知位置和大小的顶角 C 以及内切圆或相应的旁切圆，证明：两边中点的连线 LM 与这个圆的圆心构成的三角形有定面积.

[对于旁切圆：设 p 是 $\triangle ABC$ 中由点 C 向底边所作的高，而 r_3 是半径，那么有 $2S_{\triangle OLM} = \frac{1}{2}c(\frac{1}{2}p + r_3) = \frac{1}{2}S_{\triangle ABC} + S_{\triangle AOB} = \frac{1}{2}S_{\text{四边形}\,OCXY} =$ 定值，……]

13. 问题. 已知一个三角形的一个角 $\angle O$ 以及底边上的一点 P, 作出底边, 使得 $AP \cdot BP$ 最小.

如图2.14所示，过点 P 作 AB 使得 $\triangle ABO$ 是等腰三角形. 作一个圆与角的两边分别切于点 A 和 B，并作任一条其他的直线 $A'PB'$.

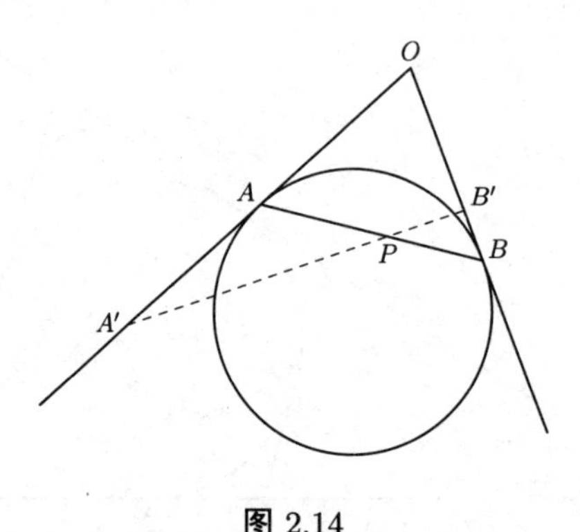

图 2.14

[26] 显然 $AP \cdot PB < A'P \cdot B'P$，因而最小.

例题

1. 过两个圆的交点 P 作一条直线 APB[①]，使 $PA \cdot PB$ 最小.

[这转化为作一个圆与两个已知圆分别切于点 A 和点 B，使得点 A，B，P 三点共线. 在后面将看到这条直线通过这两个圆的连心线 O_1O_2 上的一点 Q，这里 $\dfrac{QO_1}{QO_2}=$半径的比.]

14. 定理. 如果一条线段被分成任意两部分 a 和 b, 那么它们的积当这条线段是被等分时最大.

因为(Euc. II. 5)

$$ab + \left(\frac{a-b}{2}\right)^2 = \left(\frac{a+b}{2}\right)^2 = \text{定值},$$

所以当 $a-b=0$，即当 $a=b$ 时，ab 最大.

推论. 一条线段被分成的各条线段的连乘积，当各部分相等时最大.

例题

1. 过一个三角形的底边上的任一点 P 作两条侧边的平行线 PX 和 PY；那么当底边 AB 被点 P 平分时，平行四边形 $PXCY$ 的面积最大.

① 点 A，B 是这条直线与两圆的另外两个交点. —— 译者注

[因为 $\triangle APX$ 和 $\triangle BPY$ 有固定的形状，所以 $PX \cdot PY \propto AP \cdot BP$. 而这个平行四边形的面积为 $PX \cdot PY \sin C \propto PX \cdot PY$；因此，……][①]

2. 内接于一个已知弓形的最大矩形，满足如果在它的顶点 X 和 Y 处作出切线 BC 和 AC，那么 $BX = CX$ 且 $CY = AY$.

[因为 NX 是能内接于 $\triangle BCN$ 的最大矩形，自然大于任一其他的矩形 $X'N$. 因此从这个图形的对称性知边 XY 上的矩形大于 $X'Y'$ 上的矩形，更大于 $X''Y''$ 上的矩形. **[27]**

这个最大矩形的作法如下：如图2.15所示，作 BL 垂直于这个圆平行于 AB 的直径所在的直线 OL. 连接 OX 并设它交 BL 于点 P. 因为 $\triangle OCX$ 和 $\triangle BPX$ 全等(Euc. I. 26)，所以 $PX = OX = r$. 又因为 $OXBL$ 是一个圆内接四边形，所以(Euc. III. 36)

$$PB \cdot PL = PO \cdot PX = 2r^2,$$

而 $PL - PB$ 是已知的；因而线段 PB 是已知的，又因为 $PB = OC$，所以点 C 得以确定.

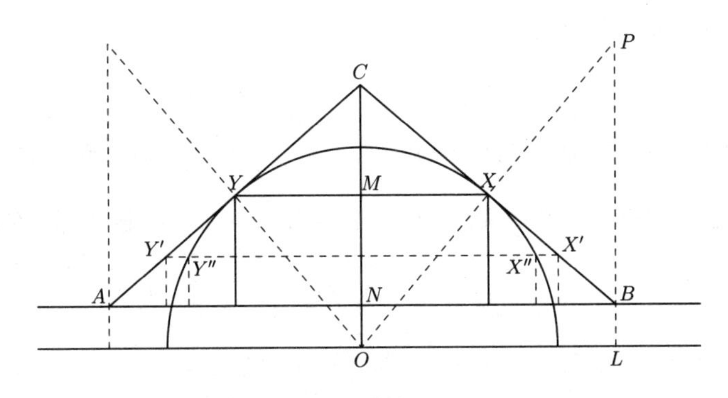

图 2.15

在一般情形下直线 AB 不与这个圆相交，因而这个弓形是虚的，而这个命题可以这样叙述：已知一条直线 AB 和一个圆，作一个最大的矩形，使它的两个顶点 X 和 Y 在圆上，而剩下的两个顶点在直线上.]

3. 在一个圆中作一条具有已知方向的弦 XY，使得四边形 $ABYX$ 的面积有最大值，这里 AB 是一条已知直径.

[如图2.16所示，作直径 YX'，那么 $AYBX'$ 是一个矩形，因此 AX' 等于且平行于 BY. 连接 BX 和 XX'，并作 BC 平行于 XX'.

那么由

$$S_{\triangle AXX'} + S_{\triangle BXY} = S_{\triangle ABX'},$$

在每一侧舍去共同的部分 $S_{\triangle AMX'}$ 并加上 $S_{\triangle BMX}$，可得

$$S_{\triangle BXX'} = S_{\text{四边形}ABYX}.$$

因此仅当 $S_{\triangle BXX'}$ 最大时这个四边形的面积最大. 容易看出 $S_{\triangle BXX'}$ 等于已知弓形 BC 的一个内接矩形的面积的一半. **[28]**

因为 BC 平行于 XX'，所以 AC 垂直于 XX'，并因此平行于 PX，从而 $\angle BAC = \alpha$.

① 由此，内接于一个三角形的平行四边形的最大面积等于该三角形面积的一半.

于是这个问题转化为例 2.]

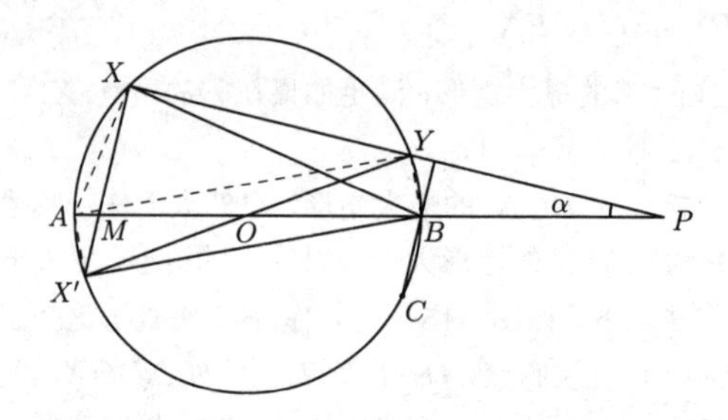

图 2.16

4. 如果一条已知线段被分成任意数量的部分 a，b，c，$\cdots$；求何时 $a^{\alpha}b^{\beta}c^{\gamma}\cdots$ 最大，这里 α，β，γ，$\cdots$ 是已知的数值.

[这一表达式取得最大值仅当

$$\left(\frac{a}{\alpha}\right)^{\alpha}\left(\frac{b}{\beta}\right)^{\beta}\left(\frac{c}{\gamma}\right)^{\gamma}\cdots \text{ 最大,} \tag{1}$$

但是 $\frac{a}{\alpha}$ 是线段 a 被分成的 α 等份中的一份，因此 $\left(\frac{a}{\alpha}\right)^{\alpha}$ 是这些相等小份的乘积. 类似地，$\left(\frac{b}{\beta}\right)^{\beta}$ 是 b 中各相等小份的乘积，等等. 因此当 a，b，c，$\cdots$ 被分成的各小份都相等时式 (1) 取得最大值；即当 $\frac{a}{\alpha}=\frac{b}{\beta}=\frac{c}{\gamma}=\cdots$ 时.]

5. 求关于一个三角形内的一点 O，使得面积的乘积 $S_{\triangle BOC}S_{\triangle COA}S_{\triangle AOB}$ 最大.

[因为 $S_{\triangle BOC}+S_{\triangle COA}+S_{\triangle AOB}$ 是定值，根据例 4，当 $S_{\triangle BOC}=S_{\triangle COA}=S_{\triangle AOB}$，即 O 是这个三角形的重心时.]

6. 周长已知的最大三角形是正三角形.

[由公式 $\Delta^2=s(s-a)(s-b)(s-c)$；因为右侧各因子的和是定值，所以当 $s-a=s-b=s-c$ 时 Δ 最大；因此，……]

[29]

7. 已知周长和各角的最大平行四边形是等边的.

8. 如果 p_1，p_2，p_3 表示一点 O 到一个三角形各边的垂直距离，那么 $p_1p_2p_3$ 的最大值等于 $\frac{8\Delta^3}{27abc}$，而此时 O 是这个三角形的重心(利用例 5).

[另外的方法如下：因为对于底边 c 上的任一点 O，有 $4abp_1p_2\equiv(ap_1+bp_2)^2-(ap_1-bp_2)^2$，由于 ap_1+bp_2 等于 2Δ，所以当 ap_1-bp_2 等于零时 p_1p_2 最大. 现在如果假定 p_3 是一个定值，那么点 O 在过点 C 的中线上. 类似地，通过将 p_1 看作定值，能求出点 O 在通过点 A 的中线上；因此，…… 因而如果这三个垂直距离变化，那么对于三条中线的交点它们的乘积最大.]

15. 定理. 如果一条线段被分成任意两部分 a 和 b, 那么它们的平方和当这条线段被平分的时候最小.

由 (Euc. II. 9, 10)

$$a^2+b^2=2\left(\frac{a+b}{2}\right)^2+2\left(\frac{a-b}{2}\right)^2.$$

因为 $a+b$ 是固定的，所以当 $|a-b|$ 最小时，也就是当 $a=b$ 时 a^2+b^2 最小.

推论. 一条线段被分成的各条线段的平方和当各部分相等时最小.

16. 问题. 如果一条线段被分成任意数量的部分 a, b, c, $\cdots$, 求何时

$$\frac{a^2}{\alpha}+\frac{b^2}{\beta}+\frac{c^2}{\gamma}+\cdots$$

最小，这里 α, β, γ 是已知的数值.

设线段 a 被分成 α 等份；因此每一部分等于 $\dfrac{a}{\alpha}$，而各部分的平方和等于 $\alpha\left(\dfrac{a}{\alpha}\right)^2=\dfrac{a^2}{\alpha}$.

类似地，如果线段 b 被分成 β 等份，那么各小份的平方和等于 $\dfrac{b^2}{\beta}$；如此，…… [30]

因此上面的表达式表示分段 a，b，c，$\cdots$ 中各小份的平方和，因而当它们相等，即

$$\frac{a}{\alpha}=\frac{b}{\beta}=\frac{c}{\gamma}=\cdots$$

时最小.

例 题

1. 将一条线段分为 a 和 b 两部分，使得 $3a^2+4b^2$ 最小.

[当 $\dfrac{a^2}{4}+\dfrac{b^2}{3}$ 最小时，即当 $\dfrac{a}{4}=\dfrac{b}{3}$ 时，即 $3a=4b$.]

2. 求一点 P 使得它到一个三角形各边的距离 x，y，z 的平方和最小.

[设 Δ_1，Δ_2，Δ_3 表示已知三角形的各边对该点所张成三角形的面积的两倍. 现在因为 $\Delta_1=ax$，$\Delta_2=by$，$\Delta_3=cz$，所以

$$x^2+y^2+z^2=\frac{\Delta_1^2}{a^2}+\frac{\Delta_2^2}{b^2}+\frac{\Delta_3^2}{c^2}. \tag{1}$$

由于 $\Delta_1+\Delta_2+\Delta_3=$ 定值，因此当

$$\frac{\Delta_1}{a^2}=\frac{\Delta_2}{b^2}=\frac{\Delta_3}{c^2} \tag{2}$$

时，前式取得最小值. 根据式 (2) 显然有

$$\frac{x}{a}=\frac{y}{b}=\frac{z}{c}. \tag{3}$$

这一结论也可以从下面的恒等式中看出

$$(a^2+b^2+c^2)(x^2+y^2+z^2)-(ax+by+cz)^2 \equiv (bz-cy)^2+(cx-az)^2+(ay-bx)^2,$$

据此同学们应该是熟知的了.]

注记. 这个点称为该三角形的类似重心(Symmedian Point)，而根据式 (3) 显然它和已知三角形各顶点的连线与相应的中线同夹边构成相等的角；又因为

$$\frac{x}{a}=\frac{y}{b}=\frac{z}{c}=\frac{ax+by+cz}{a^2+b^2+c^2}=\frac{2\Delta}{a^2+b^2+c^2},$$

所以

[31]

$$x=\frac{2a\Delta}{a^2+b^2+c^2},\ y=\frac{2b\Delta}{a^2+b^2+c^2},\ z=\frac{2c\Delta}{a^2+b^2+c^2}.$$

3. 求一点 P 使得它到一个三角形各顶点距离的平方和最小.

[如图2.17所示，如果假定 CP 的长度固定，而 AP 和 BP 是变化的，那么点 P 描出一个以 C 为中心的圆. 而如果 M 是底边的中点，那么 $AP^2+BP^2=2AM^2+2MP^2$. 因为 AM 是固定的，所以当 $2PM^2+CP^2$ 最小时 $AP^2+BP^2+CP^2$ 取得最小值. 因此 P 是中线 CM 上使得 $\frac{CP}{PM}=2$ 的点，即为重心.

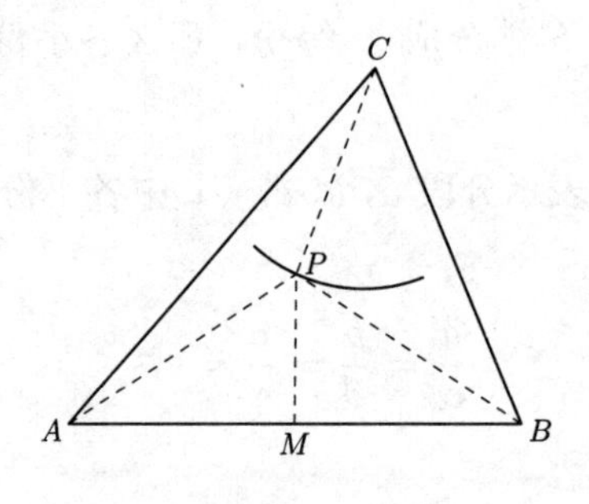

图 2.17

类似地，通过假设 AP 或 BP 保持不变，我们能求出同一个点. 因此当 AP，BP 和 CP 都变化时，重心即为要求的点.]

第2节 无穷小法

17. 在前一节中可能已经注意到，一个按照某一已知规律变化的量取得极大值和极小值的位置，关于这个图形的固定部分是对称的. 比如当一个三角形的底边和顶角是已知的时，高、侧边的乘积、面积等取得最大值是当这个三角形为等腰三角形时.

[32]

在目 9 中通过摆放两条已知边成直角来求得面积最大的三角形.

另外，一个已知周长且有最大面积的图形是共圆的. 在目 11 中当动直线 AB 绕点 P 沿正方向旋转时，随着 PB 从点 P 到 BC 的垂线向后退，线段

AP 和 BP 趋于相等，而当 $AP = BP$ 时 $\triangle ABC$ 的面积最小.

18. 一个几何图形按照某个特定规则变化的几个部分，总可以用这个图形的固定部分和那些足以确定其位置的数量表示出来.

以目 8 中的图 2.1 为例. 在顶点 C 的任一个位置，通过假定这个三角形具有已知的高，各变化部分，如 a，b，面积，以及其他边或者角的函数可以使用底边 c，顶角 C 和高表示出来.

因此这些变量可以看成已知部分和它们位置的坐标 (Co-ordinates) 的函数.

由此能推断出，如果后者连续地变化，那么这些函数一定同样连续变化.[①] 因此位置的一个非常小的变化将引起函数值的一个微小变化或者说产生一个增量(Increment). 假设在目 8 中这个圆被分成无数等份，并设顶点 C 占据从点 A 到点 B 的每一个截点. 当高像这样获得无限小的增量时，面积也一样获得无限小的增量.

如图 2.18 所示，设 AB 是一个三角形的底边而任一条曲线 CC_1C_2 是它的顶点的轨迹. [33]

在这个图形中，当顶点沿着这条曲线由左至右趋向于点 C 时，由高构成的截线段 AX 可以取作其位置的坐标，因为如果 AX 是已知的，那么点 C 的位置也是已知的.

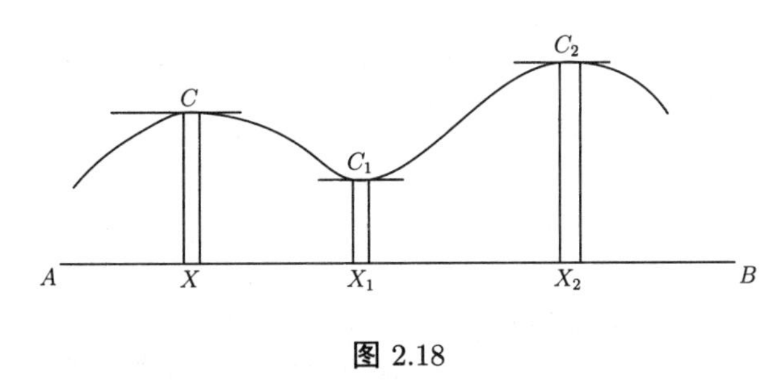

图 2.18

这样当 AX 连续获得正的增量时，面积，高，以及 AX 的其余一些函数有时减小，比如从 C 到 C_1，而有时增大，比如从 C_1 到 C_2.

在点 C，C_1，C_2 处高的增量改变符号，因而两个连续的值相等. 在这些点处曲线的切线还平行于底边 AB，而在其他任一点 C_n 处，自变量的增量除以对应的应变量的增量等于 $\cot\alpha$，这里 α 是 C_n 处切线与 AB 构成的角. 我们已经看到，如果 AX 表示一个变量在任一位置的值，而 CX 是 AX 的任一函数，那么当这个函数通过一个极大值或极小值时，在每一种情形中它的两个

① 参见 Burnside 和 Panton, *Theory of Equations*, Art. 7.

连续值都相等.

例如，假设一个圆的一条动弦 XY 沿着一个定向平行移动；当它向圆心 [34] 趋近时长度逐渐增加，并且如果 XY 是一条直径且 $X'Y'$ 是一条连续的弦，那么因为 XX' 和 YY' 是这个圆的切线，所以它们平行，所以 $XYX'Y'$ 是一个平行四边形且 $XY = X'Y'$（Euc. I. 34）. 因此在一个圆中直径是最长的弦（参见 Euc. III. 15）.

例 题

1. 已知一个三角形的底边和顶点的轨迹；求何时它的面积极大或极小.

[设这条轨迹是一条任意次的曲线，那么容易看出（Euc. I. 39）所求点处的切线平行于底边.]

2. 在例 1 中何时两条侧边的和极小或极大？

[如图 2.19 所示，设 C 和 C' 是这条轨迹 MN 上彼此无限接近的两个点. 作 CX 和 $C'Y$ 分别垂直于 AC' 和 BC.

那么因为在 $\triangle ACX$ 中，$\angle X$ 是一个直角且 $\angle A$ 无限小，所以 $\angle ACX$ 近似于一个直角且 AC 近似等于 AX. 因此在极限情形下

$$C'X = AC' - AX = AC' - AC.$$

类似地，CY 是 BC 的增量（负的）.

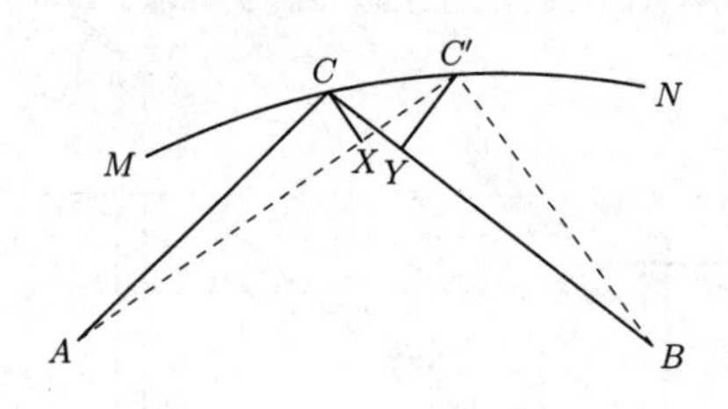

图 2.19

因此 $C'X = CY$，所以 Rt$\triangle CC'X$ 和 Rt$\triangle CC'Y$ 全等，且 $\angle AC'C = \angle BCC'$. 但是当 $\angle A$ 无限小时 $\angle AC'C = \angle ACM$①；因此这条轨迹上所求的点 C 使得 AC 和 BC [35] 对这条曲线成相等的倾角，即对于它们交点处的切线成相等的倾角.

类似地，能推出，如果点 A 和点 B 位于这条曲线的异侧，那么当 $AC - BC$ 极大或极小时，这个关系式仍成立.②]

3. 一个三角形的顶点 A 是定点，$\angle A$ 的大小已知，而两个底角沿两条交于点 O 的定直线移动；作出面积最小的 $\triangle ABC$.

[通过取如图 2.20 所示的两个连续位置，得到

$$AB \cdot AC = AB' \cdot AC',$$

① 这里的 $\angle ACM$ 指 AC 与曲线在 C 处切线的夹角. —— 译者注

② 由此可得如果这条曲线是使得 $AC + BC$ 为定值的一类曲线，那么对于它上面的每一点，AC 和 BC 对曲线成相等的倾角.

且 $$\angle BAB' = \angle CAC'.$$
因此 $$AB : AB' = AC' : AC,$$
故 $\triangle BAB'$ 和 $\triangle CAC'$ 相似(Euc. VI. 6). 所以在极限情形下 $\angle ABO = \angle AC'O = \angle ACO$.

[36]

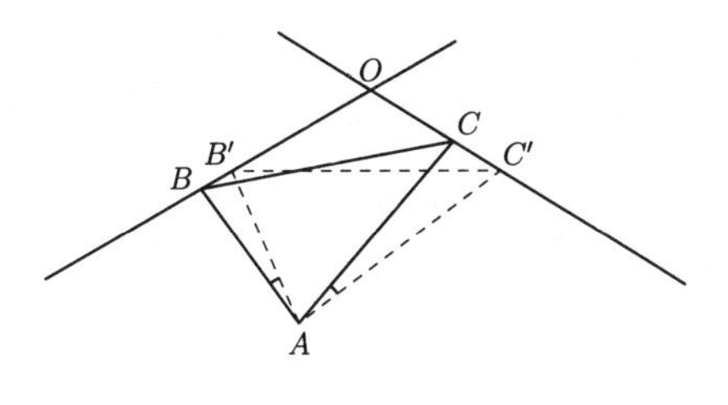

图 2.20

在所求的位置，边 AB 和 AC 分别对两条已知直线成相等的倾角. 这里我们又得到一个当三角形极小时图形对称性的一个例证. 如果 $\angle A = 180°$，那么该性质(目 13)立即得出.]

4. 已知一个三角形具有两条位置固定的边和底边上的一点 P，何时 AB 最小?

[如图 2.21 所示，取 AB 的两个连续位置并分别作垂线 AX 和 BY；与前面一样，$A'X$ 是 AP 的增量而 $B'Y$ 是 BP 的增量；因此 $A'X = B'Y$.

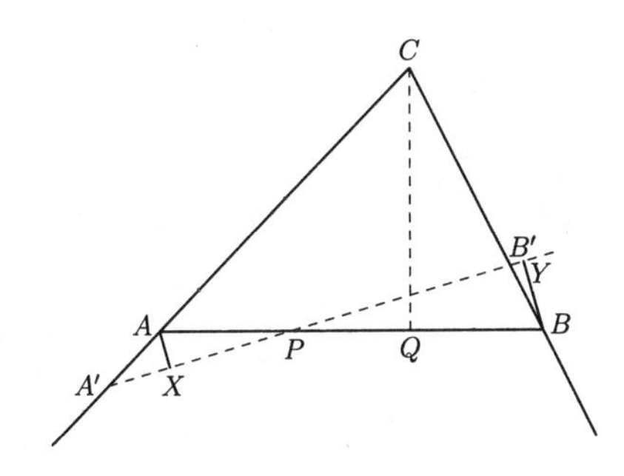

图 2.21

另外 $$A'X = AX \cot A' = AP \sin \angle P \cot A'.$$
类似地 $$B'Y = BY \cot B' = BP \sin \angle P \cot B'.$$
所以在极限情形下
$$AP \cot A = BP \cot B.$$ [①]

而如果 Q 表示底边上的垂足，那么有
$$BQ \cot A = AQ \cot B$$
因此 $$AP = BQ,$$
即这条最小弦使得已知点 P 和垂足到底边的两个端点等距.

这条线称为菲洛线(Philo's Line).

① 由上面两式可得 $AP \cot A' = BP \cot B'$，因为在极限情形下，$\angle A' = \angle A$，$\angle B' = \angle B$，所以 $AP \cot A = BP \cot B$.——译者注

5. 过一个半圆的直径的延长线上的一个已知点 O，作一条割线 OBC 使得四边形 $ABCD$ 的面积最大.

[取两个连续位置的割线 OBC 和 $OB'C'$ 使得 $S_{四边形ABCD}=S_{四边形AB'C'D}$，并连接 AB，AB'，DC，DC'，以及 $B'C$，如图2.22所示.

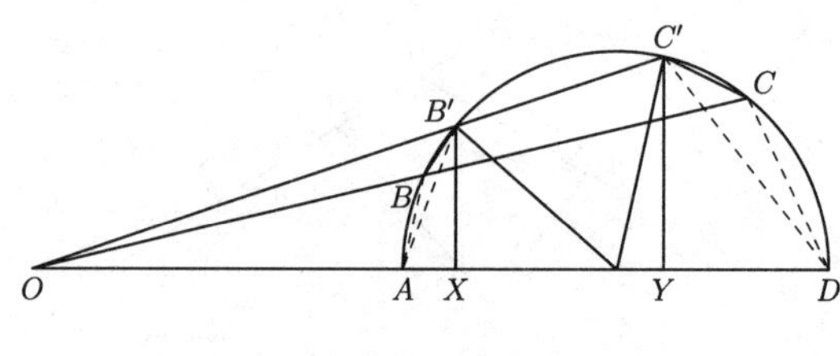

图 2.22

现在 $S_{四边形ABCD}=S_{四边形AB'C'D}$，能推出

$$S_{四边形BB'C'C}=S_{\triangle ABB'}+S_{\triangle DCC'}.$$

[37] 即

$$S_{\triangle BB'C}+S_{\triangle CB'C'}=S_{\triangle BB'A}+S_{\triangle CC'D}.$$

移项得

$$S_{\triangle BB'C}-S_{\triangle BB'A}=S_{\triangle CC'D}-S_{\triangle CB'C'},$$

又因为一个三角形面积的两倍等于两边的乘积乘以夹角的正弦；所以在极限情形下这一关系式变为

$$\frac{BB'(BC^2-AB^2)}{直径}=\frac{CC'(CD^2-BC^2)}{直径};$$

但是从相似三角形中可得 $\dfrac{BB'}{CC'}=\dfrac{OB}{OC}$. 因此如果 $AB=a$，$BC=b$，$CD=c$，$AD=d$，而边 a，b，c 对圆心所张的角记为 2α，2β，2γ，那么这一关系式可以写为

$$\frac{b^2-a^2}{c^2-b^2}=\frac{OC}{OB},$$

这容易变形为

$$\cos 2\alpha+\cos 2\gamma=1,$$

即这条截段的射影 XY 等于这个圆的半径. 弦 BC 的作图随之可得.]

6. 已知一个四边形的两条对边 AB 和 CD，以及对角线 CA 和 BD，作出满足条件的面积最大的四边形.

[如图2.23所示，设 AB 是固定的，并作出 C 和 D 的连续位置 C' 和 D'. 那么因为与 OC 相比 CC' 很小且 $\angle OCC'$ 是一个直角；所以 $\triangle OCC'$ 可以看成一个等腰三角形，而 $OC=OC'$. 类似地，$OD=OD'$；又因为 $CD=C'D'$，所以 $\triangle COD$ 和 $\triangle C'OD'$ 全等. 从面积相等的四边形 $ABCD$ 和四边形 $ABC'D'$ 中取走相等的 $\triangle COD$ 和 $\triangle C'OD'$ 以及共同部分 $\triangle AOB$，剩下的有

[38]

$$S_{\triangle BOC}+S_{\triangle AOD}=S_{\triangle BOC'}+S_{\triangle AOD'},$$

或

$$S_{\triangle BOC'}-S_{\triangle BOC}=S_{\triangle AOD}-S_{\triangle AOD'},$$

因此

$$BO\cdot CO=AO\cdot DO,$$

由此表明 CD 和 AB 互相平行. 参见条目 9 下的例 5.

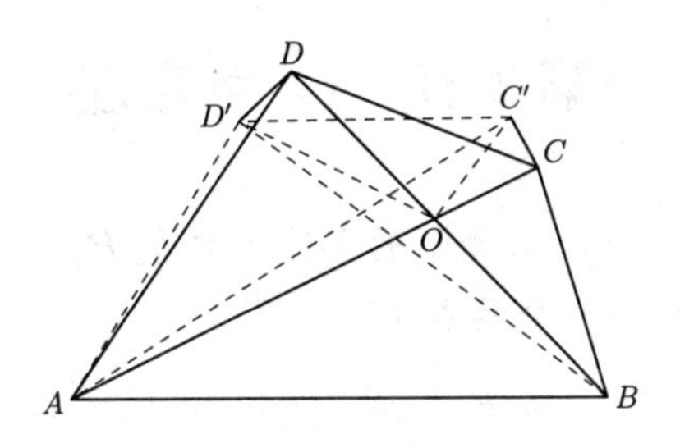

图 2.23

类似的证明可以运用于证明，若一个四边形的四条边是已知的，则当

$$CO\cdot AO=BO\cdot DO,$$

即这个四边形共圆时，面积最大. 参见米尔恩（Milne），*Companion to the Weekly Problem Papers*，1888，p. 27.]

7. 作一条已知直线的一条平行线交一个半圆于点 C 和点 D，使得 $ABDC$ 是一个面积最大的四边形.

[与前面一样，当 $ABDC$ 的面积最大时，等于连续面积 $ABD'C'$，如图 2.24 所示.

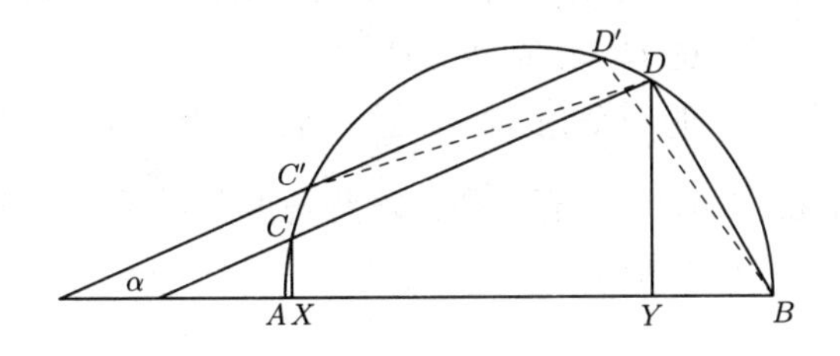

图 2.24

因此
$$S_{四边形CC'D'D}=S_{\triangle ACC'}+S_{\triangle BDD'},$$
于是
$$S_{\triangle CC'D}-S_{\triangle CC'A}=S_{\triangle DD'B}-S_{\triangle DD'C'},$$
在极限情形下这转化为
$$b^2-a^2=c^2-b^2 \text{ 或 } 2b^2=a^2+c^2. \tag{1}$$

另外如果点 X 和 Y 是点 C 和 D 在直径 $AB(=d)$ 上的射影，那么有

$$AX=\frac{a^2}{d},\ BY=\frac{c^2}{d},\ XY=b\cos\alpha.$$

将这些代入式 (1)，化简可得

$$2b^2+d\cos\alpha\cdot b-d^2=0. \tag{2}$$]

注记. 如果 $\alpha=0°$，那么能求出这个四边形是内接六边形的一半；

如果 $\alpha=90°$，那么该最大四边形是内接正方形.　**[39]**

第3节 O 点定理

19. 定理. 如果在一个三角形的各边上取点 P, Q, R，那么圆 AQR，圆 BRP 和圆 CPQ 通过一个公共点 O.

如图2.25所示，设圆 AQR 和圆 BRP 交于点 O. 那么因为（Euc. III. 22）$\angle QOR = \pi - \angle A$ 且 $\angle ROP = \pi - \angle B$，所以 $\angle QOP = 2\pi - (\pi - \angle A) - (\pi - \angle B) = \angle A + \angle B = \pi - \angle C$；因此点 P，O，Q，C 共圆.

当点 O 在 $\triangle ABC$ 内部时，已知三角形的各边对点 O 所张的 $\angle BOC$，$\angle COA$，$\angle AOB$ 分别等于 $\angle A + \angle P$，$\angle B + \angle Q$，$\angle C + \angle R$.

运用 Euc. I. 32 于 $\triangle BOC$ 和 $\triangle COA$，能推得 $\angle AOB = \angle C + \angle CAO + \angle CBO$.

[40]

但是 $\angle CAO = \angle QRO$（由点 A，Q，R，O 共圆），

而且 $\angle CBO = \angle PRO$（由点 B，P，R，O 共圆），

因此

$$\angle AOB = \angle C + \angle R. \tag{1}$$

这里 $\angle R$ 表示 $\triangle PQR$ 的一个角. 对于 $\angle BOC$ 和 $\angle COA$ 类似.

如果点 O 落在 $\triangle ABC$ 外部，那么这些角度关系要略做改动. 以点 O 在 $\angle C$ 内部为例，如图2.25所示.

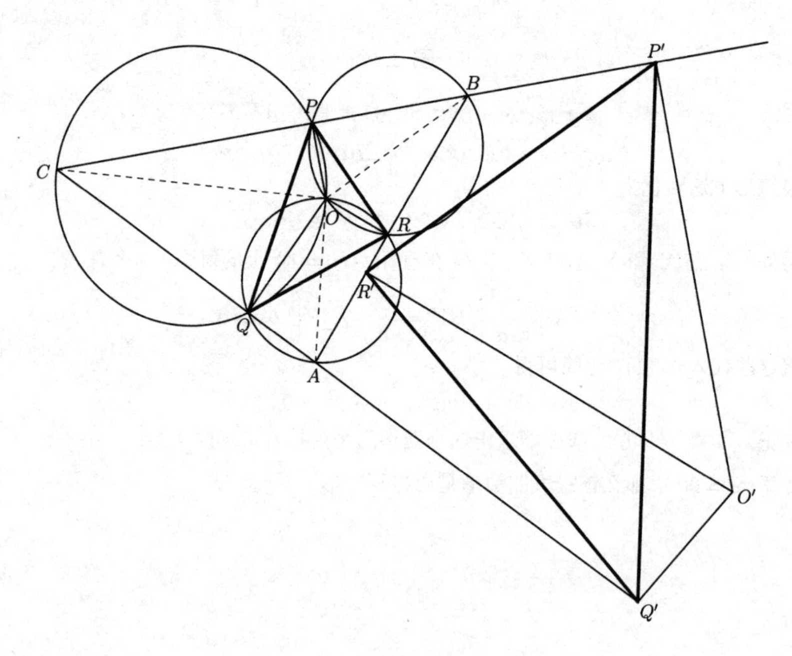

图 2.25

那么从圆内接四边形 $QORA$ 和 $ROPB$ 中得到(Euc. III. 20)

$$\angle ORP = \angle OBP,\ \angle ORQ = \angle OAQ;$$

将这些等式相加，得

$$\angle R = \angle OAQ + \angle OBP = \angle C + \angle AOB,$$

即

$$\angle AOB = \angle R - \angle C.$$

另外，由 Euc. I. 32，得

$$\angle A + \angle ACO = \angle BOC + \angle ABO,$$

移项，得

$$\angle A - \angle BOC = \angle ABO - \angle ACO. \tag{2}$$

但是　$\angle ABO = \angle RPO$（由点 P，R，B，O 共圆），

而且　$\angle ACO = \angle QPO$（由点 P，Q，C，O 共圆），

将这些值代入式 (1)，我们得到

$$\angle A - \angle BOC = \angle RPO - \angle QPO = \angle P;$$

因此

$$\angle BOC = \angle A - \angle P.$$

类似地

$$\angle COA = \angle B - \angle Q. \tag{3}$$

用同样的方法可以证明，如果点 P，Q，R 使得由它们构成的三角形中的两个角 $\angle P$，$\angle Q$ 分别大于 $\angle A$ 和 $\angle B$，那么有

$$\angle BOC = \angle P - \angle A,$$

$$\angle COA = \angle Q - \angle B, \tag{4}$$

以及

$$\angle AOB = \angle C - \angle R.$$

因此，如果形状已知的 $\triangle PQR$ 内接于一个已知三角形，那么圆 AQR，圆 BRP 和圆 CPQ 通过两个定点中的一个，$\triangle ABC$ 的各边对其中一点所张的角为 $\angle A + \angle P$，$\angle B + \angle Q$，$\angle C + \angle R$，而对另一个点所张的角为 $\angle A - \angle P$，$\angle B - \angle Q$，$\angle R - \angle C$，或 $\angle P - \angle A$，$\angle Q - \angle B$，$\angle C - \angle R$，这取决于已知三角形中的两个角大于还是小于内接三角形的对应角. [41]

20. 设 $\triangle PQR$ 是一个内接于 $\triangle ABC$ 的形状已知的三角形. 我们已经看到点 O 是定点，因此直线 AO，BO，CO 分 $\triangle ABC$ 的各角为已知的部分. 但 $\angle A$ 的两部分等于 $\triangle QOR$ 的两个底角；类似地，$\angle B$ 的两部分等于 $\triangle ROP$ 的底角，$\angle C$ 的两部分等于 $\triangle POQ$ 的底角.

因此 $\triangle POQ$，$\triangle QOR$，$\triangle ROP$ 中每一个的形状都是已知的. 所以当内接 $\triangle PQR$ 的位置变化时，$\triangle OQR$，$\triangle ORP$，$\triangle OPQ$ 的形状保持不变，且 $OP:OQ:OR$ 成定比.

另外，因为 $\triangle OPQ$ 的形状固定且一个顶点 O 是定点；所以如果点 P 描

出一条直线，那么能推出点 Q 的轨迹也是一条直线(CA). 而一般地，当一个形状已知的图形的一个顶点 O 是固定的，而任一另外的顶点 P 或关于它的不变点描出一条轨迹，那么剩余的点 Q, $\cdots$ 描出的轨迹可以由点 P 的轨迹通过绕点 O 旋转一个已知角 $\angle POQ$，并将点 OP 按 $OQ:OP$ 的比增长或缩短而得到.

这样描出的轨迹是相似的，称比 $OP:OQ$ 为它们的相似比 (Ratio of Similitude)，而点 O 称为相似中心(Centre of Similitude).

[42] 这样因为点 O 是一个关于一个已知形状的动内接 $\triangle PQR$ 的不变点，所以垂心、外心、旁心、重心，以及其他所有关于这个三角形的不变点等所描出的直线可以利用上面的方法直接作出.

此外，我们知道如果点 O 是一个定点且点 P 描出一个圆，而动线段或向径(Radius Vector) OP 被点 Q 分成已知比，那么点 Q 的轨迹是一个圆. 现在如果点 Q 绕点 O 旋转通过一个已知角，那么轨迹是同一个圆旋转通过相同的角. 因此如果一个已知形状的三角形的一个顶点是固定的，而另一个顶点描出一个圆，那么剩下的顶点以及另外所有关于它不变的点同样描出圆.

例 题

1. 已知一个四边形 $ABCD$ 的两条对角线以及各角，作出它.

[如图 2.26 所示，在一条对角线 AC 上作出两个所含角分别等于 $\angle B$ 和 $\angle D$ 的弓形. 设 $ABCD$ 是要求的四边形. 延长 CD 至点 Y 并延长 CB 至点 X[①]. 连接 BY 和 AY.

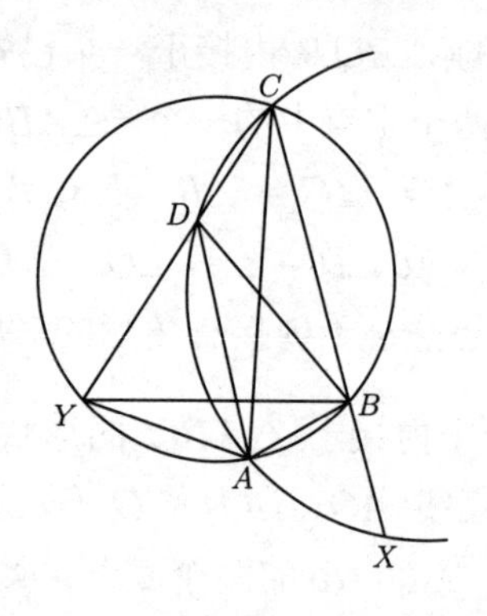

图 2.26

那么因为一个已知圆的弦 BY 张一个已知角 $\angle C$，所以它的长度是已知的. $\triangle ADY$

[43] 的形状也是已知的；因此有下述作法：在 BY 上作出一个含 $\angle C$ 的弓形. 形状已知的 $\triangle ADY$ 有一个顶点 Y 是固定的，另一个顶点 A 描出圆 AYC，因此剩下的顶点 D 描出

① 点 X, Y 分别是直线 CD, CB 与两个弓形所在圆的另一交点. —— 译者注

一个圆. 取 B 为圆心，BD 为半径作圆，交这条轨迹于点 D；因此，……[①]]

2. 要求摆放一个四边长度已知的平行四边形，使得它的各个顶点在四条共点直线上（M'Vicker）.

[设 $ABCD$ 是位于已知线束 $O.ABCD$ 上的平行四边形. 过点 C 和点 D 分别作 CP 和 DP 平行于 BO 和 AO. 连接 OP. 根据例 1，四边形 $CDPO$ 的两条对角线和四个角是已知的；因此，……]

21. 当 $\triangle PQR$ 各方面都是已知[②]的时候，则 $\triangle OPQ$，$\triangle OQR$，$\triangle ORP$ 完全得以确定；因为除它们的形状之外我们还给出了边 PQ，QR 和 RP，所以边 OP，OQ，OR 容易确定. 因此我们得到如下问题的四个解，实的或虚的：

已知 $\triangle ABC$ 和 $\triangle PQR$，摆放它们使其中一个三角形的各顶点在另一个三角形的对应边上；因为 O 点的位置同时依赖于这两个三角形的形状，有了确定的 O 点，通过以 O 点为圆心且 OP 为半径作圆与边 BC 相交，我们得到顶点 P 的位置.

22. 当直线 OP 垂直于 BC 时，OQ 和 OR 自然也分别垂直于 CA 和 AB，而这个以 O 为圆心并以 OP 为半径的圆与 BC 相切. 在此情形下这两个解重合，而 *$\triangle PQR$ 是能内接于 $\triangle ABC$ 的具有已知形状的最小三角形.*

23. 证明*已知的 $\triangle ABC$ 可以外接于另一个三角形 $\triangle PQR$.* 因为有了确定的点 O，$\triangle BOC$，$\triangle COA$ 和 $\triangle AOB$ 的形状都是已知的了，又因为 BC，CA 和 AB 是已知的线段，所以它们完全得以确定. 因此任一个顶点（C）可以通过在 PQ 上作出所含角等于 $\angle C$ 的一段圆弧，再作出以点 O 为圆心并以 OC 为半径的圆来求出. 这里两个圆相交的位置就所求的点 C 的位置. **[44]**

另外，在 $\triangle BOC$ 中，当 BC 最大时 OC 最大，因而是圆 $OPQC$ 的一条直径. 那么 $\angle OPC$ 是一个直角. 因此*外接于一个已知三角形的形状已知的三角形中最大的三角形的各边垂直于* OP，OQ，OR.

推论. 如果这个已知外接三角形的各边是 λ，μ 和 ν，而 α，β，γ 是点 O 到点 P，Q，R 的距离，那么

$$\lambda\alpha + \mu\beta + \nu\gamma = \text{一个最小值}.$$

因此上面所求的就是：*求出一个点，使其到三个定点的已知倍数的距离和最小，这里三个倍数中任意两个的和大于第三个.*

---

① 另外的解法参见 D. Biddle 和 Rev. T. C. Simmons，*Mathematics from the Educational Times*，Vol. XLIV.，p. 29.

② 指形状和大小均已知. —— 译者注

例题

1. 如果 d 表示点 O 到 $\triangle ABC$ 的外心 H 的距离；证明：最小的 $\triangle PQR$ 的面积的两倍等于 $(R^2 \sim d^2)\sin A\sin B\sin C$.

[45] [如图 2.27 所示，连接 AO 并延长它与外接圆又交于点 C'；连接 BC'.

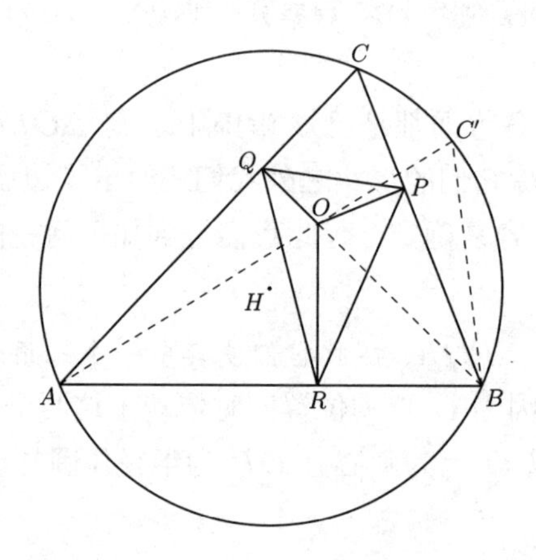

图 2.27

因为 $\angle R = \angle AOB - \angle C = \angle AOB - \angle C' = \angle OBC'$ (Euc. I. 32)，

所以有
$$2S_{\triangle PQR} = RP\cdot RQ\sin\angle R = RP\cdot RQ\sin\angle OBC'. \tag{1}$$
但是
$$RP = OB\sin B,\ RQ = OA\sin A.$$
将这些值代入式 (1)，并利用
$$OB\sin\angle OBC' = OC'\sin C',$$
可得
$$\begin{aligned}2S_{\triangle PQR} &= AO\cdot BO\sin A\sin B\sin\angle OBC'\\ &= AO\cdot OC'\sin A\sin B\sin C\\ &= (R^2\sim d^2)\sin A\sin B\sin C.\ ]\end{aligned}$$

注记. 如果点 O 在外接圆上，那么 $R=d$，所以这个三角形的面积变为零，因此*如果从三角形外接圆上的一点向各边作垂线，那么它们的垂足在一条直线上*. 这条直线称为这个三角形的一条*西姆松线*(Simson Line)，而这三个点的共线性有容易的直接证明.

2. 如果点 O 的垂足三角形 $\triangle PQR$ 的面积为定值，那么该点的轨迹是一个圆.

[根据例 1 的等式这个圆与外接圆同心.]

2a. 该定理一般地对于一个多边形成立.

3. 已知一个三角形的底边 c，以及 $ab\sin(C-\alpha)$，这里 α 是一个已知角，求顶点的轨迹.

[在例 1 中我们有
$$\begin{aligned}2S_{\triangle PQR} &= AO\cdot BO\sin A\sin B\sin(\angle AOB-\angle C)\\ &\propto AO\cdot BO\sin(\angle AOB-\angle C),\end{aligned}$$
而在那个情形中点 O 的轨迹是一个圆. 在 $\triangle AOB$ 中我们得到了问题的数据，于是这个

顶点的轨迹是一个与圆 H 同心的圆.]

4. 在一个已知的四边形 $ABCD$ 中作一个给定形状的内接四边形 $PQRS$.

[如图 2.28 所示，求出内接于一个已知三角形(即由已知四边形的三条边 AB，BC，CD 组成的三角形) 的形状已知的 $\triangle PQR$ 的点 O_1. 类似地求出内接于一个已知三角形的 $\triangle PQS$ 的点 O_2. 现在根据目 19，因为 $\triangle O_1PQ$ 和 $\triangle O_2PQ$ 中每一个的形状都是已知的，所以有 $\angle O_1PO_2 = \angle O_2PQ \sim \angle O_1PQ =$ 一个已知值；因此点 P 得以确定.]

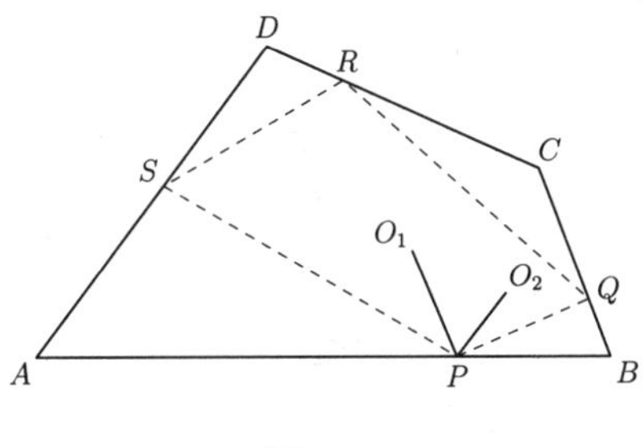

图 2.28

5. 作一个已知的四边形 $PQRS$ 的一个给定形状的外接四边形 $ABCD$.

[取任一个与 $ABCD$ 形状相同的四边形 $abcd$. 根据例 4 在它里面作一个 $PQRS$ 形状的内接四边形 $pqrs$. 因为这些图形是相似的，所以显然 $\angle SPA = \angle spa$，因此这个问题转化为过 P，Q，R，S 作具有已知方向的直线.

另外的方法如下：

如图 2.29 所示，在一组对边 PQ 和 RS 上分别作出所含的角等于 $\angle B$ 和 $\angle D$ 的弓形. 求出一点 M 使得弧 PM 和 QM 所张的角分别等于 $\angle ABD$ 和 $\angle CBD$. 类似地求出点 N 使得 $\angle CDN$ 和 $\angle ADN$ 等于 $\angle D$ 的两个已知部分. 连接 MN；它与这两个圆的交点 B 和 D 是四边形 $ABCD$ 的要求的顶点中的两个.]

6. 作一个四边形 $PQRS$ 的外接正方形 $ABCD$.

[利用例 5 或这样简单地作：如图 2.30 所示，连接 PR 并过点 Q 作它的垂线. 取 $QS' = PR$. 那么 SS' 是所求正方形的一条边. 这一作法依赖于如下性质：任意两条互相垂直的直线被一个正方形的两组对边截得的线段相等.（*Mathesis*）]

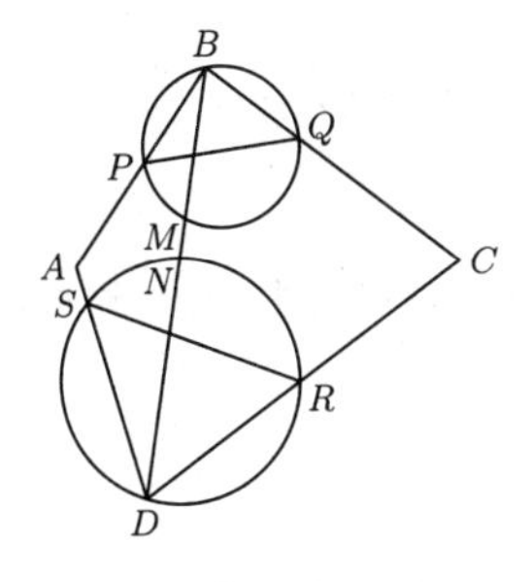

图 2.29

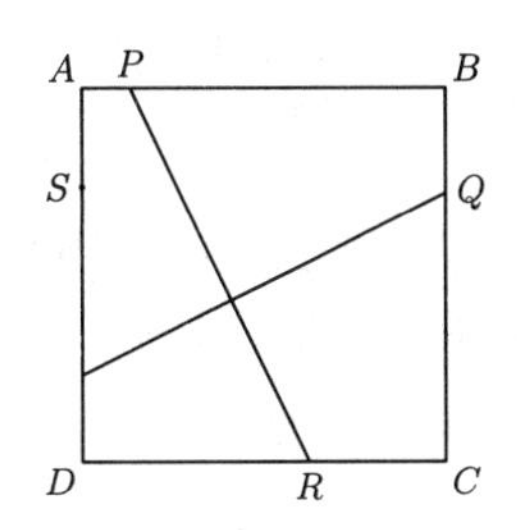

图 2.30

7. 由一个三角形底边上的任意点 P 向两条侧边作垂线 PX 和 PY，求 XY 的中点 N 的轨迹.

[如图2.31所示，平分 CP 于点 M，连接 MX，MY 和 MN. 容易看出 $\triangle MXY$ 是一个形状已知的三角形，它的每个底角都等于 $\angle C$ 的余角；又因为它的顶点 X，M，Y 在定直线上移动，所以任一个关于它的不变点 N 描出一条直线. 通过令点 P 相间地重合于点 A 和点 B，能看出这条轨迹是过 $\triangle ABC$ 底边的两个端点的高的中点的连线.]

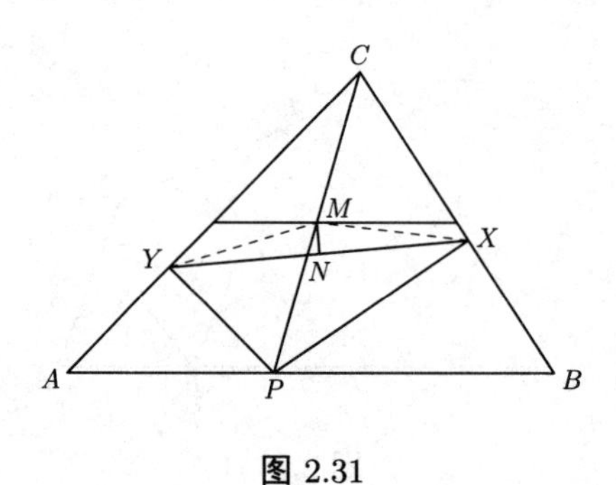

图 2.31

8. 垂足 $\triangle PQR$ 各边的比为

$$a \cdot AO : b \cdot BO : c \cdot CO.$$

[因为 $QR = AO\sin A \propto a \cdot AO$，……]

9. **托勒密定理的推广.** 如果将四点的三组对连线记为 a，c；b，d；δ，δ'，证明关系式

$$\delta^2\delta'^2 = a^2c^2 + b^2d^2 - 2abcd\cos(\theta + \theta'),$$

这里 $\theta + \theta'$ 是这个四边形的一组对角的和.

[设 A，B，C，O 是这四个点. 从它们中的任一点 O 向由剩余三点构成的 $\triangle ABC$ 的各边作垂线 OP，OQ，OR；那么由

$$PQ^2 = QR^2 + RP^2 - 2QR \cdot RP\cos R,$$

代入例 8 中 PQ，QR，RP 的值，并化简，可立即推出上面的等式.(麦凯)]

9a. 对于例 7 的图形中的四边形 $ABCP$，这个定理转化为什么？作为一种进一步的特殊情形，推出目 3 下的例 5 中的关系式. **[48]**

10. 一个动圆通过一个角的顶点和第二个定点；求它的交点弦两个端点处切线的交点的轨迹.

11. 如果 α，β，γ 表示任一点 O 到一个三角形各边的距离；证明

$$\alpha\beta\gamma = \frac{SS'}{2R},$$

这里 S，S' 分别是 $\triangle ABC$ 的外接圆中及点 O 的垂足三角形的外接圆中通过点 O 的动弦上线段的乘积.[①](M'Vicker)

[在例 1 中设点 K 是 RO 与 $\triangle PQR$ 的外接圆的交点；那么 $\gamma = \dfrac{S'}{OK} = \dfrac{S'\sin P}{\beta\sin\angle OQK}$.

① 一个圆中通过一个定点的一条动弦上两条线段的这个固定的乘积，被斯坦纳(Steiner)称为这个点关于该圆的幂(Power).

但是 $\sin\angle OQK = \sin(A+P) = \sin\angle BOC$；所以 $\beta\gamma = \dfrac{S'\sin P}{\sin\angle BOC}$. 又因为 $\alpha = \dfrac{OB\cdot OC\sin\angle BOC}{a}$，所以 $\alpha\beta\gamma = \dfrac{S'\cdot OB\cdot OC\sin P}{a}$.

另外 $OB = \dfrac{RP}{\sin B}$，…，因此通过代换可得

$$\alpha\beta\gamma = \frac{S'\cdot RP\cdot PQ\sin P}{a\sin B\sin C} = \frac{S'\cdot S_{\triangle PQR}}{\Delta/2R} = \frac{SS'}{2R}.]$$

12. 在点 O 重合于 $\triangle ABC$ 的内心或旁心的特殊情形中，例 11 中的公式化为

$$\delta^2 = R^2 - 2Rr \text{ 或 } \delta_1^2 = R^2 + 2Rr_1, \cdots.$$

24. 定理. 如图 2.32 所示，当取在一个三角形三边上的点 P, Q, R 共线时，$\triangle QRA$, $\triangle RPB$, $\triangle PQC$, $\triangle ABC$ 这四个三角形的外接圆相交于一点.

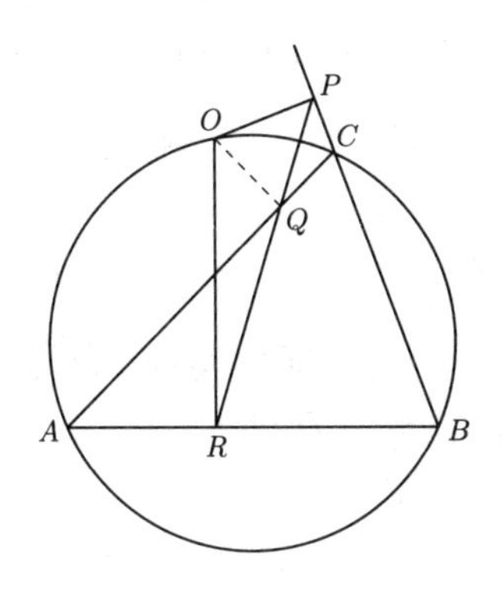

图 2.32

这个定理可以容易地直接证明，但是它显然是目 19 的一种特殊情形，因为圆 QRA，RPB，PQC 相交于一点 O（目 19），所以 $\angle COA = \angle Q - \angle B$，在此情形中它等于 $180° - \angle B$；因此，…… Euc. III. 22.

$\triangle ABC$ 各边的截线 PQR 是内接于 $\triangle ABC$ 的三角形的极限情形，点 P 和点 R 处的每个角是 0°，而点 Q 处的角是 180°. 这个极限三角形的形状由比 $QR : RP : PQ$，或者等价的 $a\cdot AO : b\cdot BO : c\cdot CO$ 而确定.（目 23 下的例 8.）　[49]

因此如果作出一个三角形的一条截线使得它被各边截得的线段的比为定值；那么比 $AO : BO : CO$ 以及点 O 都是已知的. 与一般情形一样，$\triangle QOR$，$\triangle ROP$，$\triangle POQ$ 有固定的形状.

于是由此能得出结论：如果点 P, Q, R 是点 O 到 $\triangle ABC$ 各边的垂线的垂足，且直线 OP, OQ, OR 沿相同的方向旋转通过任一个角度，那么点 P, Q, R 始终保持共线且比 $PQ : QR : RP$ 是定值.①

① Chasles，*Géométrie supérieure*，p. 281.

推论(托勒密定理). 因为 $QR:RP:PQ = a\cdot AO:b\cdot BO:c\cdot CO$，且 $PQ+QR=PR$；所以 $a\cdot AO + c\cdot CO = b\cdot BO$.

例 题

1. 摆放一条被任一点 R 所分的已知线段 PQ. 使得点 P，Q，R 按指定的顺序位于一个已知三角形的三条边所在的直线上. [50]

2. 作一条直线穿过一个四边形，交各边所在直线于点 P,Q,R,S，使得比 $PQ:QR:RS$ 为已知值.

3. 连接点 O 和 $\triangle ABC$ 垂心的线段被西姆松线 PQR 平分，且与它相交在九点圆上.

4. 圆上任意两点 O_1 和 O_2 所张的圆周角等于它们的西姆松线的夹角.

5. 两个对径点的西姆松线垂直相交在九点圆上(利用例 4).

25. 定理. 对于已知 $\triangle ABC$ 的给定形状的内接三角形的三个位置 $\triangle PQR$，$\triangle P_1Q_1R_1$，$\triangle P_2Q_2R_2$；证明

$$PP_1:PP_2 = QQ_1:QQ_2 = RR_1:RR_2.$$

如图 2.33 所示，因为 $\triangle OPQ$，$\triangle OP_1Q_1$，$\triangle OP_2Q_2$ 相似，所以 $OP:OP_1 = OQ:OQ_1$. 又因为 $\angle POQ = \angle P_1OQ_1$，所以 $\angle POP_1 = \angle QOQ_1$，因此 $\triangle POP_1$ 和 $\triangle QOQ_1$ 相似. 从而

$$PP_1:QQ_1 = OP:OQ.$$

类似地
$$QQ_1:RR_1 = OQ:OR;$$
所以
$$PP_1:QQ_1:RR_1 = OP:OQ:OR.$$
类似地
$$PP_2:QQ_2:RR_2 = OP:OQ:OR;$$
因此，……

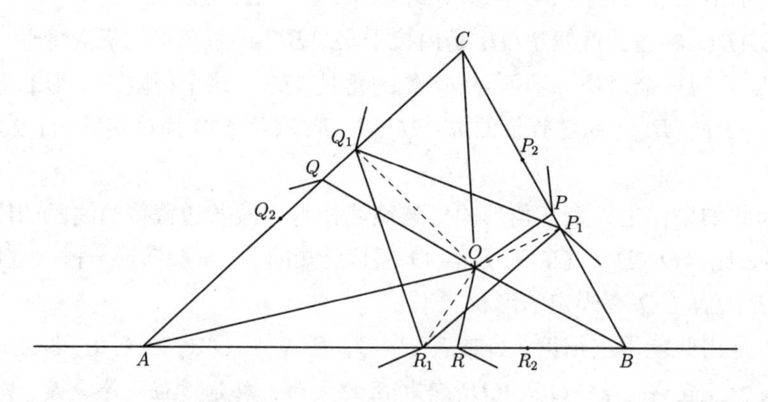

图 2.33

现在如果 $\triangle P_1Q_1R_1$ 和 $\triangle P_2Q_2R_2$ 表示具有给定形状的动内接 $\triangle PQR$

的两个固定位置，而 $\triangle PQR$ 是任一个变化的位置，那么由此得到相似地分割两条线段 P_1P_2 和 Q_1Q_2 的动线段 PQ 对一个定点 O 张一个不变的 $\angle POQ$. [51]

点 O 由底边 P_1Q_1 和 P_2Q_2 以及侧边的比 $(= P_1P_2 : Q_1Q_2)$ 都是已知的 $\triangle P_1Q_1O$ 和 $\triangle P_2Q_2O$ 的顶点轨迹的交点确定，即由圆 CP_1Q_1 和圆 CP_2Q_2 的交点确定.

因为 P_1P_2 和 Q_1Q_2 与 O 组成相似三角形，所以这个点称为这两条线段的相似中心(Centre of Similitude).因此两条线段 AB 和 CD 的相似中心，是通过这两条线段的两对非对应端点和交点 O 的两个圆的交点. 还可以看成作在这两条边上的两个相似三角形的公共顶点，如图 2.34 所示.

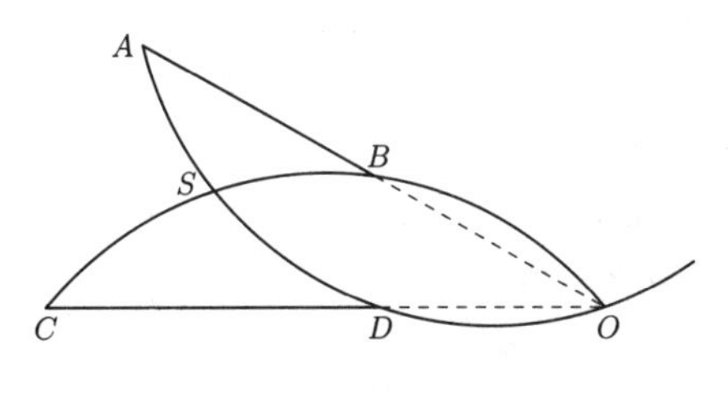

图 2.34

如果点 B 和点 D 重合，那么点 O 与它们重合，而圆 ADO 与 CD 交于重合的点 D，因此圆 O[①] 与 CD 相切. 在同一情形下圆 BCO 与 AB 相切.

推论. 因此一个三角形各边两两之间的相似中心可以通过在 BC 和 AC 上作分别与 AC 和 BC 相切的圆来求出. 这两个圆的第二个交点是 AC 和 BC 的一个相似中心；对于剩下的每对边类似. [52]

例　题

1. 作一条直线 L 分三条线段 A_1A_2，B_1B_2 和 C_1C_2 为相同的比(*Dublin Univ. Exam. Papers*).

[设所求的直线分别与这三条线段交于点 P，Q 和 R，点 O_1 和 O_2 是两对线段 A_1A_2，B_1B_2 及 B_1B_2，C_1C_2 的相似中心. 那么在 $\triangle O_1QO_2$ 中我们知道底边 O_1O_2 和顶角，因为它等于 $180° - \angle O_1QP - \angle O_2QR$；因此，……]

2. 一个三角形各边两两之间的相似中心是外接圆的三条类似中线弦的中点.

[如图 2.35 所示，设 X，Y，Z 表示 $\triangle ABC$ 各边的中点；CD 和 CE 分别是外接圆的中线弦和类似中线弦；点 M 是 CE 的中点. 连接 ZE，AM 和 BM.

那么因为 $\angle ACD = \angle BCE$ 且 $\angle CAZ = \angle CEB$，所以 $\triangle ACZ$ 和 $\triangle ECB$ 相似，而点 Y 和 M 是一组对应边的中点，故 $\triangle CYZ$ 和 $\triangle CMB$ 相似. 因此 $\angle CBM = \angle CZY = \angle BCZ = \angle ACM$. 类似地，$\angle CAM = \angle BCM$；于是 $\triangle BCM$ 和 $\triangle CAM$ 相似.] [53]

① 应该是圆 ADO.——译者注

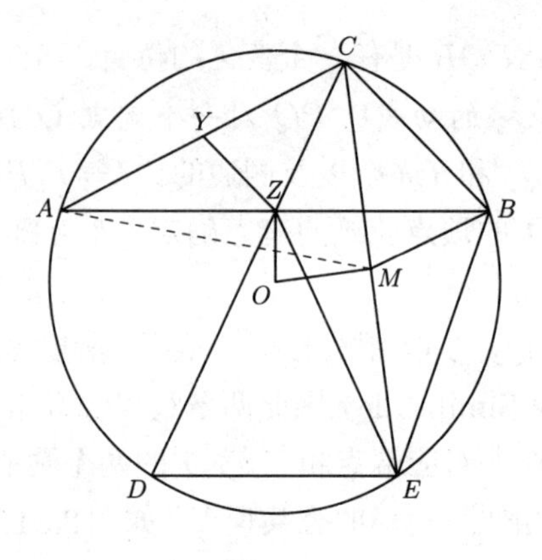

图 2.35

3. 由例 2 证明下列结论：

（1） $\angle CEZ$ 等于底角的差（$\angle B-\angle A$）.

（2） $\triangle ADZ$ 和 $\triangle BEZ$ 全等.

（3） $CZ\cdot CE=ab$.

（4） $CM=\dfrac{ab}{\sqrt{a^2+b^2+2ab\cos C}}$.

（5） $\angle BMC=\angle CMA=\pi-\angle C$.

（6） $\triangle ABM$ 的外接圆通过圆 ABC 的圆心.

4. 已知底边(c)，底边的中线(CZ)和底角的差($\angle B-\angle A$)；作出这个三角形.

[$\triangle CEZ$ 容易作出；因此，……]

5. 已知底边的中线(CZ)，两条侧边的乘积(ab)，以及底角的差($\angle B-\angle A$)；作出这个三角形.

[与例 4 一样.]

6. 已知一个三角形的底边，中线和类似中线；作出它.

第4节 杂命题

26. 命题 I. *过一点 P 作一条直线与一个角相交使得截得的线段 MN 对一个定点 Q 所张的三角形的面积最大.* [54]

使得该角两边的平行线 OM 和 ON 相交在 PQ 上的截线 PMN 是所求的直线.

如图 2.36 所示，作任一条其他的直线 $PM'N'$. 连接 $M'N$. 那么 $\triangle MON$ 和 $\triangle M'ON$ 的面积相等（Euc. I. 37），但是 $S_{\triangle M'ON}>S_{\triangle M'ON'}$，因此 $S_{\triangle MON}>S_{\triangle M'ON'}$.

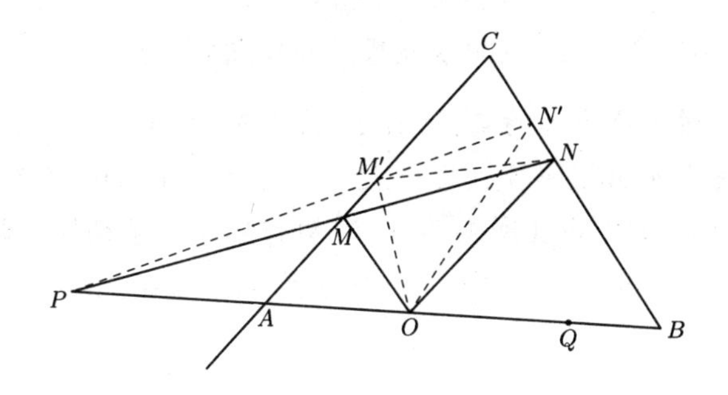

图 2.36

而由于 $\dfrac{S_{\triangle MON}}{S_{\triangle MQN}}$ = 高的比 = $\dfrac{PO}{PQ}$，类似地，有 $\dfrac{S_{\triangle M'ON'}}{S_{\triangle M'QN'}} = \dfrac{PO}{PQ}$，所以 $\dfrac{S_{\triangle MON}}{S_{\triangle M'ON'}} = \dfrac{S_{\triangle MQN}}{S_{\triangle M'QN'}}$；因而 $S_{\triangle MQN} > S_{\triangle M'QN'}$.

求出点 O. 显然根据相似三角形，有

$$\frac{PA}{PO} = \frac{PM}{PN} = \frac{PO}{PB},$$

因此

$$PA \cdot PB = PO^2.$$

命题 II. *在 $\triangle ABC$ 的边 BC 和 CA 上求出点 M 和 N，使得如果直线 AM 和 BN 相交于点 O，那么 $\triangle MON$ 的面积最大.*

如图 2.37 所示，将 A 看作 $\triangle BCN$ 底边延长线上的一个点，而 AOM 是两条侧边的一条截线，那么当分别平行于这两条边的直线 ON' 和 MN' 相交在 AC 上时，$\triangle MON$ 的面积最大. 类似地，由于点 B 在 $\triangle ACM$ 底边的延长线上，且 BON 是两条侧边的一条截线，所以这两条边的平行线 OM' 和 NM' 相交在底边上.  [55]

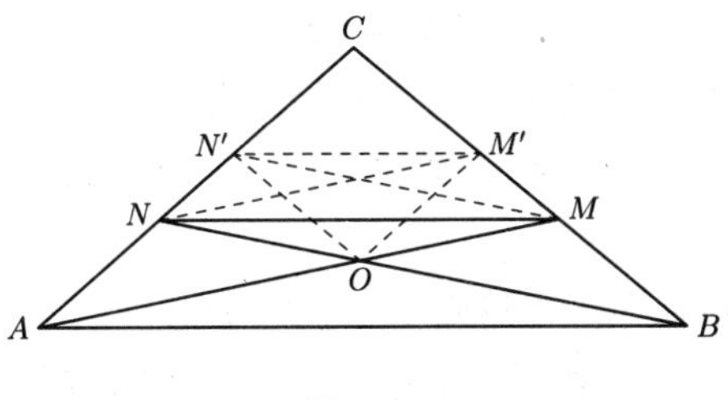

图 2.37

那么我们得到 $ANM'O$ 和 $CN'OM'$ 是面积相等的平行四边形(Euc. I. 36)，因此 $AN = CN'$，且 $BM = CM'$. 但是根据命题 I，有 $AN \cdot AC = AN'^2$，因此 $AN \cdot AC = CN^2$；类似地，$BM \cdot BC = CM^2$，也就是 $\triangle ABC$ 的两条

侧边是按黄金比例分割的，其中长线段是从顶点量起的.

命题 III. 过一个半圆的直径 APB 的端点 A 作一条弦 AMN，交直径在 P 处的垂线于点 M，并交该圆于点 N，使得 $\triangle MBN$ 的面积最大.

如图 2.38 所示，假设在所求的点 N 处作出了一条切线. 设它与 PM 交于点 S，连接 AS. 过圆心 C 作 CX 垂直于 AS. 连接 CN.

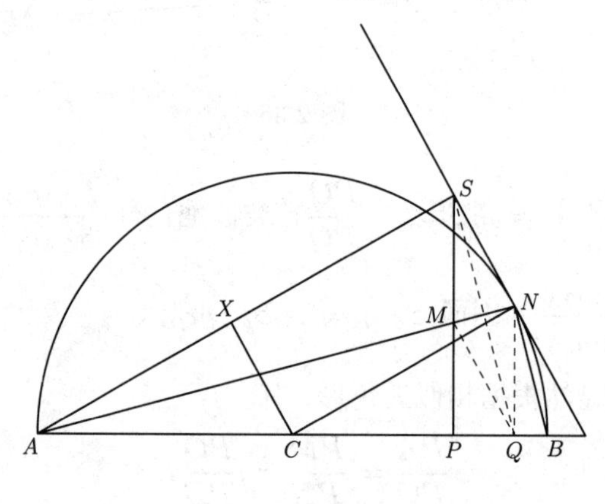

图 2.38

根据命题 I，这条切线的平行线 MQ 和 PS 的平行线 NQ 相交在 AB 上，因为关于 $\angle PSN$，$\triangle MBN$ 的面积是最大的，所以它也是顶点 N 在圆 ANB 上的面积最大三角形. [56]

因为 $\angle ANS = \angle ABN = \angle ANQ$，所以由平行四边形 $MSNQ$ 的对角线 MN 平分 $\angle N$ 知道这个图形是个菱形，所以 $NQ = NS$. 那么 $\triangle ANS$ 和 $\triangle ANQ$ 全等(Euc. I. 4)，因此 $\angle ASN$ 是一个直角；所以 $CNSX$ 是一个矩形，而 SX 等于该圆的半径.

又因为 $CPSX$ 是一个圆内接四边形，所以

$$AS \cdot AX = AC \cdot AP,$$

这是已知的. 因此我们得到了 AS 和 AX 的积与差，根据这些数据，这两条线段立即得到确定. 那么我们能够作出 Rt$\triangle ACX$，这定出了点 X；因此，……

推论. 如图 2.39 所示，在特殊情形，当 PMS 是一条垂直的半径时，设 SN 与切线 AT 交于 T 并与 AB 交于 T'，那么我们有 $AS \cdot AX = r^2$，因而由平行线可得 $AT' \cdot AC = CT'^2$. 类似地，$TT' \cdot TS = T'S^2$，但是 $TT' \cdot TS = AT^2 = TN^2$；于是 $TN = T'S$，故 $TS = T'N$. [57]

但是当一条线段 TT' 被 S 分成黄金比，并从长线段中取出一部分 $T'N$ 等于剩下的 TS 时，$T'S$ 也被分成黄金比.

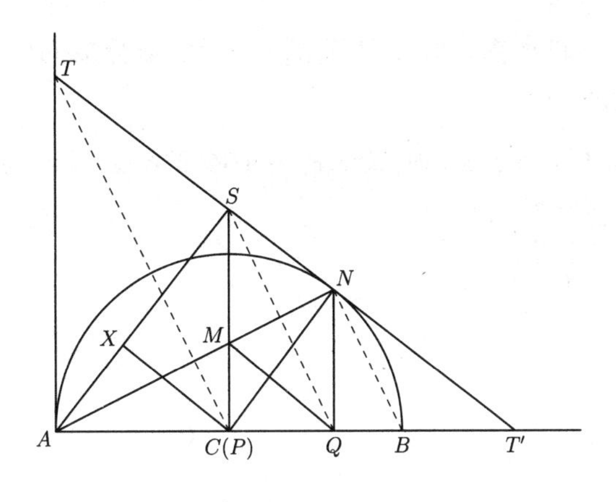

图 2.39

习题. 作截线 AMN 使得四边形 $MNBP$ 的面积最大.

命题 IV.[①] 过一个圆在点 C 处的切线上的一个已知点 O 作一条割线 AB, 使得 $\triangle ABC$ 有最大的面积.

如图 2.40 所示，作点 A 和点 B 处的切线，相交于点 T. 所求的三角形使得过点 A 和点 B 对这两点处的切线所作的平行线相交于 OC 上的点 P.

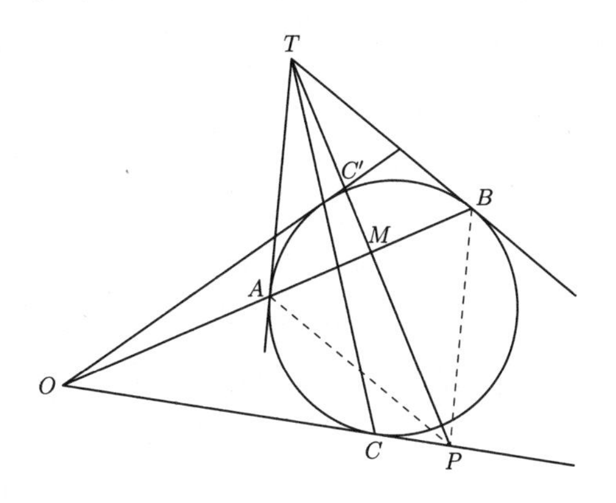

图 2.40

因为点 O 和点 T，点 O 和点 C 是关于该圆的共轭点对，所以 CT 是点 O 的极线. [58]

设过点 O 所作的第二条切线 OC' 交 PT 于点 C'，因为 $PBTA$ 是一个菱形，所以 AB 与 PT 垂直；又因为 T, C', M, P 是一个调和点列，所以有

$$\frac{TC'}{C'M} = \frac{TP}{PM} = 2,$$

所以
$$TM \text{ 或 } PM = 3MC'.$$

① 这个命题在初次阅读时可略去.

那么已知 $\angle COC'$ 被所求直线 AB 分割，使得它被分成的两部分的正切的比是已知的；因此，……

习题. 如果 a，b，c 表示这个面积最大的 $\triangle ABC$ 的各边长，证明：

（1）$\dfrac{OA}{OB}=\dfrac{c^2-a^2}{b^2-c^2}$.

[59]

（2）$c^2=\dfrac{a^4+b^4}{a^2+b^2}$.

第3章　O 点定理的最新进展

第1节　三角形的布洛卡点和布洛卡圆

27. 布洛卡点 Ω, Ω'. 在目20中，如果内接 $\triangle PQR$ 相似于 $\triangle ABC$，且 $\angle P=\angle A$，$\angle Q=\angle B$，$\angle R=\angle C$，那么 $\angle BOC=\angle A+\angle P=2\angle A$，类似地，有 $\angle COA=2\angle B$ 以及 $\angle AOB=2\angle C$；因此点 O 是外接圆的圆心.

其次，设 $\angle P=\angle B$，$\angle Q=\angle C$ 且 $\angle R=\angle A$，那么

$$\angle BOC=\angle A+\angle P=\angle A+\angle B=\pi-\angle C;$$

类似地，有

$$\angle COA=\angle B+\angle Q=\angle B+\angle C=\pi-\angle A,$$

以及

$$\angle AOB=\pi-\angle C.$$

再次，设 $\angle P=\angle C$，$\angle Q=\angle A$ 且 $\angle R=\angle B$. 立即可以推出在这最后一种情形中有 $\angle BOC=\pi-\angle B$，$\angle COA=\pi-\angle C$ 及 $\angle AOB=\pi-\angle A$.

于是我们看到，若 $\triangle PQR$ 相似于一个已知三角形，那么可以按三种不同的方式内接于后者；且在每一种情形中，可以与一般性的方法一样通过在两条边上作含已知角的弓形来求出点 O.

在第二种和第三种位置，所作圆的交点通常记为字母 Ω 和 Ω'. 它们称为 [60] $\triangle ABC$ 的布洛卡点(Brocard Points)，并以正(Ω)和负(Ω')加以区分.

28. 布洛卡角(ω). 因为 $\angle B\Omega C$ 是 $\angle C$ 的补角，所以 $\angle\Omega BC+\angle\Omega CB=\angle C$，即 $\angle\Omega BC=\angle\Omega CA$. 由类似的理由有 $\angle\Omega CA=\angle\Omega AB$.

因此

$$\angle\Omega BC=\angle\Omega CA=\angle\Omega AB=(\text{设为})\,\omega.$$

角 ω 称为 $\triangle ABC$ 的布洛卡角(Brocard Angle).

我们能够注意到底边 c 对点 Ω 所张的角，等于 AB 右端点处 $\angle B$ 的补角，而对点 Ω' 所张的角，等于 AB 左端点处 $\angle A$ 的补角.

对于边 a 和 b 成立同样的关系；因此有正布洛卡点和负布洛卡点这样的命名.

ω **的值.** 作为边或角的函数可以这样来求.

如图 3.1 所示，设 x，y，z 分别表示 $A\Omega$，$B\Omega$ 和 $C\Omega$ 的长度. 那么在 $\triangle B\Omega C$ 中

$$\cot\omega=\frac{\cos\omega}{\sin\omega}=\frac{a^2+y^2-z^2}{2ay\sin\omega}=\frac{a^2+y^2-z^2}{4S_{\triangle B\Omega C}}.$$

[61] 类似地，在 $\triangle C\Omega A$ 和 $\triangle A\Omega B$ 中，有

$$\begin{aligned}\cot\omega&=\frac{a^2+y^2-z^2}{4S_{\triangle B\Omega C}}=\frac{b^2+z^2-x^2}{4S_{\triangle C\Omega A}}=\frac{c^2+x^2-y^2}{4S_{\triangle A\Omega B}}\\&=\frac{a^2+b^2+c^2}{4S_{\triangle ABC}}.\end{aligned}\tag{1}$$

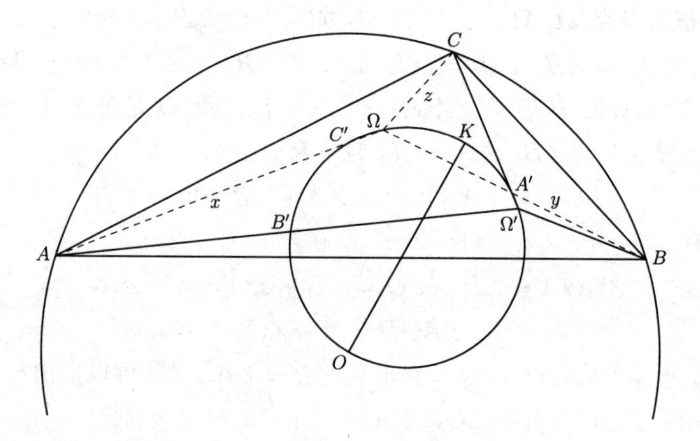

图 3.1

对于 Ω' 用同样的方法能够证明

$$\angle\Omega'CB=\angle\Omega'AC=\angle\Omega'BA,$$

且这些角的值也由式 (1) 给出.

另外 $\cot A=\dfrac{b^2+c^2-a^2}{2bc\sin A}=\dfrac{b^2+c^2-a^2}{4\Delta}$，对于$\cot B$ 和 $\cot C$ 有类似的值. 因此

$$\cot A+\cot B+\cot C=\sum\frac{b^2+c^2-a^2}{4\Delta}=\frac{a^2+b^2+c^2}{4\Delta},$$

即

$$\cot\omega=\cot A+\cot B+\cot C.\tag{2}$$

例　题

1. 证明：

（1）$\csc^2\omega=\csc^2 A+\csc^2 B+\csc^2 C$.

（2）$\sin^2\omega=\dfrac{4\Delta^2}{b^2c^2+c^2a^2+a^2b^2}$.

（3）$\cos^2\omega=\dfrac{(a^2+b^2+c^2)^2}{4(b^2c^2+c^2a^2+a^2b^2)}$.

2. Ω 到 $\triangle ABC$ 各边的距离是 $2R\sin^2\omega\dfrac{c}{b}$，$2R\sin^2\omega\dfrac{a}{c}$，$2R\sin^2\omega\dfrac{b}{a}$；而 Ω' 到各边的距离是 $2R\sin^2\omega\dfrac{b}{c}$，$2R\sin^2\omega\dfrac{c}{a}$，$2R\sin^2\omega\dfrac{a}{b}$.

[将 Ω 的各个距离记为 α，β，γ，那么

$$a=y\sin\omega=\frac{c\sin^2\omega}{\sin B};$$

因此，……

各距离的比[1]显然为

$$\alpha:\beta:\gamma=c^2a:a^2b:b^2c,$$

$$\alpha':\beta':\gamma'=ab^2:bc^2:ca^2,$$

并且
$$\alpha\alpha'=\beta\beta'=\gamma\gamma'=4R^2\sin^4\omega.]$$

[62]

3. AD 是 $\triangle ABC$ 中 $\angle A$ 的内角平分线，而 ω_1，ω_2 分别是 $\triangle ABD$ 和 $\triangle ACD$ 的布洛卡角；证明

$$\cot\omega_1+\cot\omega_2=2\csc A+\cot A+\cot\omega,$$

对于由 $\angle B$ 和 $\angle C$ 的内角平分线形成的三角形有类似的表达式.

4. 如果 ω_1 和 ω_2 表示 $\triangle CAD$ 和 $\triangle BAD$ 的布洛卡角，这里 AD 是 BC 边上的中线，那么

$$\cot\omega_1-\cot\omega_2=\frac{b^2\sim c^2}{2\Delta},$$

对于中线 BE 和 CF 有类似的表达式.

5. 由此证明

$$\cot\omega_1+\cot\omega_3+\cot\omega_5=\cot\omega_2+\cot\omega_4+\cot\omega_6,$$

以及
$$\sum\cot\omega_1=\frac{2(a^2+b^2+c^2)}{\Delta}.$$

6. 如果在前题中 $\triangle ABC$ 是被类似中线分割的，证明：$\sum(b^2+c^2)(\cot\omega_1-\cot\omega_2)=0$.

7. Ω 和 Ω' 是它们的垂足 $\triangle PQR$ 和 $\triangle P'Q'R'$ 的布洛卡点（Euc. III. 21）.

8. $\triangle PQR$ 和 $\triangle P'Q'R'$ 的面积相等.

[因为 $\triangle\Omega PQ$ 和 $\triangle\Omega BC$ 相似；所以（Euc. VI. 19）

$$S_{\triangle\Omega PQ}:S_{\triangle\Omega BC}=\Omega P^2:\Omega B^2=\sin^2\omega,$$

类似地
$$S_{\triangle\Omega QR}:S_{\triangle\Omega CA}=S_{\triangle\Omega RP}:S_{\triangle\Omega AB}=\sin^2\omega,$$

[1] 或者说这两个点关于该三角形的三线坐标，这个三角形也称为参考三角形(Triangle of Reference).

因此 $$S_{\triangle PQR} = S_{\triangle P'Q'R'} = S_{\triangle ABC} \cdot \sin^2 \omega.]$$

9. 两个布洛卡点到外心的距离相等.

[利用例 8 和目 23 下的例 1.]

10. 如果 A', B', C' 是直线对 y, z'; z, x'; x, y' 的交点，证明 A', B', C', O, Ω, Ω' 这六个点共圆.

[因为 $\triangle BCA'$, $\triangle CAB'$ 和 $\triangle ABC'$ 是等腰且相似的，它们的底角都等于 ω，因此 OA', OB', OC' 是它们顶角的平分线. 在四边形 $O\Omega\Omega'A'$ 中我们有 $O\Omega = O\Omega'$ 且 OA' 是 $\angle\Omega A'\Omega'$ 的平分线; 所以 O 是 $\triangle\Omega A'\Omega'$ 外接圆上的一个点，因而这个四边形是共圆的. 类似地，B' 和 C' 在 $\triangle O\Omega\Omega'$ 的外接圆上.]

定义. 这个圆称为 $\triangle ABC$ 的*布洛卡圆* (Brocard Circle)，而 $\triangle A'B'C'$ 称为它的*第一布洛卡三角形* (First Brocard Triangle).

[63]

11. 求布洛卡点到外心的距离 ($O\Omega = O\Omega' = \delta$).

[利用目 23，例 1，有 $2S_{\triangle PQR} = (R^2 - \delta^2)\sin A \sin B \sin C$，但是(例 8)

$$S_{\triangle PQR} = S_{\triangle ABC} \sin^2 \omega = 2R^2 \sin A \sin B \sin C \sin^2 \omega,$$

因此 $$R^2 - \delta^2 = 4R^2 \sin^2 \omega,$$

即 $$\delta = R\sqrt{1 - 4\sin^2 \omega}.]$$

12. $\Omega'\Omega$ 对外心所张的角为 2ω.

[利用例 10 及 Euc. III. 22.]

13. 求两个布洛卡点之间的距离 $\Omega\Omega'$.

[因为 $\triangle O\Omega\Omega'$ 是一个等腰三角形，所以根据例题 11，有

$$\Omega\Omega' = 2O\Omega \sin \omega = 2R \sin \omega \sqrt{1 - 4\sin^2 \omega}.]$$

14. 布洛卡圆的直径等于

$$R \sec \omega \sqrt{1 - 4\sin^2 \omega}.$$

[因为它等于 $\dfrac{\delta}{\sin 2\omega}$; 因此, ……]

15. 相似的等腰 $\triangle BCA'$, $\triangle CAB'$, $\triangle ABC'$ 的高等于类似重心 (K) 到各边的距离.

[因为 $$C'Z = \tfrac{1}{2} c \tan \omega = \frac{2c\Delta}{a^2 + b^2 + c^2};$$

利用目 28 下的式 (1)，因此，……]

16. 以 OK 为直径的圆是布洛卡圆.

[因为 KA' 平行于 BC 且 OA' 垂直于 BC，所以 OK 对 A' 张直角; 对于 B' 和 C' 类似; 因此，……]

17. 布洛卡第一三角形*逆相似* (Inversely Similar) 于 $\triangle ABC$，即通过纸面上的旋转，它们的各边无法到达互相平行的位置.

[因为 $B'C'$ 对于点 A' 和点 K 张等角，而 KB' 和 KC' 分别平行于 CA 和 AB，因而夹角为 $\angle A$; 类似地，$\angle B'$ 和 $\angle C'$ 等于 $\angle B$ 和 $\angle C$.]

18. 已知 $\triangle ABC$ 的底边 c 和布洛卡角 ω，求顶点的轨迹.（纽伯格）

[设 ρ 是中线 CZ 的长度且 θ 是它与 PZ 的夹角. 因为 $\cot\omega = \dfrac{a^2+b^2+c^2}{2c\cdot CR}$ 且 $a^2+b^2=\frac{1}{2}c^2+2\rho^2$，所以 [64]

$$2\rho^2+\tfrac{3}{2}c^2 = 2c\cot\omega\cdot CR = 2c\cot\omega\cdot\rho\cos\theta,$$

即

$$\rho^2 - c\cot\omega\cdot\rho\cos\theta+\tfrac{3}{4}c^2=0.\text{[①]}\ ]$$

注记. 将这一结论与脚注中标准形式的方程进行比较，由系数的相等可得

$$c\cot\omega = 2d$$

以及

$$d^2-r^2=\tfrac{3}{4}c^2,$$

即

$$d=\tfrac{1}{2}c\cot\omega$$

且

$$r^2=\tfrac{1}{4}c^2\cot^2\omega-\tfrac{3}{4}c^2.$$

显然这个轨迹是一条关于底边的中垂线对称的曲线，因为对于顶点 C 的每个位置，存在一个对应的 C''，是作在底边上的逆相似 $\triangle ABC''$ 的顶点.

布洛卡第一三角形的一个顶点 C' 到 c 的距离为 $\frac{1}{2}c\tan\omega$；因此 $ZC'\cdot ZO=(\frac{1}{2}c)^2$，这里 O 是所求轨迹的中心.

这个例子是下面问题的一个特殊情形：已知底边 c 和 $\dfrac{la^2+mb^2+nc^2}{\Delta}$，求顶点的轨迹；其解答类似可得.

18a. 在一条已知底边的同一侧作出六个相似的三角形，证明它们的顶点 $C_1, C_2, \cdots, C_6$ 共圆（*Mathesis*，t. 2，p. 94）. [65]

19. 已知三角形底边 c，以及布洛卡角 ω，求重心的轨迹.

[一个圆，其方程可以由将例 18 的方程中的 ρ 换为 3ρ 而得到；因此

$$12\rho^2-4c\cot\omega\cdot\rho\cos\theta+c^2=0.$$

它具有许多重要的性质，这些可以在 *Triangles of the Royal Irish Academy*，vol. XXVIII. XX，中找到，在那里麦凯将之命名为 $\triangle ABC$ 的“C”圆.]

20. 从 A，B，C 向布洛卡圆所作切线的长度与 a，b，c 成反比例，而它们的平方和等于 $2\Delta\csc 2\omega$.

---

① 在解析几何中这是一个圆的极坐标方程. 如图 3.2 所示，如果我们任取一点 Z 并向一个已知圆 (O,r) 引一条动线段（向径），设 $d=ZO$，那么对于这个圆上的所有点关联 ρ 和 θ 的方程是 $\rho^2-2\rho d\cos\theta+d^2-r^2=0$；而 ρ 和 θ 称为点 P 的极坐标(Polar Co-ordinates).

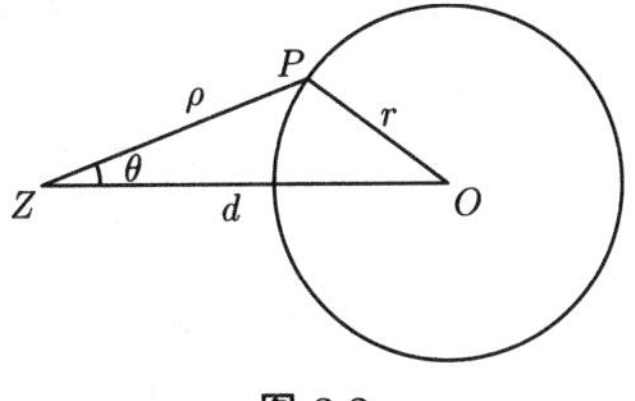

图 3.2

第2节　三角形的类似中线

29. 如图3.3所示，设 K 是 $\triangle ABC$的类似重心，α' 和 β' 分别是 Z' 到 BC 和 CA 的距离. 那么 $\dfrac{\alpha'}{\beta'}=\dfrac{a}{b}=\dfrac{BZ'\sin B}{AZ'\sin A}$，因而

$$\frac{AZ'}{BZ'}=\frac{b^2}{a^2}. \tag{1}$$

[66] 即类似中线分每条边为剩余两边的平方比.

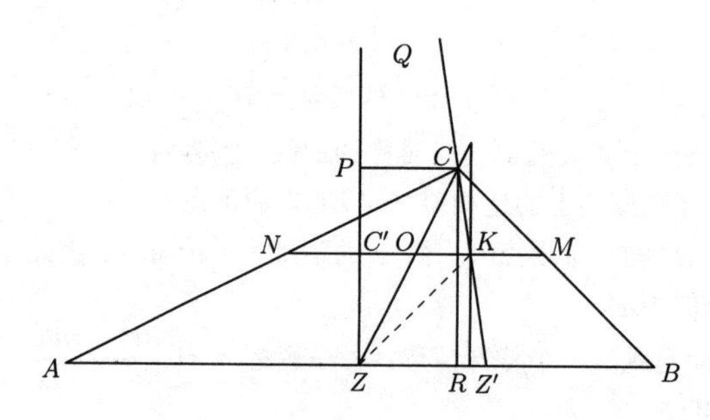

图 3.3

另外由式 (1) 可得
$$\frac{AZ'}{c}=\frac{b^2}{a^2+b^2},$$

即
$$AZ'=\frac{b^2c}{a^2+b^2};$$

类似地
$$BZ'=\frac{a^2c}{a^2+b^2}. \tag{2}$$

又因为
$$\frac{CZ'}{CK}=\frac{\alpha'}{\alpha}=\frac{a^2+b^2+c^2}{a^2+b^2},$$

所以
$$\frac{CK}{KZ'}=\frac{a^2+b^2}{c^2}. \tag{3}$$

推论. 如果 $\angle C=90°$，那么 $CK=KZ'$ (Euc. I. 47)，所以 K 是斜边上高的中点.

30. 类似中线 CZ' 的长度可以如下来求：

将式 (2) 中的值代入公式 $b^2BZ'+a^2AZ'=cAZ'\cdot BZ'+cCZ'^2$ 并化简. 我们容易得到

$$CZ'=\frac{\sqrt{a^2+b^2+2ab\cos C}}{\dfrac{a}{b}+\dfrac{b}{a}}.$$

对于过点 A 和点 B 的类似中线有相似的表达式.

例　题

1. 一个三角形的类似中线被 K，以及它与底边在中点 Z 处的垂线的交点 Q 所调和分割.

$$\left[ZZ' = \frac{b^2c}{a^2+b^2} - \frac{c}{2} = \frac{c^2}{a^2+b^2}ZR;\right.$$

因此
$$\frac{CP}{ZZ'} = \frac{ZR}{ZZ'} = \frac{a^2+b^2}{c^2} = \frac{CK}{KZ'}$$
（目 29下的式（3））；

于是
$$\left.\frac{CQ}{QZ'} = \frac{CK}{KZ'} = \frac{a^2+b^2}{c^2}.\right]$$

2. 因为 $Z.CKZ'Q$ 是一个调和线束，所以任一条通过 K 的直线被它的四条射线截得一个调和点列，因此如果 KC' 平行于一条射线，那么它被共轭射线 CZ 平分于 O. 另外过 K 平行于 PQ 的线段在 K 处被平分.

3. 布洛卡第一三角形的各顶点和类似重心到过 K 平行于 $\triangle ABC$ 各边的线段的端点的距离相等.

[设 O 是 MN 的中点. 因为 $OM = ON$ 且(例 2) $OK = OC'$，将这两个结果相减；因此，……]

[67]

4. $\triangle ABC$ 各边的中点与各边上高的中点的连线相交于一点.

[由例 2 知公共点是类似重心. 容易知道连线被 K 分成的线段的比为 $\dfrac{bc\cos A}{a^2}$，……]

5. 证明 $\cot\angle KBC + \cot\angle KCA + \cot\angle KAB = 3\cot\omega$.

6. 点 K 的垂足三角形的各边与 $\triangle ABC$ 的对应中线成直角.

逆平行线

定义. 一条与一个三角形的边 a 和 b 交成 $\angle B$ 和 $\angle A$ 的直线平行于底边. 如果一条直线分别与这两条边交成 $\angle A$ 和 $\angle B$，那么称它为 c 的逆平行线(Antiparallel)，如图3.4所示.

31. 下面是任一个三角形各边的逆平行线的基本而显然的性质：

（1）边 a 和 b 的两条逆平行线与 c 交成等角($\angle C$).

（2）它们平行于垂心三角形的边.

（3）也平行于外接圆在点 A，B，C 处的切线.

[68]

（4）一条边 c 的动逆平行线段的中点的轨迹是对应的类似中线 CK.

(5) 过 K 逆平行于各边的线段被该点所平分，且它们彼此相等. 后一部分可由(1)推得.

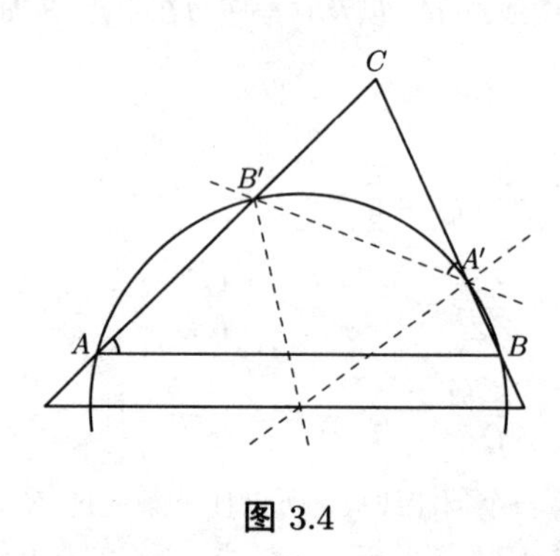

图 3.4

(6) $\triangle ABC$ 中边 c 的中线和类似中线分别是由任一条逆平行线 $A'B'$ 截出的 $\triangle A'B'C$ 的类似中线和中线.

(7) 一个三角形任一条边的一条平行线和一条逆平行线的四个端点共圆.

布洛卡点的垂足三角形

32. 从 Ω 向各边作垂线并将它们的垂足记为 A', B', C', 如图 3.5 所示.

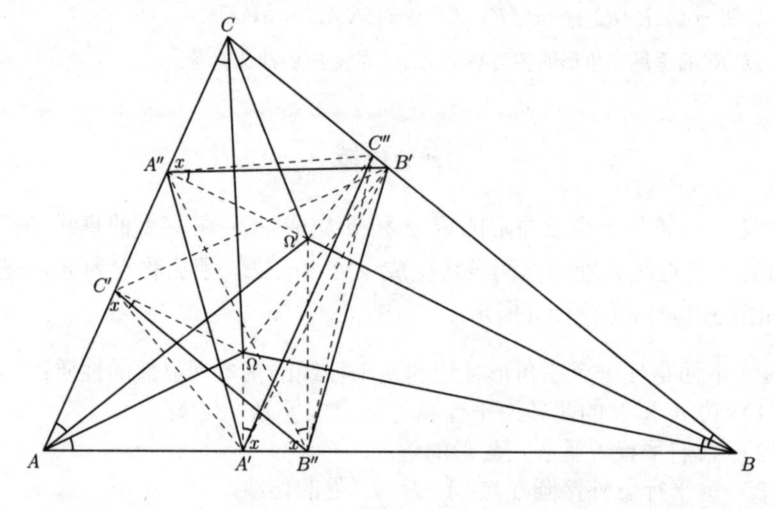

图 3.5

由于 $\angle A\Omega B$ 是 $\angle B$ 的补角(目 28)，且等于 $\angle C + \angle A'$ (目 19)，所以能推断出 $\angle A' = \angle A$; 类似地, $\angle B' = \angle B$ 且 $\angle C' = \angle C$. 另外 $\angle A''$, $\angle B''$,

[69] $\angle C''$ 分别等于 $\angle A$, $\angle B$ 和 $\angle C$.

33. 定理. I. Ω 是 $\triangle ABC$ 和 $\triangle A'B'C'$ 的共同的正布洛卡点.

因为 $AC''\Omega A'$ 是一个圆内接四边形，所以 $\angle\Omega AB = \angle\Omega C''A' = \omega$（Euc. III. 21）；类似地，$\angle\Omega B'C''$ 和 $\angle\Omega A'B'$ 都等于 ω.

还可以推出 Ω' 是 $\triangle ABC$ 和 $\triangle A''B''C''$ 共同的负布洛卡点.

II. $\triangle A'B'C'$ 和 $\triangle A''B''C''$ 的边与 $\triangle ABC$ 的对应边成相等的倾角.

因为由 (1) 有

$$\angle CB'C' = \angle AC'A' = \angle BA'B' = 90^\circ - \omega,$$

和

$$\angle BC''B'' = \angle AB''A'' = \angle CA''C'' = 90^\circ - \omega.$$

III. 六个点 A', B', C', A'', B'', C'' 共圆.

因为 $\angle AC'A' = \angle AB''A''$，所以 A'，A''，B''，C' 是共圆的（Euc. III. 22）.

类似地，B'，B''，C''，A' 和 C'，C''，A''，B' 是共圆的. 一般地，如果一个三角形三条边上的三对点使得每两对点共圆，那么这六个点共圆.[①] 因为如果它们不共圆，那么容易看出从 A，B 和 C 到这三个圆的切线相等，而这是不可能的.

IV. 直线 $B''C'$, $C''A'$, $A''B'$ 分别平行于边 a, b, c.

我们知道 $\triangle ABC$ 的每对边与 Ω 和 Ω' 构成相似的三角形，即 $\triangle B\Omega C$ 和 $\triangle A\Omega'C$，$\triangle C\Omega A$ 和 $\triangle B\Omega'A$，$\triangle A\Omega B$ 和 $\triangle C\Omega'B$ 相似；因此过点 Ω 和 Ω' 的垂线（或其他的对应直线）相似地分割对边. 因而在 $\triangle C\Omega A$ 和 $\triangle B\Omega'A$ 中有 $\dfrac{AC'}{AC} = \dfrac{AB''}{AB}$，即 $B''C'$ 平行于 a.

[70]

V. 由此还知 $A'A''$, $B'B''$, $C'C''$ 逆平行于边 a, b, c（Euc. III. 22）.

第 3 节　塔克圆

34. 根据目 24，如果内接 $\triangle A'B'C'$ 仅是形状给定，那么可以想象它在绕定点 Ω 旋转时位置的变化. 设它沿一个正方向旋转通过任一个角 θ，并设 $\triangle A''B''C''$ 沿相反方向旋转[②]通过一个相等的角.

那么 $\triangle A'B'C'$ 和 $\triangle A''B''C''$ 各边相等的倾角中的每一个都减少 θ，因此对于 θ 的所有值这些边成相等的倾角，而这两个三角形的各个顶点总共圆.

① 例如，如果 A'，B'，C' 是各边的中点，而 A''，B''，C'' 是各高线的足，那么立即推出 $A'B'C'A''B''C''$ 是一个圆内接六边形，因为每一对点 A'，A'' 和 B'，B'' 构成一个圆内接四边形.（“九点”圆）

② 指绕点 Ω' 旋转.——译者注

这样作出的圆称为这个三角形的**塔克圆**(Tucker Circles).

因此直线 $B''C'$ 和 $A'A''$，等等，总分别平行与逆平行于对边 a，并因而保持固定的方向.

现在因为点 Ω 是定点且 $\triangle A'B'C'$ 有固定的形状；由于它的各个顶点在三条已知直线上移动，所以所有相对这个图形固定的点都描出直线. 因而塔克圆组圆心的轨迹是一条直线（目 20）.

通过选取这个三角形的特殊位置，我们能求出这条连心线上的一些点. 在

[71] $\theta = 0°$ 的情形中，$\triangle ABC$ 和 $\triangle A'B'C'$ 的顶点重合，从而能看出外接圆是一个塔克圆. 所以这条连心线通过 $\triangle ABC$ 的外心.

类似地，$\triangle A'B'C'$ 和 $\triangle A''B''C''$ 中另一个布洛卡点的轨迹是直线.

35. 把由 $\triangle ABC$ 各边的平行线 $B''C'$，$C''A'$，$A''B'$ 组成的三角形的顶点记为 X，Y，Z.

那么 $AA'XA''$ 是一个平行四边形，$BB'YB''$，$CC'ZC''$ 也一样是平行四边形；又因为对角线互相平分，所以 AX 平分逆平行线 $A'A''$. 因而 AX，BY，CZ 是 $\triangle ABC$ 的类似中线.

因此得到塔克圆的下述作法：

如图 3.6 所示，设点 K 是 $\triangle ABC$ 的类似重心. 连接 AK，BK，CK. 在 AK 上任取一点 X 并过它作边 b 和 c 的平行线. 设它们分别与 BK 和 CK 交于 Y 和 Z. YZ 平行于 a，而 $\triangle ABC$ 的各边与这三条平行线相交所得的

[72] 六点组在所求的一个圆上.

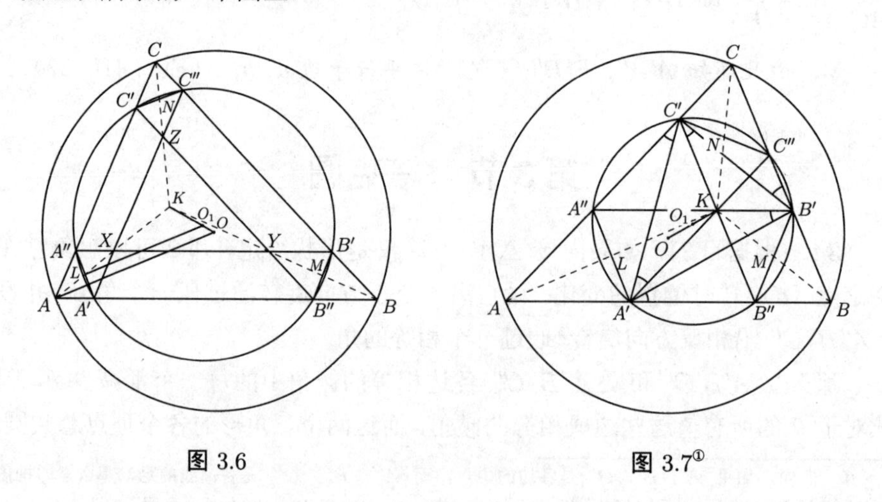

图 3.6　　图 3.7[①]

① 图 3.7 所示的是这三条平行线恰通过类似重心 K 的情形. 参见目 42. —— 译者注

36. *逆平行线 $A'A''$, $B'B''$, $C'C''$ 相等.* 这是因为 $A''B'$ 平行于 c，且 $A'A''$ 和 $B'B''$ 对 c 成相等的倾角（$\angle C$），所以 $A'A''=B'B''$，因此，……或者说是因为它们是一个塔克圆被平行线截出的弦.

37. 定理. *直线 OK 是塔克圆组圆心的轨迹.*

如图 3.6 所示，设 L 是这个圆组中一个圆的弦 $A'A''$ 的中点，作 LO_1 与它成直角并交 OK 于 O_1，连接 AO.

因为外接圆在点 A 处的切线逆平行于 a，所以 AO 和 LO_1 是平行线.

但是
$$\frac{AK}{AX}=\frac{BK}{BY}=\frac{CK}{CZ}\ (\text{Euc. VI. 2}),$$
因此
$$\frac{AK}{AL}=\frac{BK}{BM}=\frac{CK}{CN}=\frac{OK}{OO_1},$$
即 O_1 是这个塔克圆的圆心.

38. 因为 Ω 是 $\triangle ABC$ 和 $\triangle A'B'C'$ 的正布洛卡点，所以 $\triangle\Omega AB$ 和 $\triangle\Omega A'B'$ 是一对相似三角形；如果 θ 是 $\triangle A'B'C'$ 各边对 $\triangle ABC$ 各边的倾角，那么有
$$\frac{\Omega A'}{\Omega A}=\frac{\sin\omega}{\sin(\theta+\omega)}. \tag{1}$$

这个比是这两个三角形的*相似比*(Ratio of Similitude)，因而是 $\triangle A'B'C'$ 和 $\triangle ABC$ 中所有对应线段之间的固定关系.

比如，若 ρ 是对于任意 θ 值的塔克圆的半径，那么
$$\frac{\rho}{R}=\frac{\sin\omega}{\sin(\theta+\omega)}. \tag{2}$$

在式 (2) 中我们有下面一些特殊情形：

当 $\theta=0^\circ$ 时，$\rho=R$（外接圆）；

当 $\theta=\omega$ 时，$\rho=\frac{1}{2}R\sec\omega$（T. R. 圆）；

当 $\theta=90^\circ$ 时，$\rho=R\tan\omega$（余弦圆）.

另外，$S_{\triangle A'B'C'}:S_{\triangle ABC}=\sin^2\omega:\sin^2(\theta+\omega)$（Euc. VI. 19）. **[73]**

第 4 节　塔克圆的特殊情形

39. I. 余弦圆. 作为一个一般性定理（目 33 下的 V）的一种特殊情况，我们来考虑通过 K 的逆平行线 $A'A''$，$B'B''$，$C'C''$. 点 L，M，N 自然重合于 K，这也是对应的塔克圆的圆心.

另外，显然通过 K 逆平行于各边的六条线段 KA'，KA''，$\cdots$ 相等（目 31 下的（5））.

并且 $B'C'B''C''$，$C'A'C''A''$，$A'B'A''B''$ 是矩形，因为它们的对角线相等，如图 3.8 所示.

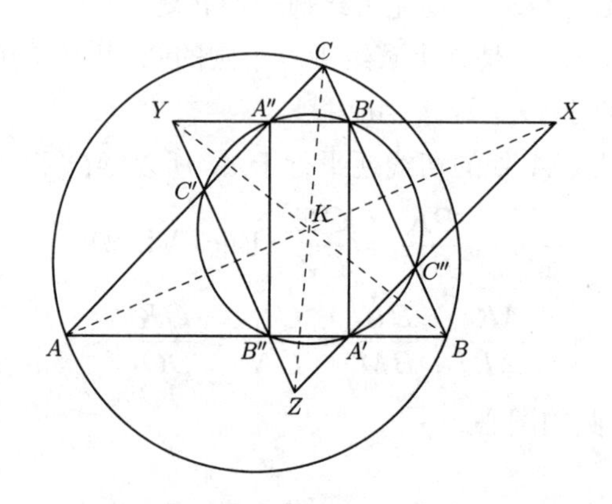

图 3.8

又因为 $\triangle A'B'B''$ 是一个直角三角形，所以

[74] $$A'B''=B'B''\cos\angle A'B''B'=B'B''\cos C,$$

即 $A'B''=2\rho\cos C$，对于 $B'C''$ 和 $C'A''$ 有类似的表达式. 因此：

$\triangle ABC$ 的各边被这个圆截出的线段与对角的余弦成正比.[①]

由这一性质该圆得以命名.

40. $A''B'$ 的中点 M 在过点 C 通向对边 c 的中线上；因此过点 K 向这条边所作的垂线通过点 M，即与用另外的方法已经证明过的一样（目 30 下的例 4）. 如果过点 K 对底边所作的垂线与底边交于点 N 并和中线交于点 M，那么 $MK=NK$，由此得到连接各边中点和对应高的中点的直线相交于类似重心 [海因（Hain）].

41. $\triangle A'B'C'$ 和 $\triangle A''B''C''$ 的各边垂直于 $\triangle ABC$ 的对应边. 因此余弦圆可以由沿相反的方向旋转这两个内接三角形直到 $\theta=90^\circ$ 得到（目 39）.

$\triangle A'B'C'$ 和 $\triangle ABC$ 的相似比等于 $\tan\omega$.

42. II. **三乘比圆.** 设目 35 插图中的平行线通过点 K，如图 3.7 所示.

那么点 L，M，N 是 AK，BK 和 CK 的中点，因为 $AA'KA''$，等等，是平行四边形；所以相应塔克圆的圆心 O_1 平分 OK.

$\triangle A'B'C'$ 的各边对 $\triangle ABC$ 各边所成的倾角为 ω. 考虑相等弓形 $A'A''$，

---

① 见 *Mathesis*, t. i., p.185: *Sur le centre des Médianes Antiparallèles*, Neuberg (1881).

$B'B''$，$C'C''$ 内的角，那么显然有（Euc. III. 21）$\angle A'B'A'' = \angle A'C'A'' = \angle B'C'B'' = \angle B'A'B'' = \angle C'A'C'' = \angle C'B'C''$. [75]

因此 点 K 是 $\triangle A'B'C'$ 的负布洛卡点.

类似地，它是 $\triangle A''B''C''$ 的正布洛卡点.

一般地，能推出 $\triangle A'B'C'$ 的负布洛卡点的轨迹是一条通过点 K 的直线.

43. 由于 $\theta=\omega$，所以 $\triangle A'B'C'$ 和 $\triangle ABC$ 的相似比是 $\dfrac{\sin\omega}{\sin 2\omega}$；因此

$$\rho=\frac{1}{2}R\sec\omega. \tag{1}$$

44. 该圆在各边上的截距 $B'C''$，$C'A''$，$A'B''$ 可以这样来确定：$\triangle A'KB''$ 和 $\triangle ABC$ 相似，因此

$$\frac{A'B''}{c}=\text{高的比}=\frac{\dfrac{2c\triangle}{a^2+b^2+c^2}}{\dfrac{2\triangle}{c}}=\frac{c^2}{a^2+b^2+c^2};$$

所以

$$A'B''=\frac{c^3}{a^2+b^2+c^2}. \tag{1}$$

对于 $B'C''$ 和 $C'A''$ 有类似的表达式. 该圆的这个一般性质可以叙述为：过类似重心的三条平行线与非对应边的六个交点在一个圆上；而在每条边上构成的截段的比为 $a^3:b^3:c^3$. 根据这后一性质该圆得到了它的名称. 为了简洁常写为"T. R."圆.[①]

45. III. 泰勒(Taylor)圆. 如图3.9所示，设逆平行线 $A'A''$，$B'B''$，$C'C''$ 通过 $\triangle PQR$ 各边的中点 α，β，γ，牢记它们总平行于 $\triangle ABC$ 的垂心三角形（$\triangle PQR$）的边.

考虑 $A'A''$ 被点 β 和点 γ 所分成的线段. 我们有 $\beta\gamma=\frac{1}{2}QR$，$\gamma A''=\frac{1}{2}PQ$（Euc. I. 5.），且同理有 $\beta A'=\frac{1}{2}RP$；因此 $A'A''$ 等于 $\triangle PQR$ 的半周长，即等于 [76]

$$\tfrac{1}{2}(a\cos A+b\cos B+c\cos C)=2R\sin A\sin B\sin C.$$

因而一般有

$$A'A''=B'B''=C'C''=2R\sin A\sin B\sin C. \tag{1}$$

另外，因为 $\triangle B''\alpha C'$ 是一个等腰三角形，所以塔克圆的弦 $B''C'$ 在中点处的垂线平分顶角 α 并通过 $\triangle\alpha\beta\gamma$ 的内心. 对于弦 $C''A'$ 和 $A''B'$ 类似. 因此：

① 关于这个圆，可以在已经提过的(目 39)纽伯格在 *Mathesis* 上的文章中找到. 也可参见 *Nouvelles Annales*，1873，p. 264.

这个圆的圆心重合于 $\triangle PQR$ 的中点三角形($\triangle\alpha\beta\gamma$)的内心.

纽伯格在 *Mathesis*，t. 1，p. 185 的论文中证明了这个圆的一些性质，但是在英格兰它被 H. M. 泰勒先生独立地描述过，因而现在冠以他的名字（*Proc. Lond. Math. Society*，vol. xv. p. 122）.

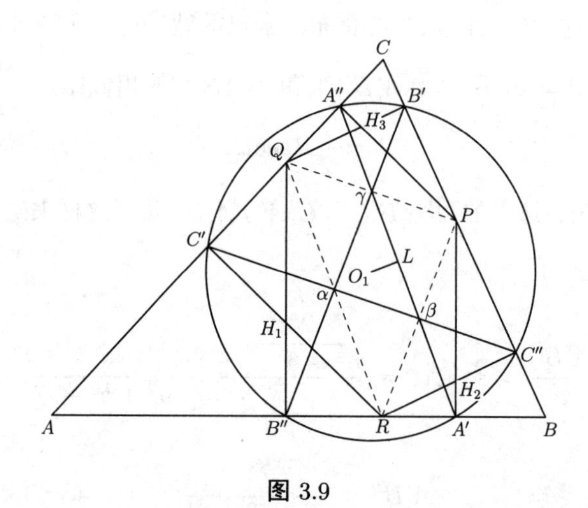

图 3.9

46. 因为 $\alpha Q=\alpha R=\alpha B''=\alpha C'$，所以以 QR 为直径的圆通过 B'' 和 C'，因此 $\angle RB''Q=\angle RC'Q=90°$，即 B'' 和 C' 是 Q 和 R 在边 AB 和 AC [77] 上的射影；因此：

垂心三角形的各顶点在 $\triangle ABC$ 各边上的六个射影在泰勒圆上.

47. $\triangle B'\alpha C''$ 是等腰三角形，所以它的顶角 α 的平分线 $O_1\alpha$ 与 BC 成直角；因此一般有：

直线 $O_1\alpha$, $O_1\beta$, $O_1\gamma$ 垂直于 $\triangle ABC$ 的边.

设 H_3 表示 $\triangle CPQ$ 的垂心；那么 QH_3 和 $O_1\alpha$ 互相平行；类似地，PH_3 和 $O_1\beta$ 平行；因此 $\triangle PQH_3$ 和 $\triangle\alpha\beta O_1$ 相似，它们的相似比为 $\frac{1}{2}$，即 H_3R 被 O_1 平分.

类似地，PH_1 和 QH_2 都被 O_1 平分；因而 $\triangle H_1H_2H_3$ 和 $\triangle PQR$ 全等.

48. 定理. $\triangle ABC$ 的泰勒圆是 $\triangle PQR$ 的三个旁切圆的共同的正交圆.

在 $\triangle AA'A''$ 中，利用正弦定理得

$$AA''=\frac{A'A''\sin C}{\sin A}=2R\sin B\sin^2 C\text{（目 45(1)），}$$

另外
$$AC'=AR\cos A=b\cos^2 A;$$
将这两个结果相乘并化简，得

$$AA'' \cdot AC' = 4R^2 \sin^2 B \sin^2 C \cos^2 A,$$ ①

而 $AQ = c\cos A$；代入上式我们得到

$$AA'' \cdot AC' = AQ^2 \sin^2 B,$$

即等于点 A 到 QR 的垂线的平方. 因此 $\triangle PQR$ 的一个旁心 A 到泰勒圆的切线的平方等于这个旁切圆半径的平方；对于旁心 B 和 C 类似；因此，……② [78]

例 题

1. 求与 $\triangle PQR$ 的三个旁切圆正交的圆的半径 ρ 的值.

[在目 45 的插图 3.9 中 $\rho^2 = O_1A'^2$. 但是从 O_1 向 $\beta\gamma$ 所作的垂线等于 $\triangle\alpha\beta\gamma$ 的内切圆的半径，或等于 $\triangle PQR$ 的内切圆的半径的一半（$\frac{1}{2}r$）；而它的垂足到 A' 的距离等于 $\triangle\alpha\beta\gamma$ 的半周长，即 $\triangle PQR$ 的 $\frac{1}{2}s$.

因此（Euc. I. 47）　$$\rho^2 = \frac{1}{4}(r^2 + s^2).$$

类似地，对于与 $\triangle PQR$ 的两个旁切圆及内切圆相正交的三个圆的半径 ρ_1，ρ_2，ρ_3，我们得到

$$\rho_1 = \frac{1}{4}(r_1^2 + \overline{s-a}^2),$$

$$\rho_2 = \frac{1}{4}(r_2^2 + \overline{s-b}^2),$$

$$\rho_3 = \frac{1}{4}(r_3^2 + \overline{s-c}^2),$$

而将这些结论相加并化简，我们得到

$$\rho^2 + \rho_1^2 + \rho_2^2 + \rho_3^2 = 4R^2,$$

即：

与任意一个三角形的内切圆和三个旁切圆中每三个相正交的四个圆的半径的平方和等于外接圆直径的平方. [79]

2. 求 $\triangle ABC$ 的泰勒圆的半径 ρ.

[对于 $\triangle ABC$ 的泰勒圆就是例 1 中对于 $\triangle PQR$ 的那个圆；因此我们必须用 $\triangle ABC$ 的元素表示后一个三角形的 r 和 s.③ 我们容易得到

---

① 另外的方法：从 Rt $\triangle AA''P$ 和 Rt$\triangle ACP$ 中我们得到 $AA'' = b\sin^2 C$；而从 $\triangle ACR$ 和 $\triangle AC'R$ 有 $AC' = b\cos^2 A$；因此 $AA'' \cdot AC' = b^2 \sin^2 C \cos^2 A$.

② 在 $\triangle PQR$ 中，因为 PA' 和 QB'' 是从底边 PQ 的两个端点向顶角 $\angle R$ 的外角平分线 AB 所作的垂线，所以由熟知的性质有 $\gamma A' = \gamma B'' =$ 侧边和的 $\frac{1}{2}$. 而任意一边中点到与之相外切的旁切圆切点的距离等于侧边和的 $\frac{1}{2}$. 因此以 γ 为圆心并以 $\gamma A' = \gamma B''$ 为半径所作的一个圆，与 $\triangle PQR$ 的以 A 和 B 为圆心的两个旁切圆正交. 由此推出与这两个圆正交的圆的圆心的轨迹是直线 γO_1，因为它垂直于连心线；类似地，αO_1 和 βO_1 分别是与剩余两对旁切圆，即圆心在 B 和 C，C 和 A 的旁切圆正交的圆的中心的轨迹.

因此 O_1 是这个共同正交圆的圆心，而 $O_1A' = O_1B'' = \cdots$ 是它的半径，即该圆是泰勒圆.

③ 垂心三角形的各边等于 $a\cos A$，$b\cos B$，$c\cos C$，或 $R\sin 2A$，$R\sin 2B$，$R\sin 2C$；因此它的周长等于 $4R\sin A\sin B\sin C$；它的 $s-a = 2R\sin A\cos B\cos C$，它的 $s-b = 2R\cos A\sin B\cos C$，$\cdots$；它的 $r = 2R\cos A\cos B\cos C$；它的 $r_1 = 2R\cos A\sin B\sin C$，$\cdots$.

$$\rho^2 = 4R^2(\sin^2 A\sin^2 B\sin^2 C + \cos^2 A\cos^2 B\cos^2 C).$$

另外 $$\rho_1^2 = 4R^2(\sin^2 A\cos^2 B\cos^2 C + \cos^2 A\sin^2 B\sin^2 C).$$

对于 ρ_2^2 和 ρ_3^2 有类似的表达式.

由这些表达式我们得出例 1 中给出的结论：$\sum \rho^2 = 4R^2$.]

3. 直线 $B''C'$，$C''A'$，$A''B'$ 平行于 $\triangle ABC$ 的各边，是 $\triangle PQR$ 的旁切圆与它的边的切点弦.①

[设 $A''B'$ 与 PR 交于点 Q'. 那么 $B'B''RQ'$ 是一个平行四边形，因此 $RQ' = \triangle PQR$ 的半周长，……]

4. 使用目 35 的记号，证明 $\triangle PQR$ 和 $\triangle XYZ$ 这两个三角形对应顶点的连线共点于后者的外心.

[设 p 和 q 是 R 到 $\triangle XYZ$ 的边 YZ 和 ZX 的距离. 那么 $\dfrac{p}{q} = \dfrac{RB''\sin B}{RA'\sin A}$. 但是 $\dfrac{RB''}{RA'} = \dfrac{QR}{RP} = \dfrac{a\cos A}{b\cos B}$. 通过代换并化简，我们得到 $\dfrac{p}{q} = \dfrac{\cos A}{\cos B}$.

但是如果将 Z 与 $\triangle XYZ$ 的外心相连，那么连线是到各边的距离为这个比的点的轨迹；因此 ZR 通过 $\triangle XYZ$ 的外心.② 而对于直线 PX 和 QY 类似.]

[80]

5. 已知的 $\triangle ABC$ 的垂心三角形的顶点 P，Q，R 关于中点三角形 $\triangle LMN$ 的三条西姆松线通过泰勒圆的圆心.

[如图 3.10 所示，$\triangle ABC$ 的外心 O 是 $\triangle LMN$ 的垂心. 因此 RO 被 R 的西姆松线 XYZ 所平分. 另外 $CZ = RZ$；所以直线 XYZ 平行于 OC. 但是泰勒圆的圆心 O_1 是(目 47)RH_3 的中点；因此，……]

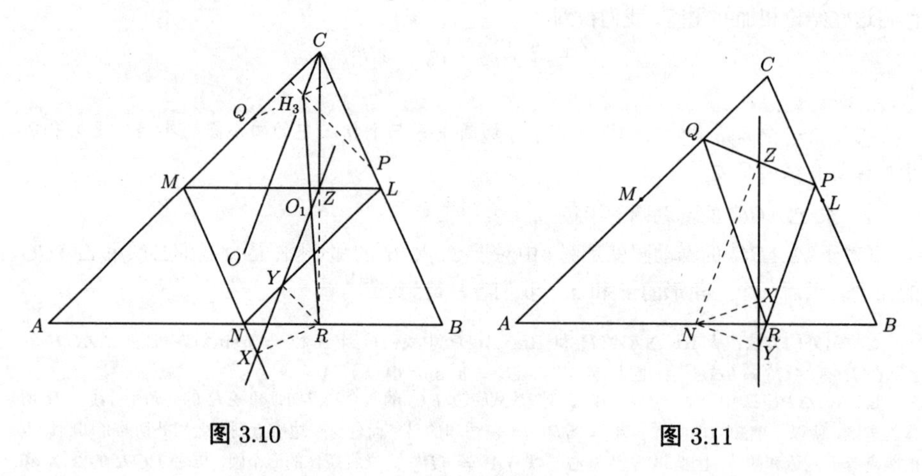

图 3.10　　图 3.11

① 一个三角形的各个顶点关于对应旁切圆的极线与旁心三角形各边的六个交点在同一个圆上. *Mathesis*，t.1，p.190.

② PX，QY 和 RZ 垂直于 $\triangle XYZ$ 各边的逆平行线，从而与 $\triangle PQR$ 的边交成直角. 因此 $\triangle XYZ$ 的外心是 $\triangle PQR$ 的垂心.

6. $\triangle PQR$ 的极为 L，M，N 的三条西姆松线通过 O_1.[①]　[81]

[如图3.11所示，因为点 N 到 PQ 的垂线 NZ 将其平分(Euc. III. 3)，且 NX 和 NY 对 AB 成相等的倾角(Euc. I. 26)，因此直线 YXZ 是 AB 通过 PQ 中点的垂线；因此，⋯⋯(目47)]

7. 证明：$\triangle A'B'C'$ 和 $\triangle A''B''C''$ 的各边对 $\triangle ABC$ 各边的共同倾角(θ)由以下等式给出

$$\tan\theta = -\tan A\tan B\tan C.$$　(泰勒)

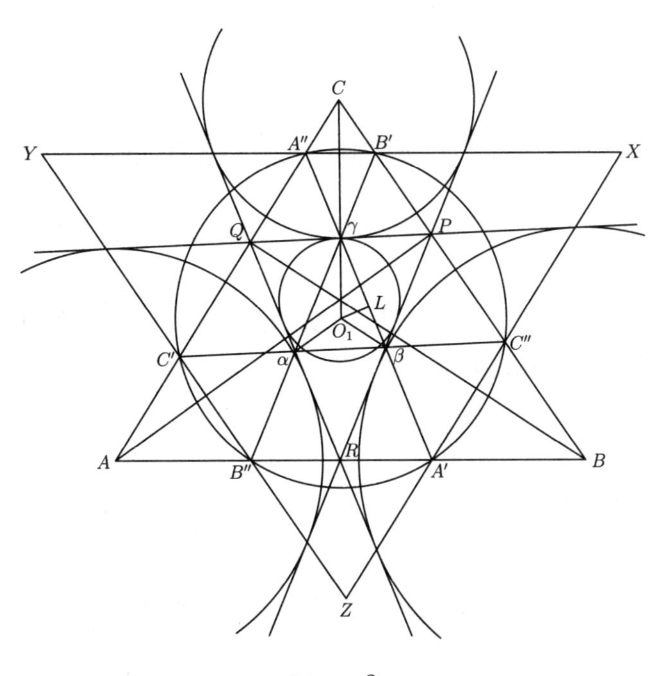

图 3.12[②]

8. 泰勒圆在各边上的截距是 $a\cos A\cos(B-C)$，$b\cos B\cos(C-A)$，$c\cos C\cos(A-B)$.

[$A'B'' = A'R + RB'' = (a\cos A + b\cos B)\cos C = \cdots$.]　[82]

9. 三角形的外心，类似重心，及其垂心三角形的垂心共线.(塔克)

[已经证明(例题 4)垂心三角形的垂心是 $\triangle XYZ$ 的外心，而点 K 是 $\triangle ABC$ 和 $\triangle XYZ$ 的相似中心；因此，⋯⋯]

10. 三角形的外心和它的垂心三角形的垂心与泰勒圆的圆心等距且共线.(纽伯格)

[因为 CH_3 和 ZR 都与 PQ 成直角，故互相平行；另外 RH_3 被点 O_1 平分(目47)，根据目37，因此，⋯⋯]　[83]

---

① 从外接圆上一点向一个内接三角形的各边作垂线或其他等倾角的直线，那么该点称为这条西姆松线的极(Pole). *V. Mathesis*, t. 2, p. 106, *Sur la Droite de Simson*, par M. Barbarin.

② 图3.12可以作为本节中大部分习题的图示.—— 译者注

第 4 章　点组平均中心的一般理论

第 1 节　平均中心的基本性质

49. 我们现在进入与一组点到一条已知直线的距离相关的一般性线性关系的讨论.

设 A, B, C, D, $\cdots$ 是这组点，AL, BL, CL, $\cdots$ 是它们到任一条直线 L 的距离，而 $\sum(a\cdot AL)$ 是代数和

$$a\cdot AL+b\cdot BL+c\cdot CL+\cdots,$$

其中 a, b, c, $\cdots$ 是已知的数值.

因而 $\sum(a\cdot AL)$ 表示这组点到该直线已知倍数距离的和；直线 L 相对两侧点的垂直距离取相反的符号.

50. 定理. *若对于任意两条直线 M 和 N，点组 A, B, C, $\cdots$ 以及倍数 a, b, c, $\cdots$，有*

$$\sum(a\cdot AM)=0,\ \sum(a\cdot AN)=0,$$

证明

$$\sum(a\cdot AL)=0,$$

[84] *这里 L 是任意一条通过 M 和 N 的交点 O 的直线.*

连接 AO 并将这条直线记为 R. 那么因为 L, M, N, R 是一组共点直线，所以有

$$\sin\widehat{MN}\cdot\sin\widehat{LR}+\sin\widehat{NL}\cdot\sin\widehat{MR}+\sin\widehat{LM}\cdot\sin\widehat{NR}=0,$$ [①]

但是根据目 2，有

$$\sin\widehat{LR}:\sin\widehat{MR}:\sin\widehat{NR}=AL:AM:AN;$$

因此

$$\sin\widehat{MN}\cdot AL+\sin\widehat{NL}\cdot AM+\sin\widehat{LM}\cdot AN=0.$$

① 这里的符号 $\widehat{MN}$ 表示直线 M, N 的夹角. —— 译者注

类似地，对于点 B，C，$\cdots$ 有

$$\sin\widehat{MN}\cdot BL+\sin\widehat{NL}\cdot BM+\sin\widehat{LM}\cdot BN=0,$$

$$\sin\widehat{MN}\cdot CL+\sin\widehat{NL}\cdot CM+\sin\widehat{LM}\cdot CN=0.$$

将这些等式分别乘以 a，b，c，$\cdots$ 并相加，得

$$\sin\widehat{MN}\sum(a\cdot AL)+\sin\widehat{NL}\sum(a\cdot AM)+\sin\widehat{LM}\sum(a\cdot AN)=0,$$

因此若 $\sum(a\cdot AM)=0$ 且 $\sum(a\cdot AN)=0$，那么能得到

$$\sum(a\cdot AL)=0.$$

定义. 对于每一条通过它的直线 L 满足关系 $\sum(a\cdot AL)=0$ 的点 O，称为点组 A，B，C，$\cdots$ 对于倍数组 a，b，c，$\cdots$ 的平均中心(Mean Centre).

51. 定理. 对于一个已知倍数组的平均中心或者是唯一的，或者是不定的.

设 O_1 和 O_2 是平均中心的两个位置，而 O 是任意一个点. 连接 O_1O 和 O_2O，并记这两条直线为 M 和 N.

因为 $\sum(a\cdot AM)=0$ 且 $\sum(a\cdot AN)=0$，所以根据目 50 能推出对于通过 O 的任一条直线，即无论对于一条什么样的直线，满足等式

$$\sum(a\cdot AL)=0.$$

显而易见，在一般情况下，当点组中的所有点，以及除一个以外的所有倍数都已知时，如果指定一个特定的数值给最后一个倍数，那么平均中心的位置也就确定了；而反过来，一个任意的点是一个已知点组对于一组已知倍数的平均中心，这组倍数除两个以外的所有值可以任意选取. [85]

例 题

1. 一条线段的中点是它的两个端点的平均中心[①] (Euc. I. 26).

2. A 和 B 两点对于倍数 a 和 b 的平均中心 O 分线段 AB 与这两个倍数成反比，即

$$AO:BO=b:a.$$

同样两点对于倍数 a，$-b$ 的平均中心，外分这条线段使得

$$AO:BO=b:a.$$

3. 一个共线点组 $A, B, C, \cdots$ 对于全为 1 的倍数的平均中心 O 满足等式 $\sum AO=0$.

4. $\triangle ABC$ 各边的中线 L，M，N 共点.

[因为 $\sum AL=0$，$\sum AM=0$ 且 $\sum AN=0$，因此每一条中线都通过三个顶点的平均中心(重心或质量中心).]

5. 四点 A，B，C，D 中三对对连线 BC 和 AD，CA 和 BD，AB 和 CD 的中点的连线共点，且每一条连线都被这个公共点所平分.[②] [86]

① 在没有指明倍数的情况下，默认这组倍数都是 1，或都相等. —— 译者注

6. 一个正多边形的几何中心是顶点 A, B, C, $\cdots$ 的平均中心.

[连接 AO 和 BO. 如果该多边形是偶数边的，那么这两条直线 (L 和 M) 通过对顶点，而剩余顶点到它们的距离成对相等且符号相反；如果这个多边形是奇数边的，那么 L 和 M 垂直平分对边；因此，……]

7. $ABCD\cdots$ 是一个正多边形，而 L 是任一条通过其中心 O 的直线；证明

$$AL + BL + CL + \cdots = 0.$$

52. 定理. 任一点 O 是一个 $\triangle ABC$ 的各个顶点对于和 $\triangle BOC$, $\triangle COA$, $\triangle AOB$ 的面积成比例的倍数的平均中心.

设 L 重合于 AOX 并运用关系式 $\sum(a \cdot AL) = 0$ 可得

$$b \cdot BL + c \cdot CL = 0,$$

或者忽略符号有 $\dfrac{BL}{CL} = \dfrac{c}{b}$.

又因为 $\triangle COA$ 和 $\triangle AOB$ 在同一条底 AO 上，所以 $\dfrac{BL}{CL} = \dfrac{S_{\triangle AOB}}{S_{\triangle COA}}$；因为这些值相等，所以

$$\frac{b}{c} = \frac{S_{\triangle COA}}{S_{\triangle AOB}}.$$

类似地

$$\frac{c}{a} = \frac{S_{\triangle AOB}}{S_{\triangle BOC}}.$$

因此

$$a : b : c = S_{\triangle BOC} : S_{\triangle COA} : S_{\triangle AOB}.$$

如果点 O 在三角形外部，并在 $\angle A$ 内，那么这些倍数与

$$-S_{\triangle BOC},\ S_{\triangle COA},\ S_{\triangle AOB}$$

成比例，当点 O 在 $\angle B$ 或 $\angle C$ 内时有类似的结论.

例 题

1. 三角形的内心是各顶点对于与对边成比例的倍数的平均中心.

2. 三个旁心是对于倍数组 $-a$, b, c; a, $-b$, c; a, b, $-c$; 或与它们成比例的数值的平均中心.

[87]

3. 如果 O, O_1, O_2, O_3 表示一个三角形的内心和三个旁心，那么每一个都是剩下三个对于倍数

$$s-a,\ s-b,\ s-c;\ s-b,\ s-c,\ -s;\ \cdots$$

② 在特殊情况下，当第四点 D 重合于 $\triangle ABC$ 的垂心 O 时，我们可以立即推断出熟知的性质：*一个三角形各边的中点和对应高线上朝向顶角的线段的中点的连线交于一点并互相平分*.由此可立即推出(Euc. I. 4.)这六条线段相等，因而通过各边中点的圆通过各条高的垂足并平分后者朝向顶角的线段. 这正是*九点圆*(Nine Points Circle)的基本性质.

的平均中心.

[因为在第一种情形中，这些面积是 $\triangle O_2O_3O$，$\triangle O_3O_1O$，$\triangle O_1O_2O$ 的面积，而它们显然与 $s-a$，$s-b$，$s-c$ 成比例. 对于每个旁心类似. 因此总的来说，因为 $-s:s-a:s-b:s-c=-\frac{1}{r}:\frac{1}{r_1}:\frac{1}{r_2}:\frac{1}{r_3}$；所以点 O，O_1，O_2，O_3 中的每一个是剩下三个对于组 $-\frac{1}{r}$，$\frac{1}{r_1}$，$\frac{1}{r_2}$，$\frac{1}{r_3}$ 中相应倍数的平均中心.]

4. 证明下述各点是三个顶点对于写在它们对侧的倍数组的平均中心.

外心	$\begin{cases} a\cos A,\ b\cos B,\ c\cos C, \\ \sin 2A,\ \sin 2B,\ \sin 2C. \end{cases}$
垂心	$\tan A,\ \tan B,\ \tan C.$
类似重心	$a^2,\ b^2,\ c^2.$
两个布洛卡点	$\frac{1}{b^2},\ \frac{1}{c^2},\ \frac{1}{a^2};\ \frac{1}{c^2},\ \frac{1}{a^2},\ \frac{1}{b^2}.$
“九点圆”圆心	$a\cos(B-C),\ b\cos(C-A),\ c\cos(A-B).$[①]

5. 从三角形的各个顶点向对边上内切圆的切点所作的直线共点于各顶点对于倍数 r_1，r_2，r_3 的平均中心.

6. 从三角形的各顶点向三个旁切圆的内切点所作的直线相交于各顶点对于倍数 $\frac{1}{r_1}$，$\frac{1}{r_2}$，$\frac{1}{r_3}$ 的平均中心.

7. 如果点 O 是各个顶点对于倍数 l，m，n 的平均中心，那么它的等截共轭点[②] 是对于 l，m，n 的倒数倍数的平均中心.

7a. O 的等角共轭点是对于倍数 $\frac{a^2}{l}$，$\frac{b^2}{m}$，$\frac{c^2}{n}$ 的平均中心. **[88]**

8. 正 $\triangle ABC$ 的外接圆上的 AB 段上的任一点 O 是各顶点对于倍数 $\frac{1}{OA}$，$\frac{1}{OB}$，$-\frac{1}{OC}$ 的平均中心.

9. 例3中点 O，O_1，O_2，O_3 的平均中心是这个三角形的外心.

10. 泰勒圆的中心是 $\triangle ABC$ 的垂心三角形的各个顶点对于倍数

$$a\cos(B-C),\ b\cos(C-A),\ c\cos(A-B)$$

的平均中心.

11. $\triangle ABC$ 的各顶点对于倍数 l，m，n 的平均中心是垂心三角形的各顶点对于倍数 $\frac{a^2}{l}$，$\frac{b^2}{m}$，$\frac{c^2}{n}$ 的平均中心.

[根据目23下的例1中的图2.27，我们有

$$S_{\triangle QOR}:S_{\triangle ROP}:S_{\triangle POQ}=OQ\cdot OR\sin A:OR\cdot OP\sin B:OP\cdot OQ\sin C$$

---

① 由此易见 $\triangle ABC$ 的各边与九点圆交成角 $\angle B-\angle C$，$\angle C-\angle A$，$\angle A-\angle B$.

② 到一条线段 BC 的两个端点距离相等的的两个点 X 和 X' 称为关于这条线段**等截共轭**. 容易看出且随后会证明，如果 $\triangle ABC$ 的各边被点对 X，X'；Y，Y'；Z，Z' 等截分割，使得 AX，BY 和 CZ 共于一点 O；那么 AX'，BY'，CZ' 也共于一点 O'. 点 O 和 O' 称为关于 $\triangle ABC$ 的**等截共轭点**(Isotomic Conjugates).

如果直线 AX，AX'，$\cdots$ 对于边 b 和 c，$\cdots$ 成相等的倾角，那么它们称为是关于这些角的**等角共轭线**；如果 AX，BY，CZ 共点，那么 AX'，BY'，CZ' 也共点. 这两个公共点是关于该三角形的**等角共轭点**(Isogonal Conjugates).

$$= \frac{a}{OP} : \frac{b}{OQ} : \frac{c}{OR}. \tag{1}$$

但是
$$OP : OQ : OR = \frac{S_{\triangle BOC}}{a} : \frac{S_{\triangle COA}}{b} : \frac{S_{\triangle AOB}}{c}$$
$$= \frac{l}{a} : \frac{m}{b} : \frac{n}{c}.$$

将这些值代入式 (1)；因此，……]

12. 任意三角形的类似重心 O 是 O 的垂足三角形的重心.

[因为根据目 16 下的例 2 中的式(2)，有 $S_{\triangle BOC} : S_{\triangle COA} : S_{\triangle AOB} = a^2 : b^2 : c^2$.]

13. 连接 A，B，C 与布洛卡第一三角形对应顶点的直线共点，且公共点是 ABC 的各个顶点对于 a^2，b^2，c^2 的倒数倍数的平均中心.

[因为已经证明了它是类似重心的等截共轭点，目 30 下的例 3.]

14. 如果自任意一点 P 向一个正多边形的各边作垂线；那么它们垂足的平均中心在

[89] P 和外心的连线上.

[如图 4.1 所示，过点 O 作 AOA' 平行于 p_1 并作 PA' 垂直于 p_1. 那么 p_1 在 OP 上的射影等于 AA' 在 OP 上的射影；但是 A，B，C，$\cdots$ 和 A'，B'，C'，$\cdots$ 是正多边形的顶点，它们的平均中心都在 OP 上. 因此 p_1，$\cdots$ 在 OP 上的射影的和等于 0.]

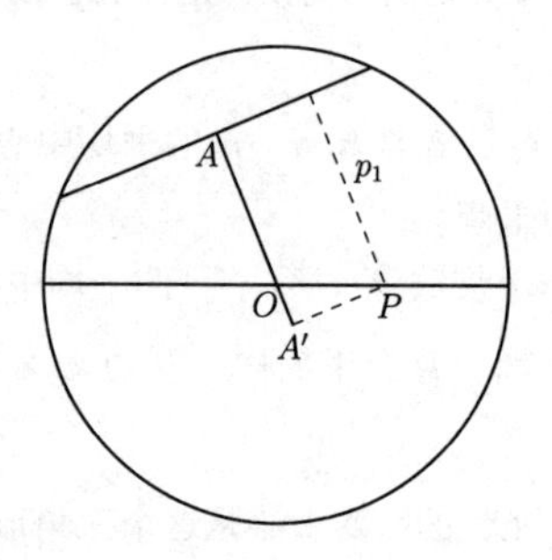

图 4.1

53. 定理. 对于任一条直线 L 证明

$$\sum(a \cdot AL) = \sum(a)OL^{①}.$$

如图 4.2 所示，过点 O 作直线 M 平行于直线 L. 那么

$$AL = AM + OL,$$
$$BL = BM + OL,$$
$$CL = CM + OL,$$
$$\vdots$$

将这些等式分别乘以 a，b，c，$\cdots$ 并相加，我们得到

[90]
$$\sum(a \cdot AL) = \sum(a \cdot AM) + \sum(a)OL,$$

而由于 M 通过平均中心，所以 $\sum(a \cdot AM) = 0$；因此，……

① 符号 $\sum(a)OL$ 即 $(\sum a)OL$.——译者注

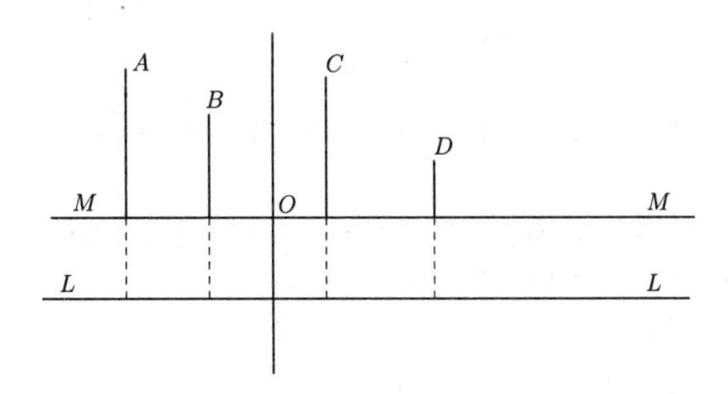

图 4.2

这个性质让我们能够求出平均中心. 因为通过取任意位置的直线 L 并算出 $\dfrac{\sum(a \cdot AL)}{\sum(a)}$，我们得到点 O 的一个轨迹，一条平行于 L 并与之相距这个距离的直线. 再取一条另外位置的直线，并与前面一样作出 O 的轨迹. 那么这两条轨迹的交点就是所求的点.

推论 1. 如果 $\sum(a \cdot AL)$ 是一个定值，那么直线 L 与一个以 O 为圆心的圆相切，或者说包络出这个圆.

推论 2. 如果各倍数都相等，那么 $\sum AL = n \cdot OL$，这里 n 表示点组中点的数目.

推论 3. 对于 n 个点组和倍数组以及它们的平均中心

$$\begin{array}{lll} A_1, B_1, C_1, \cdots; & a_1, b_1, c_1, \cdots; & O_1; \\ A_2, B_2, C_2, \cdots; & a_2, b_2, c_2, \cdots; & O_2; \\ \vdots & \vdots & \vdots \\ A_n, B_n, C_n, \cdots; & a_n, b_n, c_n, \cdots; & O_n. \end{array}$$

所有这些点和它们对应倍数的平均中心是 $O_1, O_2, \cdots, O_n$ 对于倍数 $\sum(a_1)$，$\sum(a_2)$，$\cdots$，$\sum(a_n)$ 的平均中心.

[因为 $\sum(a_1 \cdot A_1L) = \sum(a_1)O_1L$，$\sum(a_2 \cdot A_2L) = \sum(a_2)O_2L$，$\cdots$，将这些等式相加，得

$$\begin{aligned} & \sum(a_1 \cdot A_1L) + \sum(a_2 \cdot A_2L) + \cdots + \sum(a_n \cdot A_nL) \\ = & \sum(a_1)O_1L + \cdots \\ = & \sum(\sum a_1)OL. \end{aligned}$$]

因此一组点的平均中心能够这样来求出：求出其中两个点 A 和 B 的平均中心 O_1；接下来求出 O_1 和 C 对于倍数 $a+b$，c 的平均中心. 记这个点为 O_2，再求出 O_2 和 D 对于倍数 $a+b+c$，d 的平均中心，依此类推. 当整组点都用完时，求得的最后一个平均中心就是这个点组的平均中心. **[91]**

例 题

1. 一个三角形的各个顶点到任一条直线的距离和等于它的重心到这条直线的距离的三倍.

2. 作一个圆的一条切线，使得 $\sum(a \cdot AL)$ 取得最大，最小，或任一给定的值.

[通过平均中心的直径的两个端点显然是在极限值情形中的两个切点. 一般情形转化为作两个圆的一条公切线.]

3. 如果 L 与内切圆相切，那么当各倍数等于这个三角形的各边时，$\sum(a \cdot AL) = 2\Delta$.

3a. 对于边 c 的旁切圆，这个等式变为

$$aAL + bBL - cCL = 2\Delta.$$

4. 一组点的平均中心在任一条直线上的射影是这组点在该直线上射影的平均中心.

[如图 4.3 所示，将这些射影记为 O'，A'，B'，C'，$\cdots$，而 L 是直线 OO'. 那么 $A'O' = AL$，$B'O' = BL$，$\cdots$. 因此

$$\sum(a \cdot A'O') = \sum(a \cdot AL) = 0;$$

因此，……]

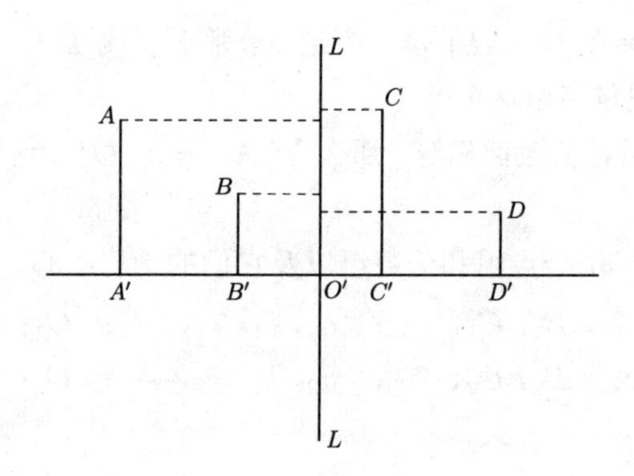

图 4.3

[92] 5. 如果 O，O_1，O_2，O_3 表示一个三角形的内心和三个旁心，那么

$$(s-a)O_1L + (s-b)O_2L + (s-c)O_3L = s \cdot OL.$$①

[因为 O 是剩余三点对于 $s-a$，$s-b$，$s-c$ 的平均中心（目 52 下的例 3），又因为

$$\sum(s-a) = s;$$

所以，……]

6. 设在 $\triangle ABC$ 的各边上沿相同方向作出三个相似的三角形 $\triangle BCA'$，$\triangle CAB'$ 和 $\triangle ABC'$；证明 $\triangle ABC$ 和 $\triangle A'B'C'$ 的平均中心重合（布洛卡）.

[如图 4.4 所示，设 X 是 BC 的中点，而 Z' 是 $A'B'$ 的中点. 作出平行四边形 $BA'CP$. 连接 AX，$C'Z'$，$Z'X$ 和 PB'. $\triangle BPC$ 和 $\triangle B'CA$ 相似，因此 $\dfrac{CP}{CB} = \dfrac{B'C}{AC}$（Euc. VI.

① 这一关系式可以写为另外的形式

$$\frac{O_1L}{r_1} + \frac{O_2L}{r_2} + \frac{O_3L}{r_3} = \frac{OL}{r}.$$

4)，或交错为 $\dfrac{B'C}{CP}=\dfrac{AC}{BC}$；又因为 $\angle B'CP$ 和 $\angle ACB$ 相等，所以 $\triangle B'PC$ 和 $\triangle ABC$ 相似（Euc. VI. 6）；因而 $\dfrac{CB'}{B'P}=\dfrac{CA}{AB}$；交错可得 $\dfrac{CB'}{CA}=\dfrac{PB'}{AB}$；但是 $\dfrac{CB'}{CA}=\dfrac{C'A}{AB}$（题设）；所以 $\dfrac{PB'}{AB}=\dfrac{C'A}{AB}$，由此得

$$PB'=AC'.$$

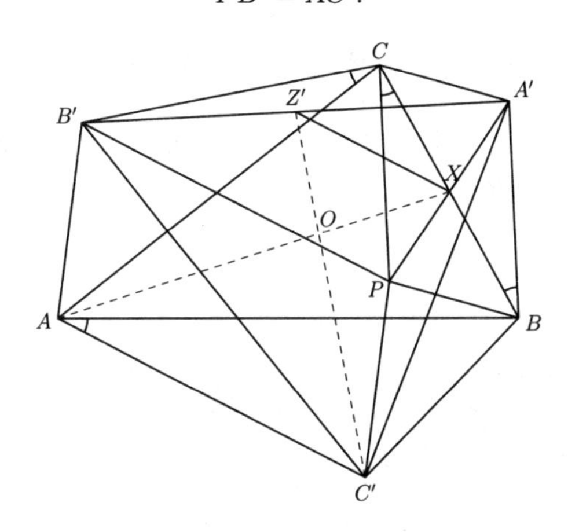

图 4.4

另外 $\angle PB'C=\angle BAC$，将它们分别加上相等的 $\angle ACB'$ 和 $\angle BAC'$；从而 PB' 和 AC' 互相平行. 但 $Z'X$ 平行且等于 PB' 的一半；从而它也平行且等于 AC' 的一半. 因此中线 AX 和 $C'Z'$ 互相三等分.① 另外的方法如下：②设在底 AB 的下方作出 $\triangle ABC''$ 和 $\triangle ABC'$ 对称相等. 容易看出 $\triangle ABA'$ 和 $\triangle CBC''$ 的面积相等；类似地，$\triangle ABB'$ 和 $\triangle CAC''$ 的面积相等. 相加可得 $S_{\triangle ABA'}+S_{\triangle ABB'}=S_{\triangle ABC}+S_{\triangle ABC''}$，或 $S_{\triangle ABA'}+S_{\triangle ABB'}-S_{\triangle ABC'}=S_{\triangle ABC}$，即点 A', B', C' 到 AB 的距离的代数和等于点 C 到 AB 的距离. 对于边 BC 和 CA 能得到类似的结论；因此，…… Syamadas Mukhopadhyay.]　**[93]**

7. 如果两个点 A 和 B 移动到新的位置 A' 和 B'，那么它们对于任意两个倍数的平均中心 M 移动到的新位置 M' 可以由以下作法来求：

如图4.5所示，过点 M 作线段 MP 和 MQ 分别相等且平行于 AA' 和 BB'. 连接 PQ 并将它分割于 M'，使得 $\dfrac{PM'}{QM'}=\dfrac{AM}{BM}$.

[因为 $AA'PM$ 和 $BB'QM$ 是平行四边形，$A'P=AM$ 且 $B'Q=BM$；所以由相似三角形 $\triangle PA'M'$ 和 $\triangle QB'M'$ 得

$$\frac{A'P}{B'Q}=\frac{A'M'}{B'M'}=\frac{PM'}{QM'};$$

因此，……]

① 另一个证明参见 Milne, *Companion to the Weekly Problem Papers*, Art. 123.

② *Educational Times*. Reprint. Vol. liv., p.102.

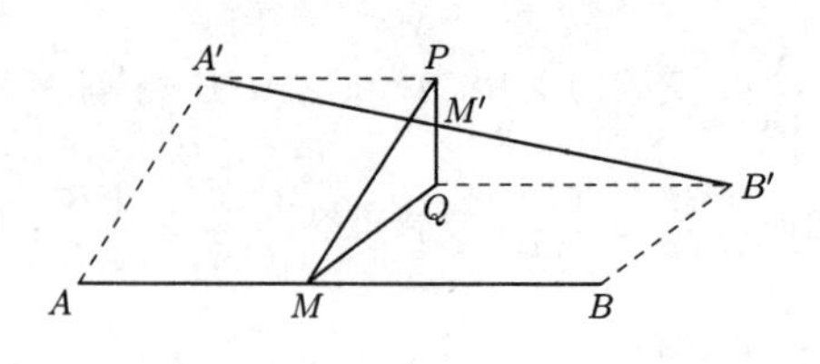

图 4.5

8. 如果三个点 A，B，C 分别被移动到新的位置 A'，B'，C'，那么它们的平均中心 M 移动到的位置 M' 由下述作法来求：

如图4.6所示，过点 M 作线段 MP，MQ 和 MR 分别相等且平行于 AA'，BB' 和 CC'；那么 M' 是 P，Q，R 的平均中心.

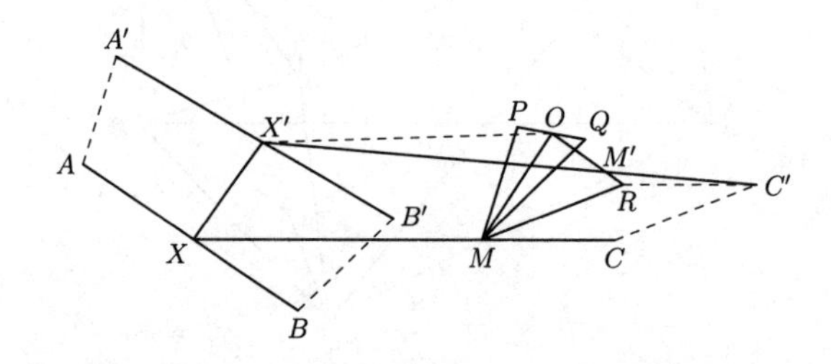

图 4.6

[设 X 表示 A 和 B 的平均中心，利用例 7 求出 A' 和 B' 的平均中心 X'. 作 MO 相等且平行于 XX'. 连接 OX'，RC' 和 $X'C'$.

显然由平行线得 O 是 P 和 Q 的平均中心；又因为 $MX = OX'$ 且 $MC = RC'$；所以在相似三角形 $\triangle OM'X'$ 和 $\triangle RM'C'$ 中，有

[94]

$$\frac{M'X'}{M'C'} = \frac{OX'}{RC'} = \frac{MX}{MC}. \tag{1}$$

因此 M' 是点 X' 和 C' 的平均中心，即是点 A'，B'，C' 对于与点 M 之于点 A，B，C 相同的倍数的平均中心.

但是式 (1) 中的每个比都等于 $\dfrac{M'O}{M'R}$；因此 M' 是点 O 和 R 的平均中心，即是点 P，Q，R 对于同一倍数组的平均中心.]

注记. 这个对于移动后平均中心的作图法可以用同样的方法推广到四边形并一般地推广到一个任意边数的多边形.

因此对于两组点 $A, B, C, \cdots$ 和 $A', B', C', \cdots$ 以及它们对于同一倍数组 $a, b, c, \cdots$ 的平均中心 M 和 M'，如果我们过点 M 作平行线段 MP，MQ，MR，$\cdots$ 分别等于 AA'，BB'，CC'，$\cdots$，那么第三组点 P，Q，R，$\cdots$ 对于相同倍数的平均中心重合于点 M'.

9. 如果过任一点 M 作 MP，MQ 和 MR 平行于 $\triangle ABC$ 的各边并与之成比例，那么点 P，Q，R 对于都等于 1 的三个倍数的平均中心重合于点 M.

[利用例 8，或这样来证：如图 4.7 所示，完成平行四边形 $PMQR'$，并连接 MR'.

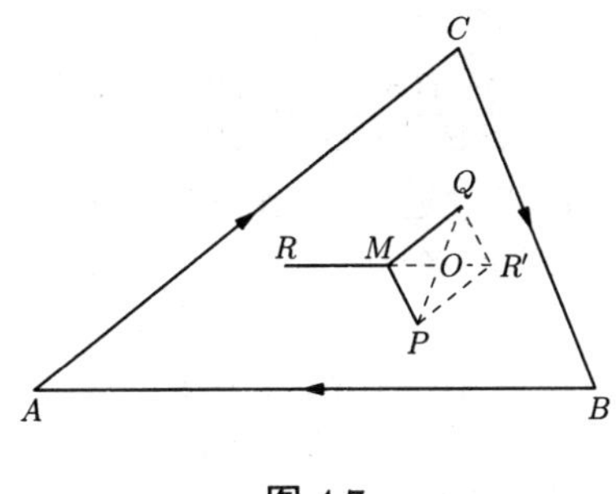

图 4.7

因为 $\dfrac{PM}{PR'} = \dfrac{PM}{QM} = \dfrac{a}{b}$ 且 P 和 C 处的角相等，所以 $\triangle PMR'$ 和 $\triangle ABC$ 相似，因此 $MR = MR' = 2MO$，且 O 是 P 和 Q 的平均中心，由此 M 是 P，Q，R 的平均中心.]　**[95]**

10. 证明对于四边形的类似性质以及更一般的性质：

如果过任一点 M 作与一个多边形各边平行且成比例的线段；那么它们的端点对于都等于 1 的倍数的平均中心重合于 M.

11. 如果一组点 A，B，C，$\cdots$ 被移动到 A'，B'，C'，$\cdots$，使得 AA'，BB'，CC'，$\cdots$ 与一个多边形的各边平行且成比例，那么这个点组的平均中心是一个定点.

[例用例 8 和例 10.]

12. **韦尔 (Weill) 定理.** 一个动多边形内接于一个圆并外切于另一个圆；证明它的各边与后一个圆的切点的平均中心是一个定点.

[如图 4.8 所示，设 $ABC\cdots$ 表示这个多边形，$A'B'C'\cdots$ 是它的一个连续的位置，T 和 T' 是 AB 和 $A'B'$ 与半径为 r 的圆的切点；θ 是 AB 和 $A'B'$ 之间很小的夹角，而 X 是它们的交点.

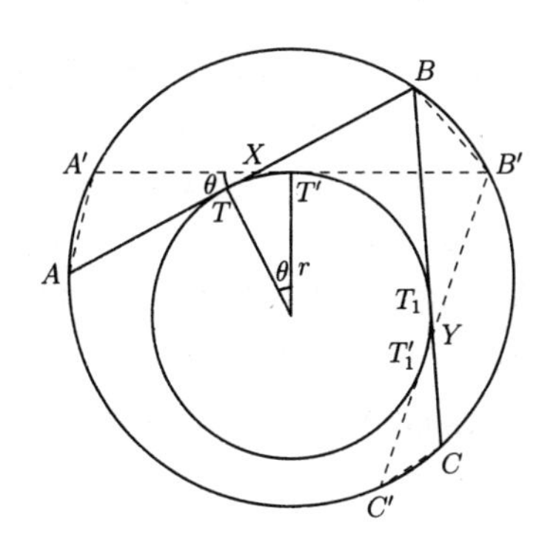

图 4.8

$\triangle AA'X$ 和 $\triangle BB'X$ 相似，因此 $\dfrac{BB'}{AA'} = \dfrac{BX}{A'X}$，故

$$\frac{BB'}{AA'+BB'}=\frac{BX}{BX+A'X}\text{（极限情形下）}=\frac{BX}{BX+AX}=\frac{BX}{AB}. \tag{1}$$

类似地，有

[96]

$$\frac{BB'}{BB'+CC'}=\frac{BY}{BC}. \tag{2}$$

又因为 AB 和 $A'B'$ 彼此无限接近，所以 X 无限接近于切点 T，BX 和 BY 自然相等，因为它们是同一点到一个圆的两条切线.

式 (2) 除以式 (1)，得

$$\frac{AB}{BC}=\frac{AA'+BB'}{BB'+CC'}. \tag{3}$$

另外 $$\frac{AA'}{AX}=\frac{BB'}{BX}=\frac{\theta}{\sin A'}\text{（正弦定理）},$$

因此 $$\frac{\theta}{\sin A'}=\frac{AA'+BB'}{AB};$$

但是 $$AB=(\triangle ABC\text{ 外接圆的直径})\times\sin A',$$

且 $$TT'=2r\theta,$$

因而 $$TT'\propto AA'+BB'\propto AB\text{（利用式 (3)）}.$$

因此当多边形 $ABC\cdots$ 变化时，对于每个连续的位置，它各边的切点沿边的方向移动并与它们成比例；因此平均中心是一个定点.

注记. 如果 BC 是第三个半径为 r 的圆的一条动切线，那么式 (2) 除以式 (1) 的结果是

$$\frac{AB}{BC}=\frac{AA'+BB'}{BB'+CC'}\cdot\frac{BX}{BY};$$

因此如果这三个圆具有使 $\dfrac{BX}{BY}$ 为一个定比 k 的关系，那么

$$\frac{AB}{BC}=k\cdot\frac{AA'+BB'}{BB'+CC'}$$

且 $$\frac{TT'}{T_1T_1'}=\frac{r}{kr'}\cdot\frac{AB}{BC}.]$$

13. 任一个多边形的各个顶点与在它各边上类似所作[①]的相似三角形的各个顶点的平均中心重合.（麦凯）

[设边 AB，BC，CD，$\cdots$ 上的三角形的顶点分别为 A'，B'，C'，$\cdots$.

因为 $AA':BB':CC':\cdots=AB:BC:CD:\cdots$ 且与这个多边形的边成相等的倾角；因此我们可以把已知多边形的各顶点平行于它的各边移动到与该边成比例的距离，再旋转这个倾角的度数到达 $A'B'C'\cdots$（参阅例 6）.][②]

[97]

14. 过一个正多边形的中心 O 作任意一条直线交各边于 A'，B'，C'，$\cdots$，证明 $\sum\dfrac{1}{OA'}=0$.

[设 M 是一条边的中点，那么 $\triangle MA'O$ 是一个直角三角形，而如果作出斜边的垂线

① “类似所作”指所作的相似三角形的方向相同，即顺相似. —— 译者注

② 例 11～13 的证明是 Charles M‘Vicker 先生告知作者的.

MM'，那么有

$$OA' \cdot OM' = r^2,$$

即 $$\sum \frac{1}{OA'} = \frac{1}{r^2} \sum OM' = 0 \text{（目 50. 参见目 3 下的例 9）.]}$$

54. 定理. 对于任一个点组 A, B, C, $\cdots$, 它们的平均中心 O, 及任一条直线 L; 证明

$$\sum(a \cdot AL^2) = \sum(a \cdot AL'^2) + \sum(a) \cdot OL^2,$$

这里 L' 是过 O 平行于 L 的直线.

因为 $AL = AL' + OL$，所以 $AL^2 = AL'^2 + OL^2 + 2AL' \cdot OL$;

因为 $BL = BL' + OL$；所以 $BL^2 = BL'^2 + OL^2 + 2BL' \cdot OL$;

……

将这些等式分别乘以 a，b，c，$\cdots$ 并相加，得

$$\sum(a \cdot AL^2) = \sum(a \cdot AL'^2) + \sum(a) \cdot OL^2 + 2OL \sum(a \cdot AL'),$$

但是 $\sum(a \cdot AL') = 0$（目 50）；因此，……

推论 1. 当各倍数相等时

$$\sum AL^2 = \sum AL'^2 + nOL^2,$$

又因为 $\sum AL = n \cdot OL$; 所以 OL 是 AL，BL，CL，$\cdots$ 这几条线段的算术平均，而 AL'，BL'，$\cdots$ 是每条线段与它们的算术平均的差.

因此，n 个数值的平方和 = 它们平均值的平方的 n 倍 + n 个差的平方和；而如果这些数值是一条线段上的几段，那么这个性质可以叙述为：各不等份的平方和 = 各等份的平方和 + n 个差的平方和.这个性质显然是 Euc. II. 9，10 的推广.

推论 2. 对于任意两条平行线 L 和 M，有

$$\sum(a \cdot AL^2) - \sum(a \cdot AM^2) = \sum(a)(OL^2 - OM^2).$$ **[98]**

55. 定理. 对于任意点 P 证明

$$\sum(a \cdot AP^2) = \sum(a \cdot AO^2) + \sum(a)OP^2.$$

如图 4.9 所示，将这组点投影到直线 OP 上并记它们的射影为 $A', B', C', \cdots$. 那么（Euc. III. 12–13）

$$AP^2 = AO^2 + OP^2 + 2OP \cdot OA'.$$

类似地，有

$$BP^2 = BO^2 + OP^2 + 2OP \cdot OB', \cdots.$$

将这些等式分别乘以 a，b，c，$\cdots$ 并将各结果相加，得

$$\sum(a \cdot AP^2) = \sum(a \cdot AO^2) + \sum(a)OP^2 + 2OP \sum(a \cdot OA'),$$

而 O 是点组 $A', B', C', \cdots$ 的平均中心(目 53 下的例 4); 因而 $\sum(a \cdot OA') = 0$.

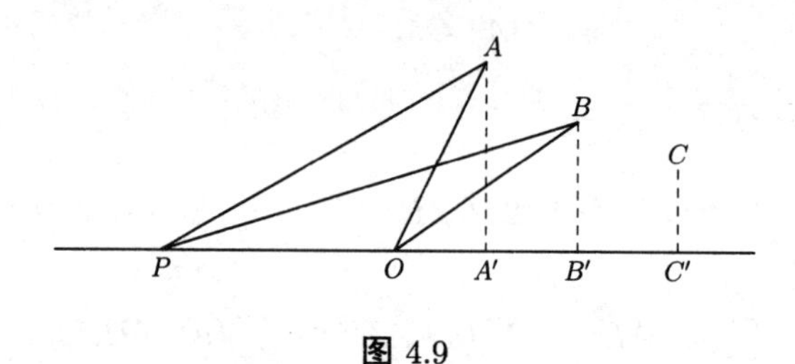

图 4.9

推论 1. 若这 n 个倍数相等, 则

$$\sum AP^2 = \sum AO^2 + n \cdot OP^2.$$

推论 2. 对于一个圆内接正多边形, 外接圆上任一点到 n 个顶点的距离的平方和是定值且等于 $2nR^2$.

推论 3. 如果 $\sum(a \cdot AP^2)$ 是定值, 那么 P 的轨迹是一个以 O 为圆心且半径的平方等于 $\dfrac{\sum(a \cdot AP^2) - \sum(a \cdot AO^2)}{\sum(a)}$ 的圆.

[99] **推论 4.** 当 P 重合于 O 时, $\sum a \cdot AP^2$ 最小. 参见目 16 下的例 3.

例 题

1. $ABCD \cdots$ 是一个圆内接正多边形, O 是圆心, R 是半径, 而 P 是圆上任一点, 证明 P 到半径 $OA, OB, OC, \cdots$ 的垂线的平方和等于 $\frac{1}{2}nR^2$.

[如图 4.10 所示, 记这些垂线的垂足为 $A', B', C', \cdots$, 那么以 OP 为直径的圆通过这些点(Euc. III. 31); 又因为 $A'B', B'C', \cdots$ 对该圆上的点 O 张等角($\frac{2\pi}{n}$), 所以 $A'B'C' \cdots$ 是一个圆内接正多边形. 因此(推论 2)

$$\sum PA'^2 = 2n(\tfrac{1}{2}OP)^2 = \tfrac{1}{2}nR^2.$$

类似地

$$\sum OA'^2 = \tfrac{1}{2}nR^2.]$$

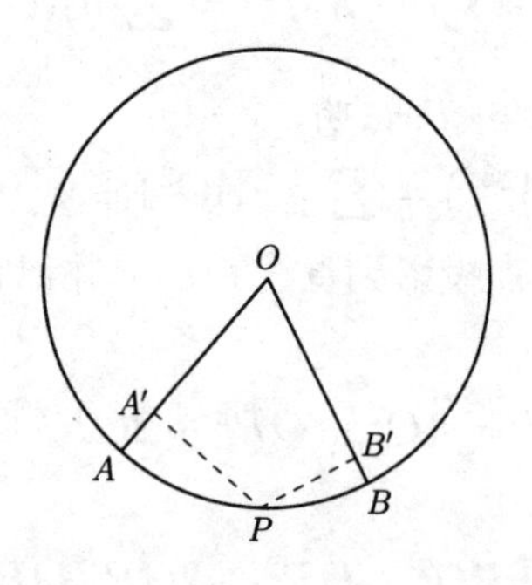

图 4.10

2. 对于任一条通过 O 的直线 L, 有 $\sum AL^2 = \frac{1}{2}nR^2$.

[令 L 重合于 OP. 由相似三角形，得

$$AL = PA', BL = PB', \cdots.$$

因此根据例 1，有

$$\sum PA'^2 = \sum AL^2 = \frac{1}{2}nR^2.]$$

3. 任一点 P 到这个多边形各边的垂线 $p_1, p_2, p_3, \cdots, p_n$ 的平方和等于 $n(r^2+\frac{1}{2}\delta^2)$，这里 r 是内切圆的半径而 $\delta = OP$.　**[100]**

[如图 4.11 所示，过 O 作这个多边形各边的平行线 OA'，OB'，OC'，$\cdots$ 与从 P 发出的对应垂线交于 A'，B'，C'，$\cdots$. 同前面一样，$A'B'C'\cdots$ 是一个内接于以 OP 为直径的圆的正多边形.

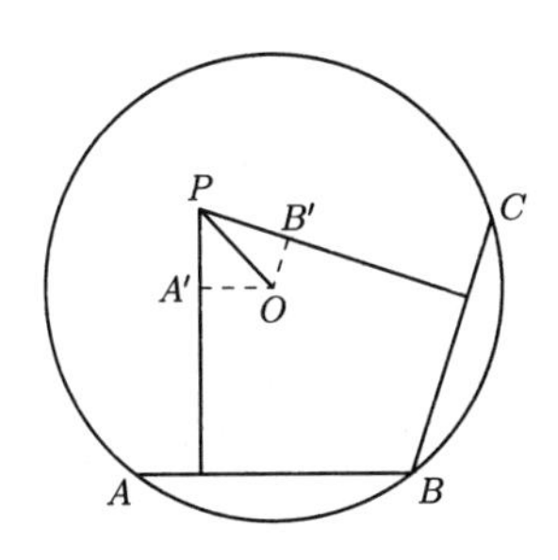

图 4.11

因为这些垂线的和为定值且等于 nr，所以

$$\sum p_1^2 = nr^2 + \sum PA'^2 \text{（目 54）}, \tag{1}$$

但是

$$\sum PA'^2 = \frac{1}{2}n\delta^2 \text{（例 1）},$$

将这个值代入式 (1)；因此，……]

4. 在例 3 中如果点 P 在内切圆上，那么 $\sum p_1^2 = \frac{3}{2}nr^2$.

5. 如果 π_1，π_2，π_3，$\cdots$ 表示各个顶点到任一条直线 L 的距离且 $\delta = OL$，那么 $\sum \pi_1^2 = n(\delta^2 + \frac{1}{2}R^2)$.

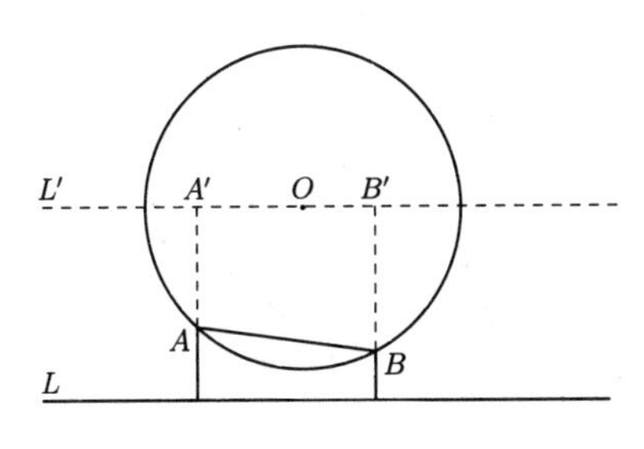

图 4.12

[如图 4.12 所示，过点 O 作直线 L' 平行于 L 并设 A'，B'，C'，$\cdots$ 分别是它与 AL，BL，CL，$\cdots$ 的交点.

因为

$$\sum AL = nOL \text{（目 53）},$$

所以

$$\sum AL^2 = n \cdot OL^2 + \sum AA'^2 \text{（目 54）},$$

但是
$$\sum AA'^2 = \tfrac{1}{2}nR^2\text{（例 2），}$$
因此通过代换可得
$$\sum AL^2 = n(OL^2 + \tfrac{1}{2}R^2),$$
即
$$\sum \pi_1^2 = n(\delta^2 + \tfrac{1}{2}R^2).]$$

5a. 若 L 是外接圆的一条切线，则
$$\sum \pi_1^2 = \tfrac{3}{2}nR^2.$$

6. 如果 P 是一个正多边形 $ABC\cdots$ 的外接圆上的一个点，那么
$$\sum PA^4 = 6nR^4.$$

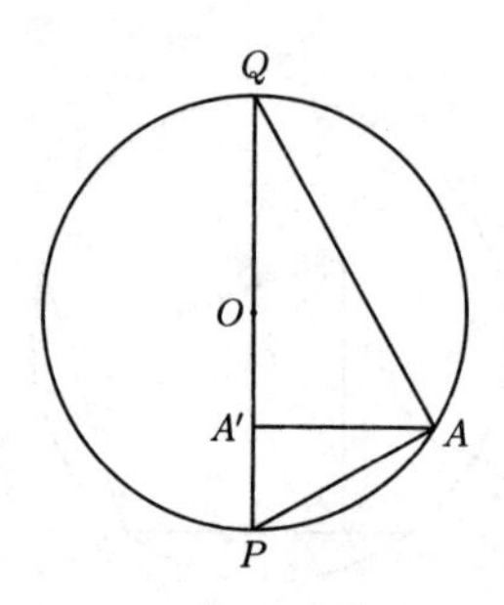

图 4.13

[如图 4.13 所示，作 OP 并延长与外接圆又交于 Q，设 A', B', C', $\cdots$ 是各个顶点

[101] 在这条直线上的射影. 因为 $\triangle PAQ$ 是一个直角三角形，所以
$$PQ \cdot PA' = PA^2.$$
平方得
$$4R^2 \cdot PA'^2 = PA^4,$$
因此
$$4R^2 \sum PA'^2 = \sum PA^4.$$
但是
$$\sum PA'^2 = nR^2 + \sum OA'^2\text{（目 54 下的推论 1），}$$
且
$$\sum OA'^2 = \tfrac{1}{2}nR^2\text{（例 2）.}$$
代换得
$$\sum PA^4 = 4R^2(nR^2 + \tfrac{1}{2}nR^2) = 6nR^4.]$$

7. 如果 a, b, c 表示 $\triangle ABC$ 的三边，而 P 是内切圆上的任意一点，那么 $\sum(a\cdot AP^2) = \sum(a \cdot AO^2) + 2r\Delta$.

8. 如果 $\triangle ABC$ 是一个正三角形，而 L 是内切圆的一条切线，那么
$$\frac{1}{AL} + \frac{1}{BL} + \frac{1}{CL} = 0.$$

[因为 $AL + BL + CL = 3r$，所以平方得 $\sum AL^2 + 2\sum BL \cdot CL = 9r^2$. 另外 $\sum AL^2 = 3r^2 + \frac{3}{2}R^2$，又因为 $R = 2r$，所以 $\sum AL^2 = 9r^2$；故 $\sum BL \cdot CL = 0$，因此，……]

9. 过 P 向任一个多边形 $ABC\cdots$ 的各边作垂线并将它们的垂足相连；证明如果内接多边形 $A'B'C'\cdots$ 的面积是一个定值，那么 P 的轨迹是一个以 A, B, C, $\cdots$ 对于倍数 $\sin 2A$, $\sin 2B$, $\sin 2C$, $\cdots$ 的平均中心为圆心的圆.

[如图 4.14 所示，设 O 是 AP 的中点，那么
$$2S_{\triangle A'OB'} = 2S_{\triangle A'B'P} - S_{\text{四边形}AA'PB'};$$

因此 $$2\sum S_{\triangle A'OB'}=2\sum S_{\triangle PA'B'}-\sum S_{四边形B'AA'P},$$
即 $$\frac{1}{4}\sum PA^2\sin 2A=2\sum S_{多边形A'B'C'\cdots}-\sum S_{多边形ABC\cdots}.$$
故 $\sum \sin 2A\cdot AP^2$ 是定值，……

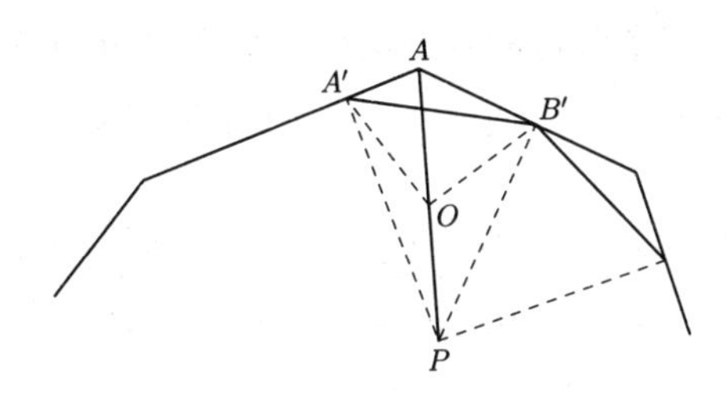

图 4.14

[102]

对于一个三角形来说，A，B，C 对于倍数 $\sin 2A$，$\sin 2B$，$\sin 2C$ 的平均中心是外心，说明目 23 下的例 2 是该定理的一个特殊情形.（M'Vicker）]

56. 定理. 如果 $\sum AB$ 表示一组点 A, B, C, $\cdots$ 两两之间距离的和；证明 $\sum(ab\cdot AB^2)=\sum(a)\cdot\sum(a\cdot AO^2)$.

在目 55 中如果我们假定 P 依次重合于这个点组中的每一个点，那么我们得到下述关系式

$$a\cdot AA^2+b\cdot AB^2+c\cdot AC^2+\cdots=\sum(a\cdot AO^2)+\sum(a)OA^2,$$
$$a\cdot BA^2+b\cdot BB^2+c\cdot BC^2+\cdots=\sum(a\cdot AO^2)+\sum(a)OB^2,$$
$$a\cdot CA^2+b\cdot CB^2+c\cdot CC^2+\cdots=\sum(a\cdot AO^2)+\sum(a)OC^2,$$
$$\vdots$$

将这些结论分别乘以 a，b，c，$\cdots$ 并相加，得
$$2\sum(ab\cdot AB^2)=\sum(a)\cdot\sum(a\cdot AO^2)+\sum(a)\cdot\sum(a\cdot AO^2),$$
因此
$$\sum(ab\cdot AB^2)=\sum(a)\cdot\sum(a\cdot AO^2).$$

推论 1. 如果各个倍数都等于 1，那么
$$\sum AB^2=n\cdot\sum AO^2.$$

推论 2. 一个正多边形各个顶点的所有连线的平方和都等于 n^2R^2；这里 R 是外接圆的半径.

推论 3. 对于三个点 A，B，C，一个三角形各边的平方和等于三个顶点与重心连线的平方和的三倍；或者各边平方和的三倍等于三条中线平方和的四倍.

[103]

推论 4. 如果 O 是 $\triangle ABC$ 的内心，a，b，c 是它的各边长，那么 $\sum(ab\cdot AB)^2=\sum(a)\cdot\sum(a\cdot AO^2)$ 转化为（目 52 下的例 1）

$$abc(a+b+c)=(a+b+c)\sum(a\cdot AO^2),$$

因此
$$\sum(a\cdot AO^2)=abc,$$
对于 O_1，O_2 和 O_3 有类似的结论.

推论 5. 内心和三个旁心的六条连线的平方和为 $48R^2$.

因为外接圆的圆心 O 是 O_1，O_2，O_3，O_4 的平均中心（目 52 下的例 9），所以

$$\sum O_1O_2^2=4\sum OO_1^2=4[R^2-2Rr+\sum(R^2+2Rr_1)]$$
$$=16R^2+8R(r_1+r_2+r_3-r),$$

而 $r_1+r_2+r_3-r=4R$，因此，……①

例 题

1. 如果 S 表示一个三角形的类似重心，那么
$$a^2AS^2+b^2BS^2+c^2CS^2=\frac{3a^2b^2c^2}{a^2+b^2+c^2}$$（目 52下的例 4）.

2. 对于布洛卡点 Ω, Ω'，有

（1）$\dfrac{A\Omega^2}{b^2}+\dfrac{B\Omega^2}{c^2}+\dfrac{C\Omega^2}{a^2}=1.$

（2）$\dfrac{A\Omega'^2}{c^2}+\dfrac{B\Omega'^2}{a^2}+\dfrac{C\Omega'^2}{b^2}=1$（目 52 下的例 4）.

3. 任一点 P 到一个三角形内心的距离 OP 由以下等式给出
$$\sum(a\cdot AP^2)=abc+\sum(a)\cdot OP^2.$$

[消去等式
$$\sum(a\cdot AP^2)=\sum(a\cdot AO^2)+\sum(a)OP^2$$
和
$$\sum(ab\cdot AB^2)=\sum(a)\cdot\sum(a\cdot AO^2)$$
[104] 中的 $\sum(a\cdot AO^2)$，即得上面的结论.]

4. 如果 P 重合于外心，证明下列结论，这里 D，D_1，D_2，D_3 是外心到内心以及三个旁心的距离
$$D^2=R^2-2Rr;\ D_1^2=R^2+2Rr_1,\cdots.$$

5. 证明 $\triangle ABC$ 的类似重心 S 到外心 O 的距离 δ 由如下等式给出
$$\delta^2=R^2-\frac{3a^2b^2c^2}{(a^2+b^2+c^2)^2}.$$

[对于任一点 P，有（目 52 下的例 4）$\sum(a^2\cdot AP^2)=\sum(a^2\cdot AS^2)+\sum(a^2)\delta^2$，令 P 重合于 O；可得

---

① 另外的方法如下：因为 O_1 是 $\triangle O_2O_3O_4$ 的垂心，所以如果从 $\triangle O_2O_3O_4$ 的外心 O 向各边作垂线 OX，OY，OZ，那么 $O_1O_2=2OX$，$O_1O_3=2OY$，$\cdots$，又因为 $OO_2=2R$；所以
$$O_1O_4^2+O_2O_3^2=4(2R)^2=16R^2,$$
故
$$\sum O_2O_3^2=48R^2.$$

$$(a^2+b^2+c^2)R^2=\frac{3a^2b^2c^2}{a^2+b^2+c^2}+(a^2+b^2+c^2)\delta^2;$$

从而[1]

$$\delta^2=R^2-\frac{3a^2b^2c^2}{(a^2+b^2+c^2)^2};.$$

因此，……]

6. Ω 和 Ω' 到外心的距离由等式 $O\Omega=O\Omega'=R\sqrt{1-4\sin^2\omega}$ 给出.

[因为 $\frac{1}{a^2}+\frac{1}{b^2}+\frac{1}{c^2}=\frac{1}{4R^2}\sum\csc^2 A=\frac{1}{4R^2}\csc^2\omega$.]

7. 对于内心 O_1 和旁心 O_2，O_3，O_4，证明关系式[2]：

（1）$\frac{O_1O_2^2}{r_1}+\frac{O_1O_3^2}{r_2}+\frac{O_1O_4^2}{r_3}=8R$.

（2）$\frac{O_3O_4^2}{r_2r_3}+\frac{O_4O_2^2}{r_3r_1}+\frac{O_2O_3^2}{r_1r_2}=\frac{8R}{r}$.

8. 对于任一点 P，有

$$(s-a)PO_1^2+(s-b)PO_2^2+(s-c)PO_3^2-sPO^2=2abc.$$

9. 证明对于 $\triangle ABC$ 的外心和垂心之间距离 δ 的平方的如下表达式.

$$\delta^2=R^2(1-8\cos A\cos B\cos C)$$

$$=\frac{\sum a^2(a^2-b^2)(a^2-c^2)}{16\Delta^2}.$$

[运用前面的方法，或者更简单的通过求出 $\triangle ABC$ 的垂心三角形的面积，(2 倍面积等于 $R^2\sin 2A\sin 2B\sin 2C$)，并利用目 23 下的例 1，再化简.]　**[105]**

第 2 节　对偶定理

57. 定理. 对于任意两个点 M 和 N，以及一组直线 A，B，C，$\cdots$ 和倍数 a，b，c，$\cdots$，有 $\sum(a\cdot MA)=0$ 及 $\sum(a\cdot NA)=0$，证明

$$\sum(a\cdot LA)=0,$$

这里 L 是 M 和 N 的连线 O 上的任意点，如图 4.15 所示.

因为
$$MN\cdot LA+NL\cdot MA+LM\cdot NA=0.$$

类似地，对于直线 B 和 C，有

$$MN\cdot LB+NL\cdot MB+LM\cdot NB=0,$$
$$MN\cdot LC+NL\cdot MC+LM\cdot NC=0.$$

---

① 这个表达式等价于

$$\delta^2=R^2\sec^2\omega(1-4\sin^2\omega),$$

这里 ω 是布洛卡角.

② 注意这里字母的下标是不对应的. 内心为 O_1，内切圆的半径为 r. 圆心为 O_2，O_3，O_4 的旁切圆的半径分别是 r_1，r_2，r_3.——译者注

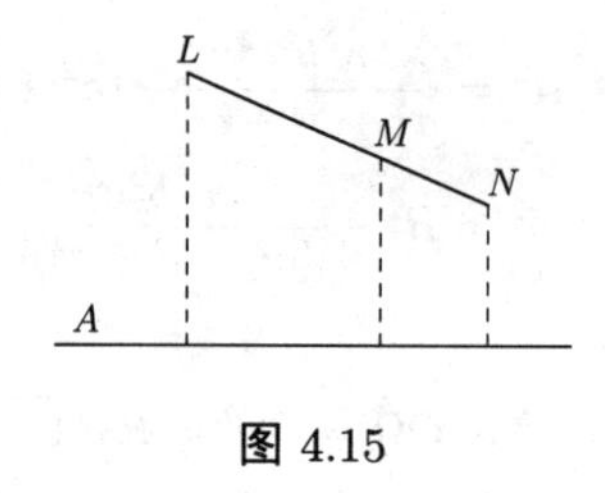

图 4.15

将这些等式分别乘以 a, b, c, $\cdots$ 并相加，我们得到

$$MN\sum(a\cdot LA)+NL\sum(a\cdot MA)+LM\sum(a\cdot NA)=0. \tag{1}$$

因此如果 $\sum(a\cdot MA)$ 和 $\sum(a\cdot NA)$ 都等于 0，那么对于直线 MN 上任意其他的点 L 有 $\sum(a\cdot LA)=0$.

更一般地，如果 $\sum(a\cdot MA)$ 和 $\sum(a\cdot NA)$ 相等，那么 $\sum(a\cdot LA)$ 有同样的值.

设 $\sum(a\cdot MA)=\sum(a\cdot NA)=k$；代入式 (1)，得

$$MN\sum(a\cdot LA)+(NL+LM)k=0,$$

除以 $MN(=LN+ML)$ 并移项，有

[106]

$$\sum(a\cdot LA)=k.$$

因此，使得一点 L 到一组直线 A, B, C, $\cdots$ 的距离的各已知倍数的和是一个定值 ($\sum(a\cdot LA)=k$) 的点 L 的轨迹是一条直线.

定义. 当这个定值为零时，$\sum(a\cdot LA)=0$，轨迹 O 称为这组直线对于已知倍数组的中心轴(Central Axis).

显然中心轴是通过取 k 的不同值 k_1, k_2, k_3, $\cdots$ 而得到的一组平行线中的一条.

如果在式 (1) 中 L 在 O 上，那么

$$NL\sum(a\cdot MA)+LM\sum(a\cdot NA)=0, \tag{2}$$

即

$$\frac{\sum(a\cdot MA)}{\sum(a\cdot NA)}=\frac{ML}{NL}=\frac{MO}{NO}\text{ (Euc. VI. 4)},$$

因此对应于任一个点所求的和值与该点到中心线或中心轴的距离成比例.

另外的方法如下：如果 M_1 和 N_1 是使得 $\sum(a\cdot MA)=k_1$ 和 $\sum(a\cdot NA)=k_2$ 的 M 和 N 的轨迹，而 P 如果能够是它们的交点；那么因为 P 在这两条直线上，所以 $\sum(a\cdot PA)=k_1$ 且 $\sum(a\cdot PA)=k_2$，这是荒谬的；因此，……

58. 问题. 求一组已知直线 $A, B, C, \cdots$ 对于一组已知倍数 $a, b, c, \cdots$ 的中心轴 O.

取任意三个点 P, Q, R, 并算出 $\sum(a\cdot PA)$, $\sum(a\cdot QA)$ 以及 $\sum(a\cdot RA)$.

在 QR 上求一点 L 使得

$$\frac{\sum(a \cdot QA)}{\sum(a \cdot RA)} = \frac{QL}{RL}.$$

根据式 (2) 知 L 在所求的直线上；类似地，在 $\triangle PQR$ 的另外两条边上得到点 M 和 N，它们的连线是所求的直线. [107]

59. 设倍数 a, b, c, $\cdots$ 分别表示已知直线 A, B, C, $\cdots$ 上的线段；那么 $a \cdot LA$, $b \cdot LB$, $c \cdot LC$, $\cdots$ 中的每个是相应线段对点 L 所张三角形面积的两倍；因此，使得任意数目条线段对一点所张面积的和是定值（k）的点的轨迹是一条直线，且如果对 k 假定不同的值，那么这个轨迹平行移动变化位置.

60. 定理. 一条平行移动的动直线 L 与一个已知多边形各边交点 A_1, B_1, C_1, D_1, $\cdots$ 的平均中心 O 的轨迹是一条直线.

设 a, b, c, $\cdots$ 是已知倍数，而 α, β, γ, $\cdots$ 是动直线与已知多边形的边 A, B, C, $\cdots$ 在点 A_1, B_1, C_1, $\cdots$ 处构成的角.

由假设有 $$\sum(a \cdot A_1O) = 0,$$

但是 $A_1O = \dfrac{OA}{\sin\alpha}$；$B_1O = \dfrac{OB}{\sin\beta}$；$C_1O = \dfrac{OC}{\sin\gamma}$；$\cdots$，代入这些值，得到

$$\frac{a}{\sin\alpha} \cdot OA + \frac{b}{\sin\beta} \cdot OB + \frac{c}{\sin\gamma} \cdot OC + \cdots = 0,$$

因此 O 描出一条直线，即这个直线组对于倍数 $a\csc\alpha$, $b\csc\beta$, $c\csc\gamma$, $\cdots$ 的中心轴.

定义. 当倍数$a = b = c = \cdots = 1$ 时，对应于这组平行线的平均中心的轨迹称为这个多边形的一条直径 (Diameter)；建议用这一名称是根据当这个多边形变成一个圆时这个定理转化成的性质.

61. 问题. 求一点 P 使得对于任一组直线 A, B, C, $\cdots$ 和倍数 a, b, c, $\cdots$, $\sum(a \cdot PA^2)$ 取得最小值.

设任一条通过 P 的直线 L 与这个多边形[①]的各边交于 A', B', C', $\cdots$, 交成角 α, β, γ, $\cdots$. 那么 $\sum(a \cdot PA^2)$ 最小是当 $\sum(a\sin^2\alpha \cdot PA'^2)$ 最小时，即当 P 是 A', B', C', $\cdots$ 对于倍数 $a\sin^2\alpha$, $b\sin^2\beta$, $\cdots$ 的平均中心时. 当 L 平行移动时 P 的轨迹是一条直径. 设它交这个多边形的各边于 A_1, B_1, C_1, $\cdots$；这些点对于倍数 $a\sin^2\alpha$, $b\sin^2\beta$, $\cdots$ 的平均中心显然是所求的点. [108]

① 指由直线 A, B, C, $\cdots$ 依次相交得到的多边形. —— 译者注

例 题

1. 如图4.16所示，如果过一个旁切圆的中心 O 作一条直线交两条边于 X 和 Y，使得 $CX = CY$；证明 $AY \cdot BX = (\frac{1}{2}XY)^2$；而反过来，如果 $AY \cdot BX = (\frac{1}{2}XY)^2$，那么 AB 是这个圆的一条切线.

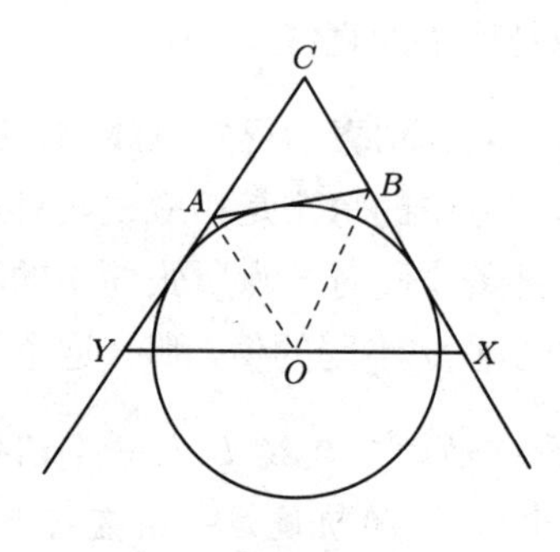

图 4.16

[$\triangle BOX$ 和 $\triangle AOY$ 的各角如下

$$\angle BXO = 90^\circ - \tfrac{1}{2}\angle C，\angle OBX = 90^\circ - \tfrac{1}{2}\angle B，$$

因此

$$\angle BOX = 90^\circ - \tfrac{1}{2}\angle A；$$

$$\angle AYO = 90^\circ - \tfrac{1}{2}\angle C，\angle OAY = 90^\circ - \tfrac{1}{2}\angle A.$$

因此

$$\angle AOY = 90^\circ - \tfrac{1}{2}\angle B.$$

所以它们相似；因此，……]

2. 一个等边三角形的直径包络出内切圆.

[假定各个倍数都等于 1，过 B 和 C 任意作两条终止于这个三角形对边的平行线段，并取它们朝向顶点的三等分点 X 和 Y. 如图4.17所示，因为 X 和 Y 是它们与各边交点的平均中心，所以直线 XY 是一条直径. 分别作边 AB 和 AC 的平行线 XX''，YY''.

[109]

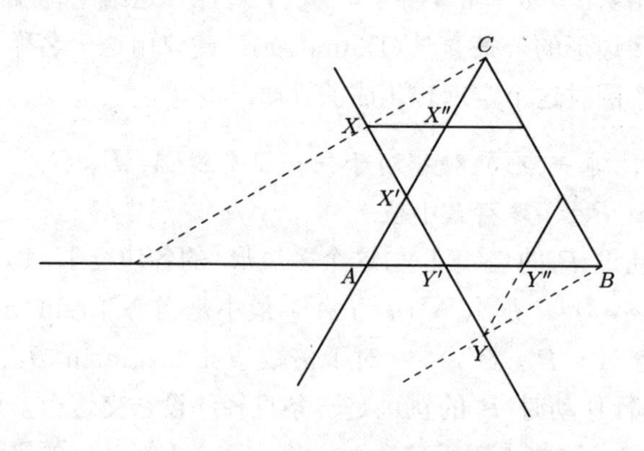

图 4.17

那么 $\triangle XX'X''$ 和 $\triangle YY'Y''$ 相似，于是

$$X'X'' \cdot Y'Y'' = XX'' \cdot YY''.$$

另外，因为 $\triangle CXX''$ 和 $\triangle BYY''$ 的各边互相平行，所以它们相似，因此

$$XX'' \cdot YY'' = CX'' \cdot BY'' = (\tfrac{1}{2}X''Y'')^2,$$

故

$$X'X'' \cdot Y'Y'' = (\tfrac{1}{2}X''Y'')^2;$$

根据例 1，因此，……（M'Vicker）

另外的方法如下：如图 4.18 所示，作任一组平行线 AA'，BB'，CC' 终止于对边，并设 A'，B'，C' 表示它们与 $\triangle ABC$ 各边交点的平均中心. 设直径 $A'B'C'$ 与各边交于 X，Y，Z；那么过 X 和 Y 的平行线段被这些点所平分，因此 AX 和 BY 都平分 CC'' 并因而相交于它的中点. 而从完全四边形 $ABCXYZ$ 中知道点列 A，C''，B，Z 是调和的，于是 AA'，$C'C''$ 和 BB' 成调和级数，即 **[110]**

$$\frac{1}{AA'} + \frac{1}{BB'} = \frac{2}{C'C''} = \frac{1}{CC'},$$

但是 $\sum \dfrac{1}{AA'} = 0$ 是对于内切圆切线的判定依据. 参见目 55 下的例 8；因此，……]

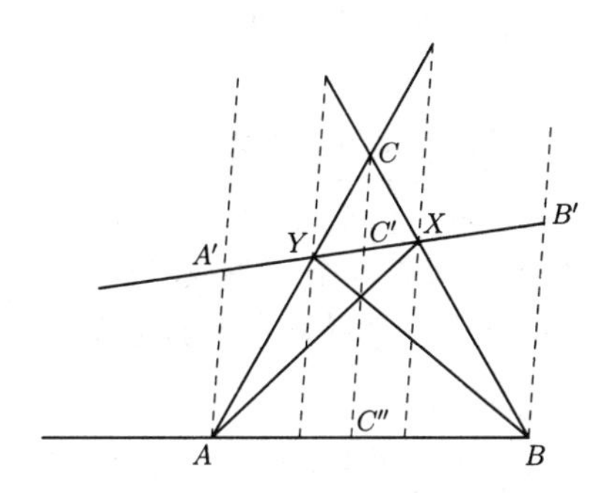

图 4.18

3. 如果一组 n 个点 A，B，C，$\cdots$，N 被等距离放置在一个圆 (O,r) 的一段弧上；求它们平均中心的位置.

[过 O 作弧 AN 的弦的平行线 L；设 $\angle AOL = \alpha$ 且 $\angle AON = n\beta$. 则如果 d 是这个平均中心到 O 的距离，那么我们得到（目 53）

$$\begin{aligned} nd &= R\{\sin\alpha + \sin\overline{\alpha+\beta} + \sin\overline{\alpha+2\beta} + \cdots + \sin(\alpha + \overline{n-1}\beta)\} \\ &= \frac{\sin(\alpha + \frac{1}{2}\overline{n-1}\beta)\sin\frac{1}{2}n\beta}{\sin\frac{1}{2}\beta}; \end{aligned}$$

但是 $\alpha + \frac{1}{2}n\beta = \frac{1}{2}\pi$，因此上面的表达式化简后变为 $r\cot\frac{1}{2}\beta\sin\frac{1}{2}n\beta$.]

注记. 如果这段弧上点的数目是无限多的，那么因为 β 无限小，所以可得

$$d = \frac{\text{弦} \times \text{半径}}{\text{弧长}}.$$ **[111]**

第5章　共线点与共点线

第1节　梅涅劳斯定理和塞瓦定理

62. 定理. 如果作一条直线与 $\triangle ABC$ 的各边交于点 X, Y, Z, 证明关系式

$$\frac{BX}{CX}\cdot\frac{CY}{AY}\cdot\frac{AZ}{BZ}=1;$$

反过来, 已知这一关系式去证明这三个点共线. [梅涅劳斯(Menelaus)]

如图5.1所示，记各顶点到这条截线的垂线长为 l, m, n; 由相似三角形我们得到

[112]

$$\frac{BX}{CX}=\frac{m}{n};\ \frac{CY}{AY}=\frac{n}{l};\ \frac{AZ}{BZ}=\frac{l}{m}.$$

将这些等式相乘[①]并化简，立即推出上面的结论.

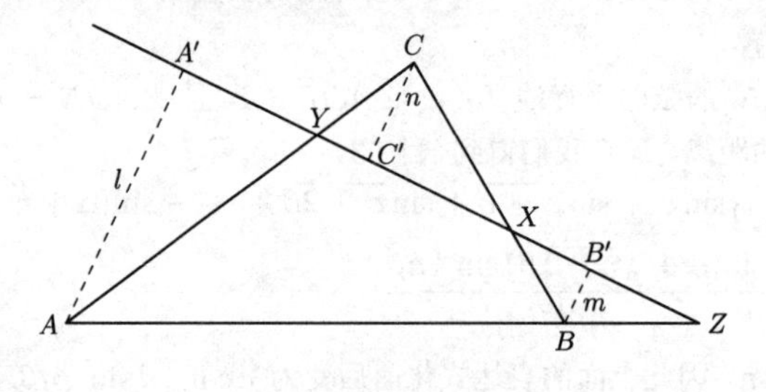

图 5.1

反之，如果连接 X 和 Y 的直线交底边于 Z'，由这个定理的第一部分可得

① 这里给出的证明可以同样地运用于一般的定理：任一条直线与一个多边形 $ABCDEF\cdots$ 各边的交点 $X, Y, Z, U, V, W, \cdots$ 给出关系式

$$\frac{AX}{BX}\cdot\frac{BY}{CY}\cdot\frac{CZ}{DZ}\cdot\frac{DU}{EU}\cdot\frac{EV}{FV}\cdot\frac{FW}{GW}\cdots=1.$$

$$\frac{BX}{CX}\cdot\frac{CY}{AY}\cdot\frac{AZ'}{BZ'}=1,$$

但是根据假设有

$$\frac{BX}{CX}\cdot\frac{CY}{AY}\cdot\frac{AZ}{BZ}=1,$$

因此

$$\frac{AZ}{BZ}=\frac{AZ'}{BZ'},$$

故点 Z 和点 Z' 重合.

63. 定理. 如果过 $\triangle ABC$ 的各个顶点作三条直线 AO, BO, CO 通过任一点 O 交对边于 X, Y, Z; 证明关系式

$$\frac{BX}{CX}\cdot\frac{CY}{AY}\cdot\frac{AZ}{BZ}=-1.$$[①]

而反过来,如果已给出这一关系式,那么直线 AX, BY, CZ 共点. [塞瓦(Ceva)]

如图5.2所示, 因为 $\triangle BOC$ 和 $\triangle COA$ 在一条共同的底边上, 所以它们的面积与它们的高成比例, 即成比 $\frac{BZ}{AZ}$.

[113]

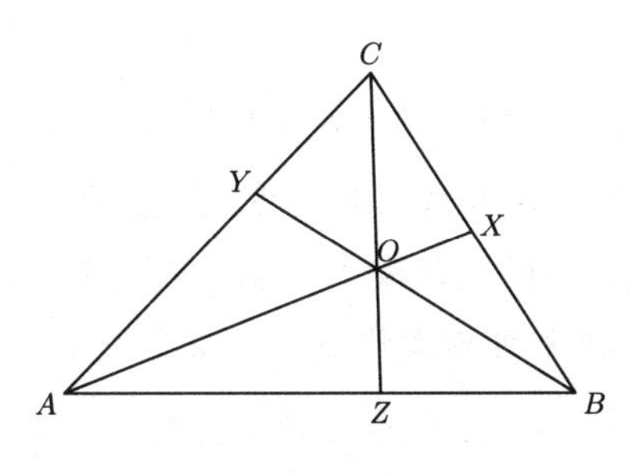

图 5.2

由此得到下列等式

$$\frac{BX}{CX}=\frac{S_{\triangle AOB}}{S_{\triangle AOC}},\ \frac{CY}{AY}=\frac{S_{\triangle BOC}}{S_{\triangle BOA}},\ \frac{AZ}{BZ}=\frac{S_{\triangle COA}}{S_{\triangle COB}};$$

相乘[②]并化简, 就得到上面的结论.

① 穿过一个三角形的各边所作的直线与它们或者都是外交, 或者两个内交且一个外交, 即外交分边的数量总是奇数, 因而比 $\frac{BX}{CX}$, $\frac{CY}{AY}$, $\frac{AZ}{BZ}$ 的乘积是正数. 另外, 如果各边上的三个点与对顶点的连线共点, 那么奇数个是内交, 因而这些比的乘积是负数.

② 更一般地, 如果任一个奇数边的多边形 $ABCD\cdots$ 的各个顶点与任一点 O 相连, 并将连线延长交对边于 X, Y, Z, U, V, W, $\cdots$, 那么根据类似的理由能推出

$$\frac{AX}{BX}\cdot\frac{BY}{CY}\cdot\frac{CZ}{DZ}\cdot\frac{DU}{EU}\cdot\cdots=-1.$$

反之，设 AX 和 BY 交于 O. 连接 CO 并设它交 AB 于 Z'. 那么由已经证明的结论，可得

$$\frac{BX}{CX}\cdot\frac{CY}{AY}\cdot\frac{AZ'}{BZ'}=-1,$$

但是由假设，有

$$\frac{BX}{CX}\cdot\frac{CY}{AY}\cdot\frac{AZ}{BZ}=-1,$$

因此点 Z 和 Z' 重合.

64. 前面两条中给出的关系式等价于以下两个关系式

$$\frac{\sin\angle BAX}{\sin\angle CAX}\cdot\frac{\sin\angle CBY}{\sin\angle ABY}\cdot\frac{\sin\angle ACZ}{\sin\angle BCZ}=\pm1.$$

因为根据正弦定理，有

$$\frac{BX}{CX}=\frac{c\sin\angle BAX}{b\sin\angle CAX},$$

[114] 对于剩下的两个比有类似的值，组合并化简，即得到上面的结论.

这些公式可以看作一个三角形各边上的点共线，以及与对顶点的连线共点的判定准则.

我们现在将运用它们于以下值得注意的特殊情形.

I. 设点 X，Y，Z 在各边的无穷远处，那么 $BX=CX$，$CY=AY$，且 $AZ=BZ$；因此满足目 62 的判定准则，由此得到*同一平面上的每三个无穷远点，因而所有的无穷远点都可以看作位于一条直线上.*[①]

II. 设 AX，BY 和 CZ 是任意三条平行线.

因为
$$\frac{BX}{CX}\cdot\frac{CY}{AY}\cdot\frac{AZ}{BZ}=-1,$$

所以每三条平行线共点，进而所有的平行直线共点.

对于这些性质，汤森说道："当这些结论最初被阐述时显得是荒谬的，通过大量丰富多样的思考，经过很长时间对它们的合理性的所有怀疑才得到彻底解决，转而验证和确认它们." —— *Modern Geometry*, Vol. I., Art. 136.

III. 当 $AC=BC$，而 O 是与这两条等边切于 A 和 B 的圆上的一个点时，如图 5.3 所示.

---

① 元素位于无穷远距离处的构想属于笛沙格(Desargues). 大约在 1640 年他证明了一组平行直线相交于一个无穷远距离处的点；而一组平行平面可以看成相交于一条无穷远直线. 不久前著名的彭赛列(Poncelet)证明了所有的无穷远点都可以看成位于一个平面上.

根据 Euc. III. 32，有 $\angle BAO = \angle CBO$；$\angle ABO = \angle CAO$.

将这些代入前面的等式，得

$$\frac{\sin\angle ACO}{\sin\angle BCO} = \frac{\sin^2\angle ABO}{\sin^2\angle BAO} = \frac{AO^2}{BO^2}.$$ [115]

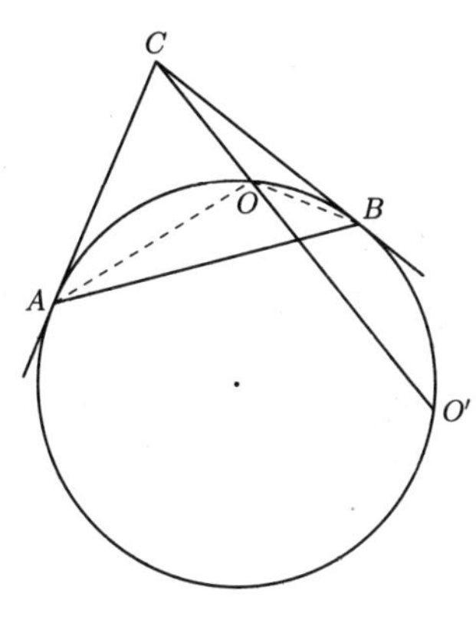

图 5.3

类似地，如果 CO 又与这个圆交于 O'，那么

$$\frac{\sin\angle ACO}{\sin\angle BCO} = \frac{AO'^2}{BO'^2}.$$

因此：*一个圆通过一个定点 C 的一条动弦 OO' 调和分割由切线 CA 和 CB 截出的弧 AB.*

另外，因为 AB 被调和分割于 O 和 O'，那么 OO' 也被 AB 调和分割；因此 O 和 O' 处的动切线对相交在定直线 AB 上.

IV. 作一个圆外接于 $\triangle AOB$，并设它与直线 AC，BC，CO 又交于 $\triangle A'B'O'$，如图 5.4 和图 5.5 所示.

那么对于点 O，有

$$\frac{\sin\angle BAO}{\sin\angle ABO}\cdot\frac{\sin\angle CBO}{\sin\angle CAO} = \frac{\sin\angle BCO}{\sin\angle ACO};$$

而 $\angle CBO = \angle CO'B$ 且 $\angle CAO = \angle CO'A'$（Euc. III. 22）.

代入这些值并利用正弦定理进行化简，得

$$\frac{OB}{OA}\cdot\frac{OB'}{OA'} = \frac{\sin\angle BCO}{\sin\angle ACO}. \tag{1}$$

类似地，对于 O' 有

$$\frac{O'B}{O'A}\cdot\frac{O'B'}{O'A'} = \frac{\sin\angle BCO}{\sin\angle ACO}. \tag{2}$$ [116]

由这些值的相等，得

$$\frac{AO}{BO} \div \frac{AO'}{BO'} = \frac{A'O'}{B'O'} \div \frac{A'O}{B'O}.\text{①} \tag{3}$$

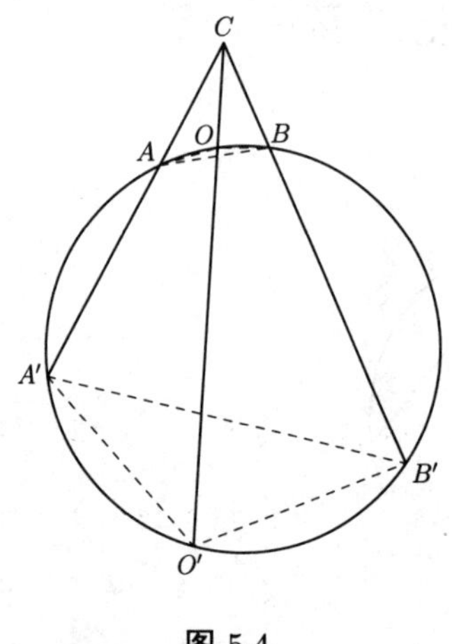

图 5.4

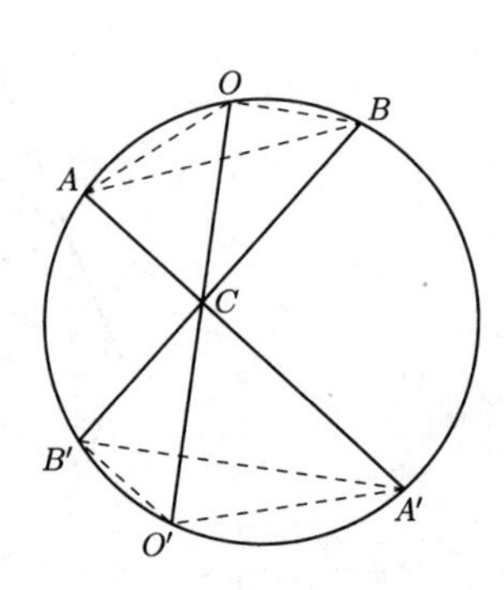

图 5.5

因此：如果一个圆的两段弧 AB 和 $A'B'$ 被点 O 和 O' 分割，使之满足关系式 (3)，那么 AA', BB' 和 OO' 共点.

例题

1. 三角形各角的内角平分线共点.

2. 任两个角的外角平分线和剩余角的内角平分线共点.

3. （1）连接各个顶点与内切圆的三个切点的三条直线共点.

（2）连接各个顶点与三个旁切圆的内切点的三条直线共点.

[117] [这两个透视中心分别称为②这个三角形的葛尔刚(Gergonne)点和奈格尔(Nagel)点.]

4. 一个三角形的三条高线共点.

5. 外接圆在 A，B，C 处的切线与对边的交点共线.

6. 如果一个圆与一个三角形的各边交于 X，X'，Y，Y'，Z，Z'，使得其中一个三点组 X，Y，Z 共线，或者与对顶点的连线共点；那么在剩余的点 X'，Y'，Z' 之间存在类似的关系.

7. 如果三个点共线，那么它们关于相应边的等截共轭点共线.

7a. 如果它们与对顶点的连线共点，那么这些连线关于相应角的等角共轭线也共点.

---

① 函数 $\frac{AO}{BO} \div \frac{AO'}{BO'}$ 称为点 A，B，O，O' 的非调和比；而式 (3) 可以表述为："如果弧 AB 和 $A'B'$ 被 O 和 O' 等非调和地分割，那么直线 AA'，BB' 和 OO' 共点；反之亦然."

② *Educational Times*, July, 1890.

8. 如图5.6所示，对于任意 $\triangle ABC$ 和截线 XYZ；如果任一点 O 与这六个点相连，那么

$$\frac{\sin\angle BOX}{\sin\angle COX}\cdot\frac{\sin\angle COY}{\sin\angle AOY}\cdot\frac{\sin\angle AOZ}{\sin\angle BOZ}=1.$$[①]

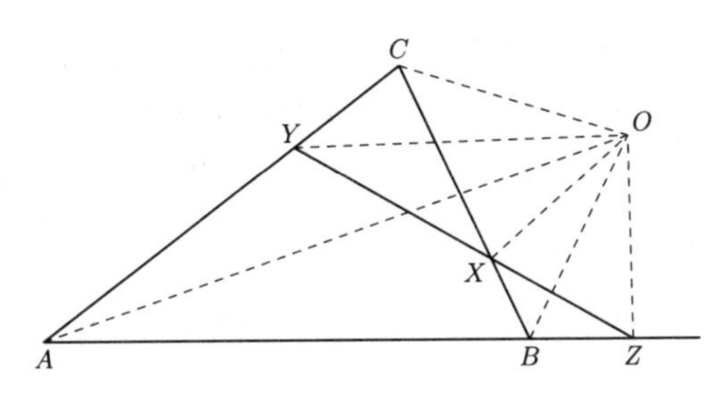

图 5.6

[因为 $\dfrac{BX}{CX}=\dfrac{BO\sin\angle BOX}{CO\sin\angle COX}$，对于 $\dfrac{CY}{AY}$ 和 $\dfrac{AZ}{BZ}$ 有类似的值；因此，……]

9. 如图5.7所示，如果一个三角形的各边和任意三条通过它的各个顶点的共点直线与一条截线交于六个点 X 和 X'，Y 和 Y'，Z 和 Z'（与 BC 交于 X，与 AO 交于 X'，$\cdots$），那么 **[118]**

$$\frac{YX'}{ZX'}\cdot\frac{ZY'}{XY'}\cdot\frac{XZ'}{YZ'}=1,$$[②]

且反之亦然.

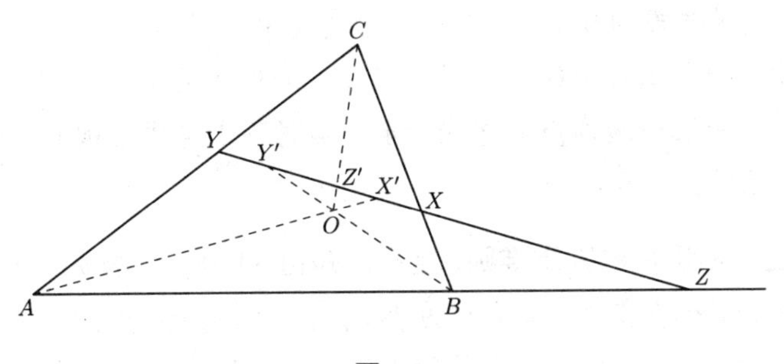

图 5.7

[因为 $\dfrac{\sin\angle BAO}{\sin\angle CAO}=\dfrac{ZX'}{YX'}$，且对于 $\dfrac{\sin\angle CBO}{\sin\angle ABO}$ 和 $\dfrac{\sin\angle ACO}{\sin\angle BCO}$ 有类似的值；因此，……]

10. 如果 AX，BY，CZ 共点，那么 YZ 和 BC 的交点（X'），ZX 和 CA 的交点（Y'），XY 和 AB 的交点（Z'）共线.

① 例8和例9将在后面表述如下：

（1）任一点与一个四边形的六个顶点的连线构成一个对合线束.

（2）穿过一个四边形的各边以及两条对角线所作的任一条直线被交于对合.

② 随后将看到这是线束的一个对合等式.

[因为 $\frac{BX'}{CX'} \cdot \frac{CY}{AY} \cdot \frac{AZ}{BZ} = 1$. 综合这一等式与涉及 Y' 和 Z' 的两个类似等式并化简，我们得到

$$\frac{BX'}{CX'} \cdot \frac{CY'}{AY'} \cdot \frac{AZ'}{BZ'} = 1.]$$

11. 已知一个圆 MNP 上位于直径 MN 同侧的两个点 A, B; 在另一侧求一点 P 使得 AP 和 BP 分别与 MN 的交点 X 和 Y 到圆心的距离相等.

[设 AB 和 MN 交于 Z; 那么容易证明 $\frac{PX^2}{PY^2} = \frac{BZ}{AZ}$; 因此 $\triangle PXY$ 的形状是已知的; 因此，……]

12. 作两个相切的圆，每个圆都与一条已知直线切于一个已知点，且它们的半径有已
[119] 知的比.

13. 如果从$\triangle ABC$ 的各个顶点向一点 Ω 所作的直线使得 $\angle\Omega BC = \angle\Omega CA = \angle\Omega AB = \theta$，证明 θ 由等式

$$\cot\theta = \cot A + \cot B + \cot C$$

给出.

[因为 $\sin^3\theta = \sin(A-\theta)\sin(B-\theta)\sin(C-\theta)$; …… 比较目 28.]

14. 在一般情况下，如果例 13 中与各边构成等角(α)的三条直线不共点，那么它们组成的 $\triangle A'B'C'$ 相似于 $\triangle ABC$，而相似比等于

$$\cos\alpha - \sin\alpha(\cot A + \cot B + \cot C) : 1.$$

定义. 两条线段 AB 和 $A'B'$ 的两个*透视中心*(Centre of Perspective)是连接它们端点的直线对 AB', $A'B$ 及 AA', BB' 的交点.

当两个三角形对应顶点的连线交于一点时称为是成透视的. 这个点称为这两个三角形的*透视中心*.

65. 三角形透视的判定准则. 定理. *如图 5.8 所示，若 $\triangle A'B'C'$ 的各顶*
[120] *点到另一个 $\triangle ABC$ 各边的距离记为 p_1, p_2, p_3; q_1, q_2, q_3; r_1, r_2, r_3 (即 A' 到 BC 的距离为 p_1, A' 到 CA 的距离为 p_2, 依此类推), 如果*

$$\frac{q_1}{r_1} \cdot \frac{r_2}{p_2} \cdot \frac{p_3}{q_3} = 1,$$

那么这两个三角形成透视; 反之亦然.

因为设 AA' 交 BC 于 X'. 那么有

$$\frac{\sin\angle BAX'}{\sin\angle CAX'} = \frac{p_3}{p_2},$$

对于 $\frac{r_2}{r_1}$ 和 $\frac{q_1}{q_3}$ 有类似的值; 将这些等式相乘，根据目 64，因此，…… 这也证

明了逆定理.[①]

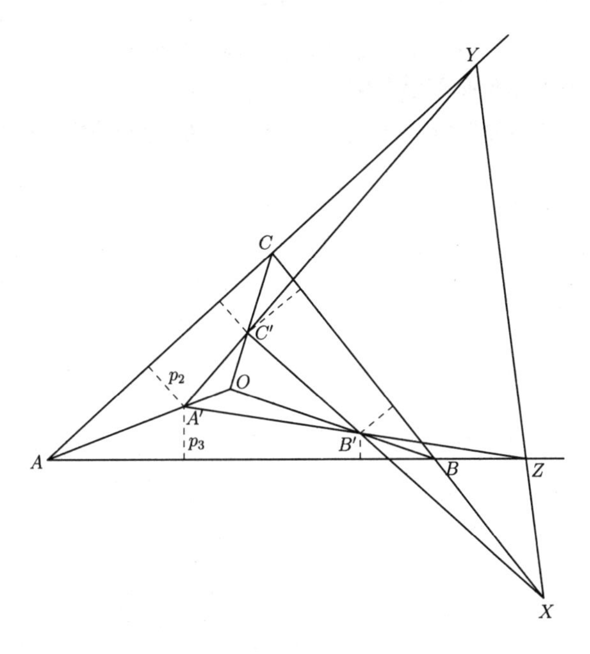

图 5.8

66. 定理. 如果两个三角形顶点的连线共点，那么它们各对应边的交点共线（BC 和 $B'C'$ 交于 X，……）.

因为利用相似三角形，有

$$\frac{q_1}{r_1}=\frac{B'X}{C'X},\ \frac{r_2}{p_2}=\frac{C'Y}{A'Y},\ \frac{p_3}{q_3}=\frac{A'Z}{B'Z}.$$

相乘，可得

$$\frac{B'X}{C'X}\cdot\frac{C'Y}{A'Y}\cdot\frac{A'Z}{B'Z}=\frac{q_1}{r_1}\cdot\frac{r_2}{p_2}\cdot\frac{p_3}{q_3}=1,$$

因此，……

定义. 所共的直线称为这两个三角形的透视轴（Axis of Perspective），或同调轴（Axis of Homology）.[②]

① 或这样来证：设 O 是这两个三角形的透视中心而 α，β，γ 是它到 $\triangle ABC$ 各边的距离；因为 $\frac{\beta}{\gamma}=\frac{p_2}{p_3}$，$\frac{\gamma}{\alpha}=\frac{q_3}{q_1}$，$\frac{\alpha}{\beta}=\frac{r_1}{r_2}$；相乘并化简，因此，……

② 同调这一术语属于彭赛列，他最先研究了空间中同调图形的性质，*v.* *Traité des propriétés projectives des figures*（1822）.

例题

1. 一个圆的任一个外切三角形透视于连接它各边切点所构成的三角形.

[121] [透视中心是内接三角形的类似重心.]

2. 如果 $\triangle ABC$, $\triangle A_1B_1C_1$, $\triangle A_2B_2C_2$ 有一条共同的透视轴 XYZ, 那么它们两两之间的三个透视中心共线.

[因为 $\triangle BB_1B_2$ 和 $\triangle CC_1C_2$ (例 3 的图 5.9) 成透视, 它们的透视中心是点 X; 类似地, 点 Y 是 $\triangle CC_1C_2$ 和 $\triangle AA_1A_2$ 的透视中心, 而点 Z 是 $\triangle AA_1A_2$ 和 $\triangle BB_1B_2$ 的透视中心. 因此这三对三角形的对应边相交于共线点. 而这些点 (即 AA_1, BB_1 的交点, ……) 是已知三角形两两之间的透视中心; 因此, ……]

3. 如果 $\triangle ABC$, $\triangle A_1B_1C_1$, $\triangle A_2B_2C_2$ 有一个共同的透视中心, 那么它们的透视轴共点.

[考虑各边分别是直线 BC, B_1C_1, B_2C_2; CA, C_1A_1, C_2A_2; AB, A_1B_1, A_2B_2 的三个三角形, 如图 5.9 所示.

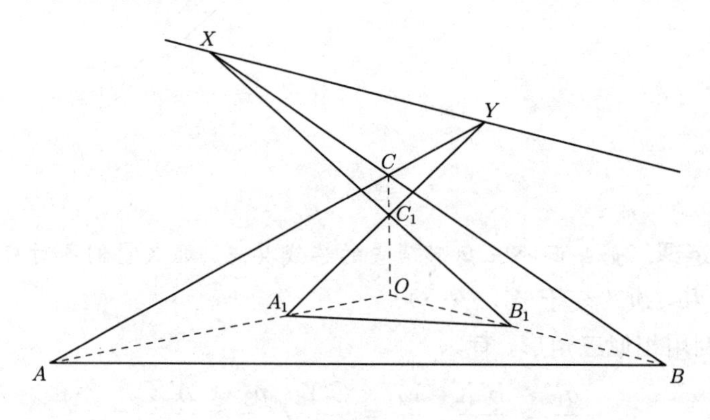

图 5.9

显然它们成对成透视, 第一对三角形的透视轴是 CC_1; 而 XY 是连接对应顶点的一条直线.

所以任两个已知三角形的透视轴 XY, 因而也就是每两个三角形的透视轴, 通过共轭的一组三个三角形的透视中心.]

注记. 注意三个已知三角形共同的透视中心 O 是共轭三角形组的透视轴 AA_1, BB_1, CC_1 的公共点, 而共轭三角形组两两之间共同的透视中心是已知三个三角形透视轴的公共点.

[122] 4. 第一布洛卡三角形以三种方式透视于 $\triangle ABC$.

[两个布洛卡点显然是透视中心中的两个 (目 28); 又因为利用目 28 下的例 2 能求出 $\dfrac{p_2}{p_3}$ 等于 $\dfrac{c^3}{b^3}$, 所以直线 AA', BB', CC' 共点; 因此, ……

这三个透视中心是 $\triangle ABC$ 的各顶点对于和

$$\frac{1}{a^2}, \frac{1}{b^2}, \frac{1}{c^2}; \quad \frac{1}{b^2}, \frac{1}{c^2}, \frac{1}{a^2}; \quad \frac{1}{c^2}, \frac{1}{a^2}, \frac{1}{b^2}$$

成比例的倍数的平均中心(目 52).]

5. 设 Ω, Ω', Ω'' 表示 $\triangle ABC$ 和它的第一布洛卡 $\triangle A'B'C'$ 的三个透视中心，证明它们[①]的三个中点三角形的对应顶点在三条直线上. [斯托尔(Stoll)]

[因为 $\triangle A'B'C'$ 和 $\triangle ABC$ 有一个共同的重心 G(目 53 下的例 6). 而 $\triangle\Omega\Omega'\Omega''$ 有相同的重心; 因为它的顶点是 A, B, C 对于和 $\frac{1}{b^2}$, $\frac{1}{c^2}$, $\frac{1}{a^2}$; $\frac{1}{c^2}$, $\frac{1}{a^2}$, $\frac{1}{b^2}$; $\frac{1}{a^2}$, $\frac{1}{b^2}$, $\frac{1}{c^2}$ 成比例的倍数的平均中心; 所以(目 53 下的推论 3)Ω, Ω', Ω'' 的平均中心是 A, B, C 对于都等于 $\frac{1}{a^2}+\frac{1}{b^2}+\frac{1}{c^2}$ 的倍数的平均中心. 现在设 L, L', L'' 是这三个三角形对应边的中点，那么 $GA=2GL$, $GA'=2GL'$, $G\Omega''=2GL''$: 因为 A, A', Ω'' 共线; 所以 L, L', L'' 也共线，且这两条所共的直线平行.]

67. 定理. 如图 5.10 所示，当

$$\frac{BX\cdot BX'}{CX\cdot CX'}\cdot\frac{CY\cdot CY'}{AY\cdot AY'}\cdot\frac{AZ\cdot AZ'}{BZ\cdot BZ'}=1 \qquad \textbf{[123]}$$

时，$\triangle ABC$ 和 $\triangle A'B'C'$ 成透视，其中 X 和 X' 是 BC 与 $C'A'$ 和 $A'B'$ 的交点，等等; 反之亦然.

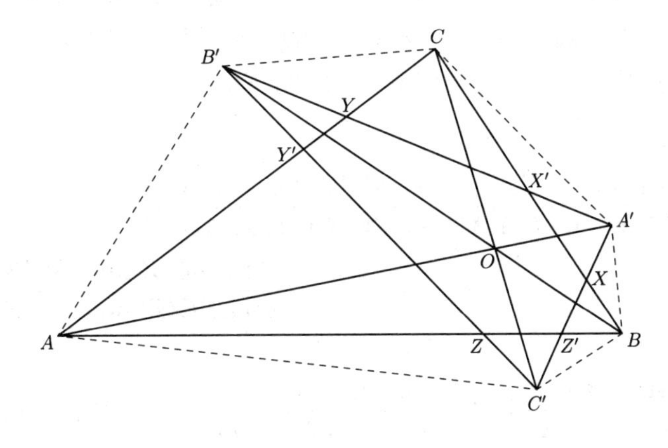

图 5.10

使用前面的记号，利用相似三角形我们得到

$$\frac{BX}{CX}=\frac{q_2}{r_2},\ \frac{BX'}{CX'}=\frac{q_3}{r_3},\ \cdots.$$

因此
$$\frac{BX\cdot BX'}{CX\cdot CX'}=\frac{q_2q_3}{r_2r_3};$$

于是上面等式的左侧变为

① 指 $\triangle ABC$, $\triangle A'B'C'$, $\triangle\Omega\Omega'\Omega''$. —— 译者注

$$\frac{q_2q_3}{r_2r_3}\cdot\frac{r_3r_1}{p_3p_1}\cdot\frac{p_1p_2}{q_1q_2},$$

化简后为

$$\frac{r_1}{q_1}\cdot\frac{p_2}{r_2}\cdot\frac{q_3}{p_3};$$

因此，……（目 65）

推论 1（帕斯卡（Pascal）定理）. 如果 $XX'YY'ZZ'$ 是任一个圆内接六边形，那么（Euc. III. 36）

$$AY\cdot AY'=AZ\cdot AZ';\ BZ\cdot BZ'=BX\cdot BX',\ \cdots.$$

因此：由任一个圆内接六边形的两个相间三边组所组成的两个三角形成透视；或一个圆内接六边形的三组对边交于三个共线点.

任意两个成透视的三角形的透视中心和透视轴称为六边形 $XX'YY'ZZ'$ 的帕斯卡[①]点（Pascal Point）和帕斯卡线（Pascal Line），这个六边形叫做帕斯卡六边形（Pascal Hexagon）.

推论 2. 如果 X，X'；Y，Y'；Z，Z' 成对地重合于圆上，那么这个六边形的各边变为这个圆在 X，Y，Z 处的切线，以及切点弦 YZ，ZX 和 XY；

[124] 因而帕斯卡点是 $\triangle XYZ$ 的类似重心（目 66 下的例 1）.

推论 3.

$$\frac{\sin\angle BA'X\sin\angle CA'X}{\sin\angle BA'X'\sin\angle CA'X'}\cdot\frac{\sin\angle CB'Y\sin\angle AB'Y}{\sin\angle CB'Y'\sin\angle AB'Y'}\cdot\frac{\sin\angle AC'Z\sin\angle BC'Z}{\sin\angle AC'Z'\sin\angle BC'Z'}=1.$$

[因为 $\dfrac{\sin\angle BA'X}{\sin\angle BA'X'}=\dfrac{q_2}{q_3}$；$\dfrac{\sin\angle CA'X}{\sin\angle CA'X'}=\dfrac{r_2}{r_3}$，$\cdots$；因此上面的表达式等价于

$$\frac{q_2r_2}{q_3r_3}\cdot\frac{r_3p_3}{r_1p_1}\cdot\frac{p_1q_1}{p_2q_2}=\frac{q_1}{r_1}\cdot\frac{r_2}{p_2}\cdot\frac{p_3}{q_3}=1.]$$

推论 4（布利安桑（Brianchon）定理）. 设 $AC'BA'CB'$ 是一个圆外切六边形，而 x，y，z 是这个圆在 $\triangle A'B'C'$ 各边上的截距；因为

① 帕斯卡年仅十六岁时发现了这个神秘的六角星（mystic hexagram）的这一性质. *Essai sur les Coniques*，Pascal，1640.

$$\frac{\sin\angle BA'X\sin\angle CA'X}{\sin\angle BA'X'\sin\angle CA'X'}=\frac{y^2}{z^2},$$ ①

及其他两个类似的等式，所以在这种特殊的情形中推论 3 转化为：一个圆外切六边形的对顶点的连线共点；或连接一个圆外切六边形相间顶点构成的两个三角形成透视. [125]

这两个三角形的透视中心和透视轴称为六边形 $AC'BA'CB'$ 的布利安桑②点 (Brianchon Point) 和布利安桑线 (Brianchon Line)，因为同样的原因这个六边形称为布利安桑六边形 (Brianchon Hexagon).

推论 5. 如图 5.12 所示，如果一个圆外切六边形的边 AF 和 EF 重合，那么顶点 F 是切线 AE 的切点（目 6）；因此对于一个圆外切五边形 $ABCDE$，如果直线 AD 和 BE 交于 O，那么点 C，O，F 共线（比较目 63 下的脚注）.

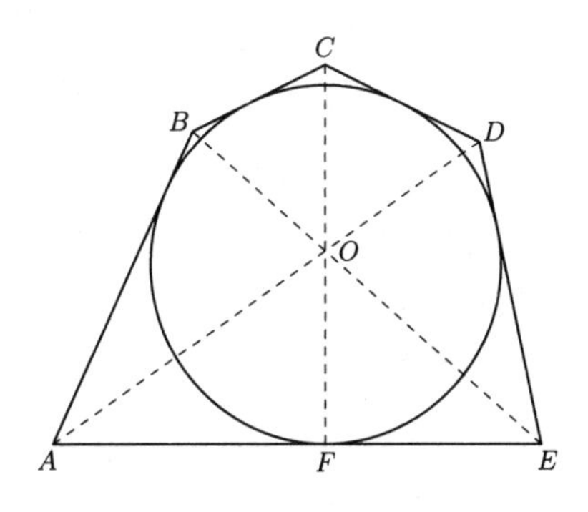

图 5.12

推论 6. 如图 5.13 所示，如果两组边 BC，CD 以 AF，EF 重合，那么

① 这个性质依赖于下述性质：如图 5.11 所示，如果自一个圆的两条切线 CA，CB 的交点 C 作该圆的一条长为 x 的割线分 $\angle ACB$ 为 α 和 β 两部分；那么 $\sin\alpha\sin\beta\propto x^2$.

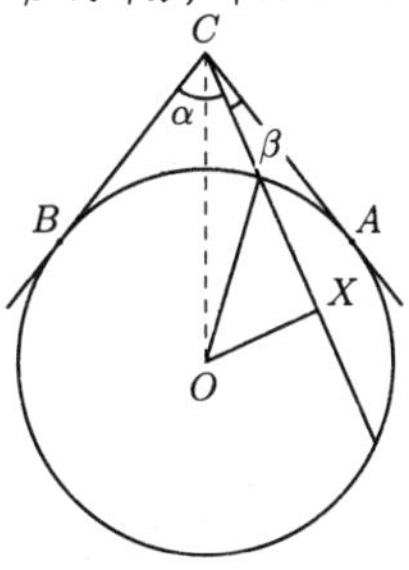

图 5.11

因为如果 O 是这个圆的圆心，且 OX 是这条割线的一条垂线，那么我们得到

$$\sin\alpha\sin\beta=\sin^2\tfrac{1}{2}(\alpha+\beta)-\sin^2\tfrac{1}{2}(\alpha-\beta)=\frac{r^2}{OC^2}-\frac{OX^2}{OC^2}=\frac{x^2}{4OC^2};$$

所以，……

② 布利安桑在 1806 年发表了这个定理，这是他从帕斯卡定理通过一个圆的倒演变换获得的（参见目 80 下的 (2)）.

这个六边形转化为一个四边形 $ABDE$；因此对角线 AD 和 BE 相交在 CF 上；类似地，它们相交在 $C'F'$ 上；因此*一个圆外切四边形和相应的内接四边形的内对角线交于一点*.

[126]

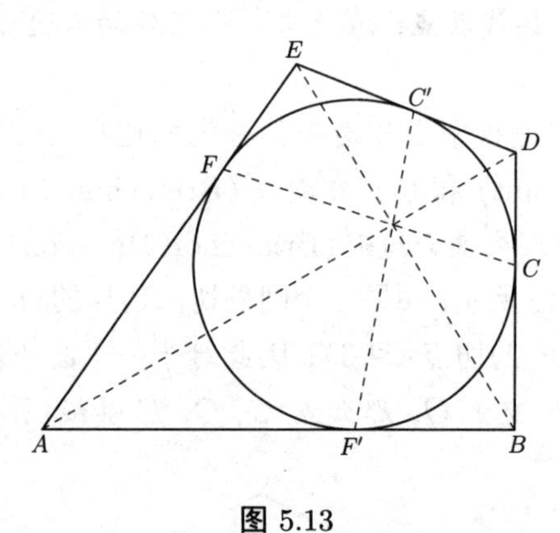

图 5.13

推论 7. 考虑圆内接六边形 $FFC'CCF'$.

它的帕斯卡线是：(1) FF，CC 的交点. (2) FC'，CF' 的交点. (3) FF'，CC' 的交点这三个点所共的直线. 但是连接 (2) 和 (3) 中交点的直线是这个内接四边形 $CFC'F'$ 的第三条对角线，而 (1) 中的交点是 C 和 F 处切线的交点，因而是外切四边形的第三条对角线的一个端点；因此：*任一个圆内接四边形和对应的圆外切四边形的第三条对角线重合*.

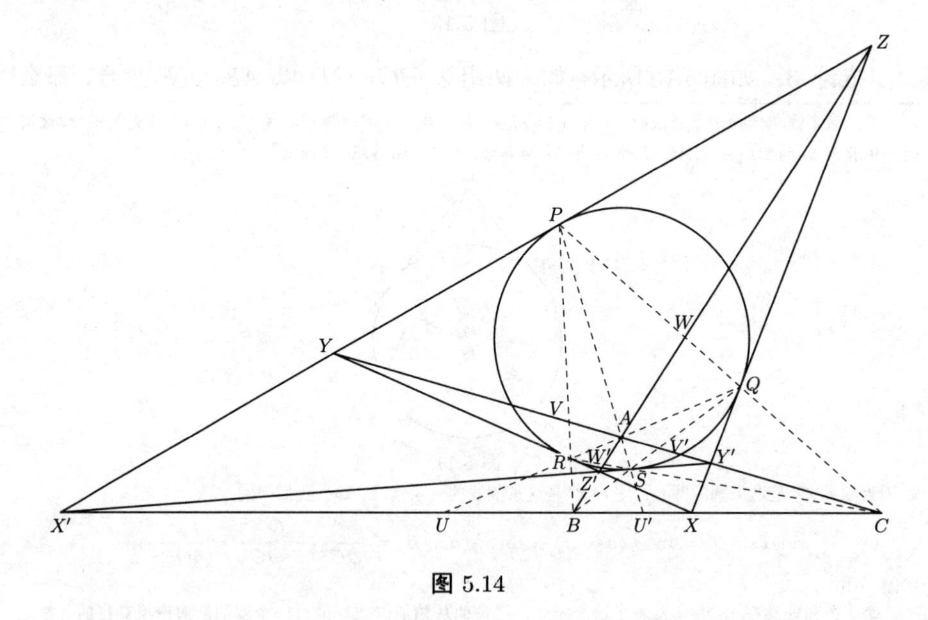

图 5.14

推论 8. 如图 5.14 所示，设 $PQSR$ 是任一个圆内接四边形；并设 $XX'YY'ZZ'$

是对应的外切四边形，看成一个布利安桑六边形 $ZPX'Z'RX$，它的两对重合边是从 Y 所引的两条切线. 那么直线 ZZ', PR, XX' 共点于布利安桑点 B; 类似地，如果两对重合边是从 Y' 所引的两条切线，那么我们得到 ZZ', QS, XX' 共点，即内接四边形的对连线 PR 和 QS，以及相应外切四边形的对连线 ZZ' 和 XX' 的交点重合. 于是我们从推论 7 和推论 8 中看出**一个圆内接四边形的任一双对连线和它各顶点处的外切四边形的一双对应连线共点**. 在图 5.14 中三个公共点是 A, B, C. [127]

点 U, V, W, U', V', W' 三个一组地位于四条直线上.

例题

1. 从一个三角形的各个顶点向任一个圆所作的三对切线与对边交于点 X, X'; Y, Y'; Z, Z'; 证明如果点 X, Y, Z 共线，那么点 X', Y', Z' 也共线.

[运用推论 4.]

2. $\triangle ABC$ 内接于 $\triangle A'B'C'$ 并与之成透视; 从点 A, B, C 向 $\triangle A'B'C'$ 的内切圆所作的切线交对边于三个共线点 X, Y, Z（交 BC 于点 X, ……）.

[设这两个三角形的透视轴是 $X'Y'Z'$, 那么根据推论 4 有 $\left(\dfrac{BX\cdot BX'}{CX\cdot CX'}\right)(\cdots)(\cdots)=1$; 由例 1, 因此, ……]

3. 如果在一个三角形各边上所取的点 X, X'; Y, Y'; Z, Z' 使得

$$\frac{BX}{CX}\cdot\frac{BX'}{CX'}\cdot\frac{CY}{AY}\cdot\frac{CY'}{AY'}\cdot\frac{AZ}{BZ}\cdot\frac{AZ'}{BZ'}=1,$$

那么它们是一个帕斯卡六边形的顶点.

4. 每对点与这个三角形对顶点的连线（AX 和 AX', 等等.）确定出一个布利安桑六边形. [128]

5. （1）任意两条截线 XYZ, $X'Y'Z'$ 在各边上确定出一个帕斯卡六边形的顶点.

（2）各边上与对顶点的连线共点的两个三点组确定一个帕斯卡六边形.

（3）一条截线 XYZ 以及和对顶点的连线共点的三个点 X', Y', Z' 确定出一个布利安桑六边形.

6. 一个六边形内接于一个圆; 证明帕斯卡线上任一点到相间边的距离的连乘积相等（$xyz=x'y'z'$）.

[如图 5.15 所示，设 $AB'CA'BC'$ 是这个六边形，三组对边 BC', $B'C$; CA', $C'A$; AB', $A'B$ 分别交于点 X, Y, Z, 并与帕斯卡线 $L(XYZ)$ 交成角 α, α', β, β', γ, γ'; 那么

$$\frac{BL\cdot C'L}{B'L\cdot CL}=\frac{BX\cdot C'X\sin^2\alpha}{B'X\cdot CX\sin^2\alpha'}=\frac{\sin^2\alpha}{\sin^2\alpha'}\ \text{(Euc. III. 36)}.$$

类似地，有 $\dfrac{CL\cdot A'L}{C'L\cdot AL}=\dfrac{\sin^2\beta}{\sin^2\beta'}$ 及 $\dfrac{AL\cdot B'L}{A'L\cdot BL}=\dfrac{\sin^2\gamma}{\sin^2\gamma'}$.

将这三个等式相乘并化简得

$$\sin^2\alpha\sin^2\beta\sin^2\gamma = \sin^2\alpha'\sin^2\beta'\sin^2\gamma';$$

因此，……]

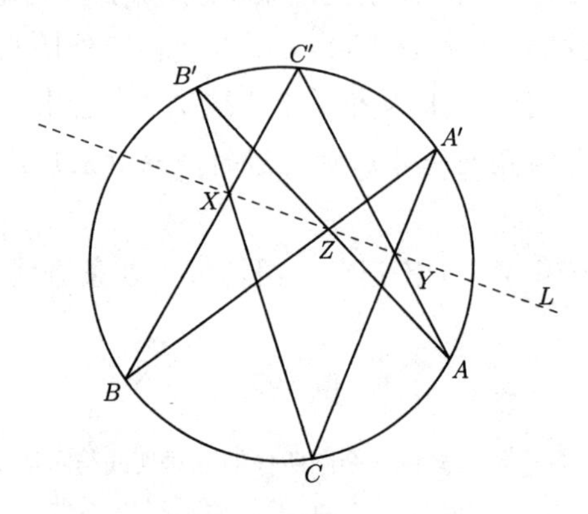

图 5.15

7. 如图 5.16 所示，从一个三角形各边的中点 L，M，N 作内切圆的切线；证明这三条切线组成一个三角形（$\triangle A'B'C'$），与连接内切圆或旁切圆和各边的切点而得到的三角形（$\triangle PQR$）成透视，且透视中心是 $\triangle ABC$ 的重心.

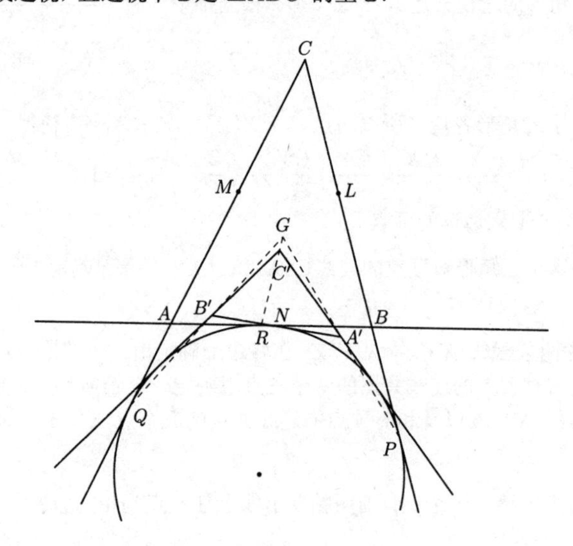

图 5.16

[129] [因为 $\triangle ABC$ 的三边和任意两条切线组成一个圆外切五边形，即 $BCMNA'$，根据推论 5，直线 BM，CN，$A'P$ 共点；也就是说 $A'P$ 通过重心 (BM, CN). 对于 $B'Q$，$C'R$ 类似；因此，……]

注记. 如果 $\triangle LMN$ 是任一个与 $\triangle ABC$ 成透视的内接三角形，那么上面的推理能用以证明 $\triangle A'B'C'$ 和 $\triangle PQR$ 有相同的透视中心.

8. 如果 $\triangle ABC$ 和 $\triangle A'B'C'$ 成透视，那么 $\triangle A'BC$，$\triangle AB'C'$；$\triangle AB'C$，$\triangle A'BC'$；$\triangle ABC'$，$\triangle A'B'C$ 也成透视.

9. 如果 AA'，BB'，CC' 表示共点的三条直线上的三线段，那么它们两两之间的六个透视中心（BB' 和 CC' 的透视中心是 X 和 X'，等等.）三个一组地在四条直线上.

[因为它们是例8中三角形的透视轴.]

10. 如果点 X，Y，Z 在一个三角形的三条边上且满足关系式

$$\sum(BX^2 - CX^2) = 0,$$

那么自它们对所在边所作的垂线共点；反之亦然.

11. 如果两个三角形使得自任一个的各顶点向另一个的边所作的垂线共点，那么反过来从后者的各个顶点向前者的边所作的垂线也共点.

[利用例10.] **[130]**

12. 叙述例11的定理对于一个已知三角形和以下三角形的特殊情形：（1）垂心三角形.（2）中点三角形.（3）通过连接各边和内切圆或旁切圆的切点构成的三角形.

13. 如果 XYZ 是 $\triangle ABC$ 的一条截线，点 X'，Y'，Z' 是点 X，Y，Z 关于所在边的调和共轭点；证明：

（1）三点组 Y'，Z'，X；Z'，X'，Y；X'，Y'，Z 分别共线.

（2）X'，Y'，Z'；X'，Y，Z；Y'，Z，X；Z'，X，Y 与对顶点的连线分别共点.

14. 线段 XX'，YY'，ZZ' 的中点共线.

[根据例3它们是一个完全四边形的三条对角线的中点. 另一个证明见目91下的（5）]

15. 从 $\triangle ABC$ 的各顶点向它的第一布洛卡三角形 $\triangle A'B'C'$ 的对应边所作的垂线共点在外接圆上（泰利点）.

[利用例11的定理.]

16. 从 $\triangle A'B'C'$ 各边的中点向 $\triangle ABC$ 的对应边所作的垂线共点.（比较例15）

17. 泰利点的西姆松线垂直于外心和类似重心的连线 OK.

18. 在目28的图3.1中证明

$$OA' : OB' : OC' = \cos(A+\omega) : \cos(B+\omega) : \cos(C+\omega);$$

并推导出对于布洛卡角的公式

$$\sin A\cos(A+\omega) + \sin B\cos(B+\omega) + \sin C\cos(C+\omega) = 0.$$

关于泰利点的注记. 显然外接圆含泰利点的那条直径与$\triangle ABC$ 的关系和 OK 与 $\triangle A'B'C'$ 的关系相同；而外接圆和布洛卡圆被这两条对应直径相似地分割. 另外，如果 α，β，γ 表示泰利点到 $\triangle ABC$ 各边的距离，那么

$$\alpha : \beta : \gamma = \sec(A+\omega) : \sec(B+\omega) : \sec(C+\omega).$$

在此能够注意到有趣的一点. 从目28下的例18（注记）显然能得到三个纽伯格圆的圆心 O_1，O_2，O_3 关于 ABC 的各边是分别作在 a，b，c 上的相似的等腰三角形的顶点，它们相等的底角是 $\frac{1}{2}\pi - \omega$. 因此，如果 T 表示泰利点，那么容易推出 AT，AO_1；BT，BO_2；CT，CO_3 等角分割 $\triangle ABC$ 的角. 但是外接圆上一点的等角共轭点在无穷远处；因此直线 AO_1，BO_2，CO_3 互相平行. **[131]**

第2节　四边形的调和性质

68. 定理. *在任一个完全四边形中，对角线 XX', YY', ZZ' 中的每一条被另外两条调和分割.*

如图5.17所示，考虑 $\triangle ZZ'Y'$ 和截线 BXX'，有

$$\frac{Z'X'}{Y'X'}\cdot\frac{Y'X}{ZX}=\frac{Z'B}{ZB}. \tag{1}$$

又因为 YY', YZ, YZ' 是通过它的各顶点的三条共点直线，所以有

$$\frac{Z'X'}{Y'X'}\cdot\frac{Y'X}{ZX}=-\frac{Z'A}{ZA}. \tag{2}$$

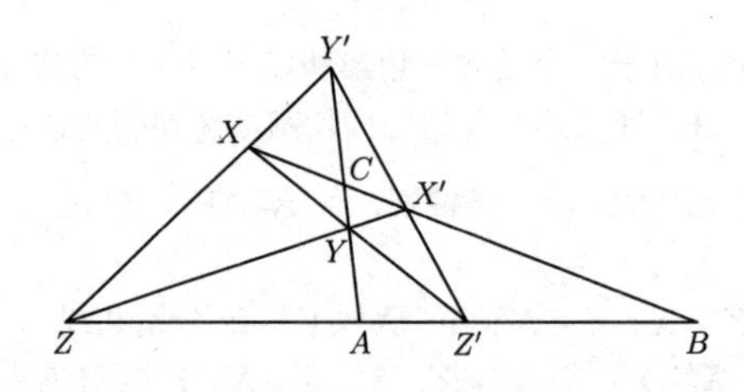

图 5.17

由式 (1), (2) 相等，我们得到

$$\frac{ZA}{Z'A}=-\frac{ZB}{Z'B}.$$

因此点列 Z, Z', A, B 是调和的.

类似地，点列 B, C, X, X' 和 C, A, Y, Y' 是调和的.

推论 1. 由三条对角线组成的 $\triangle ABC$ (对角线三角形) 的各角被直线对 AX, AX'; BY, BY'; CZ, CZ' 调和分割.

推论 2. 如果两条线段已给定长短和位置(ZZ' 和 XX')，那么将它们的两个透视中心(Y 和 Y')与它们的交点(B)相连后形成一个调和线束. 它们还调和分割它们的两个透视中心的连线(于点 A 和点 C).

[132]

问题. *确定由 n 个点能构成的多边形的数量.*

每个点与剩余 $n-1$ 个点相连给出 $n-1$ 条线段. 取这些线段中的任意一条作为多边形的第一条边，类似地，对于第二条边有 $n-2$ 种选择，对于第三条边有 $n-3$ 种选择，依此类推. 因此对于最初的两条边我们有 $(n-1)(n-2)$ 种选择，对于最初的三条边有 $(n-1)(n-2)(n-3)$ 种选择，…… 因为各边按相反的顺序依次排列时给出相同的多边形，所以我们最终得到 $(n-1)!$ 等于多边形个数的两倍.

因此四个点能按如图5.18所示的三种方式相连.

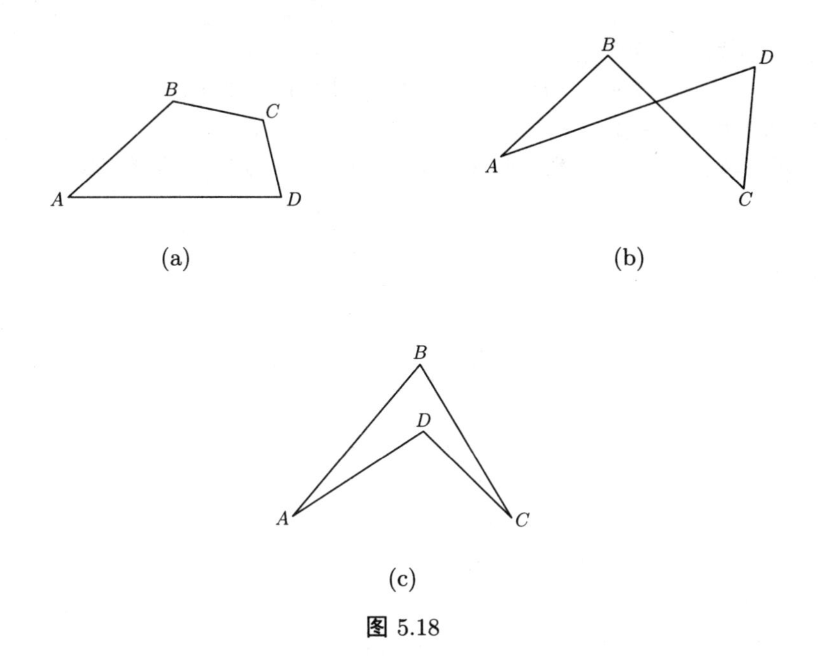

图 5.18

图5.18(a)称为凸多边形(Convex Polygon)，图5.18(b)称为相交多边形(Intersecting Polygon)，而图5.18(c)称为凹多边形(Re-entrant Polygon).

将一般公式应用于六边形，我们求得六个点一般确定一组六十个六边形. **[133]**

例 题

1. 图5.18中三个四边形是圆外切四边形的条件为:

（1）$BC + AD = AB + CD$.

（2）$BC \sim AD = AB \sim CD$.

（3）$BC \sim AD = AB \sim CD$.

[因为任一点到一个圆的两条切线相等.]

2. 证明各角和周长已知的四边形外切于一个圆时面积最大. [埃尔米特(Hermite)]

[如图5.19所示，设 AB 和 AD 两条边的位置固定而剩下两边的位置变化. 容易看出 C 的轨迹是一条直线. 假定 C_1 和 C_2 是 C 在两条定直线上的位置，且 C_1D_1，C_2D_2 平行于固定的方向 CD 和 CB.

$\triangle AC_1D_1$ 和 $\triangle AC_2D_2$ 的周长都等于四边形 $ABCD$ 的周长; $\triangle AC_1D_1$ 的旁切圆是 $\triangle AD_2C_2$ 的旁切圆且 $D_2C_2 - D_2C_1 = D_1C_1 - D_1C_2$.

现在，对于任一点 P 以及平行线 PP_1，$PP_2$①，利用相似三角形，得

$$\frac{PC_1}{C_1C_2} = \frac{PP_1 - P_1C_1}{D_2C_2 - D_2C_1},$$

及

$$\frac{PC_2}{C_1C_2} = \frac{PP_2 - P_2C_2}{D_1C_1 - D_1C_2};$$

① PP_1，PP_2 分别是 BC，CD 的平行线. —— 译者注

将这两个等式相加，我们得到

$$PP_1+PP_2-P_1C_1-P_2C_2=D_2C_2-D_2C_1;$$

对每一侧加上 AC_1+AC_2，有

[134]

$$AP_1+P_1P+PP_2+P_2A=AD_2+D_2C_2+C_2A=\text{已知的周长}.$$

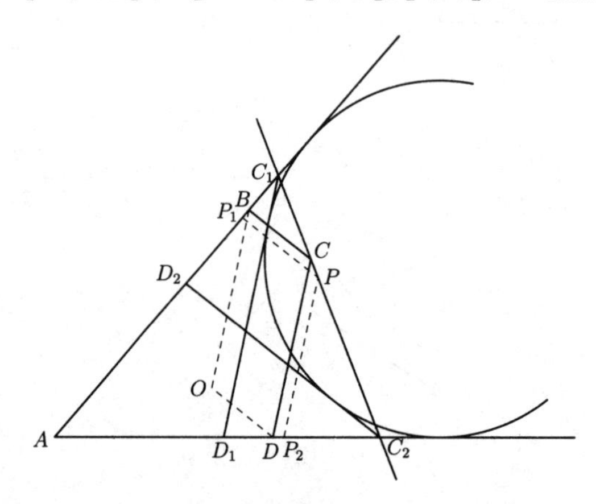

图 5.19

将 P 和 C 看作这条轨迹上的连续点，那么当 $S_{\text{四边形}BCPP_1}=S_{\text{四边形}DCPP_2}$，即 BD 平行于 C_1C_2 时，这个四边形的面积最大. 因此分别平行于 CD 和 BC 的直线 BO 和 DO 与 AB 和 AD 构成一个凹的圆外切四边形，从而 $AB+BO=AD+DO$，即(Euc. I. 34) $AB+CD=AD+BC$；因此，……]

可以立即推断出具有已知角和周长的任意边数的最大多边形外切于一个圆.

3. 如果圆 A，圆 B，圆 C 两两之间的三条公切线 D，E，F 共点；证明共轭的三公切线组①也共点.②

4. 如图5.20所示，设四点 A，B，C，D 的三组对连线 BC 和 AD，$\cdots$ 的中点的连线为 λ，μ，ν；利用下面显然的公式

$$4\lambda^2=\delta^2+\delta'^2+2\delta\delta'\cos\widehat{\delta\delta'}=a^2+c^2+2ac\cos\widehat{ac}, \tag{1}$$

$$4\mu^2=b^2+d^2-2bd\cos\widehat{bd}=a^2+c^2-2ac\cos\widehat{ac}, \tag{2}$$

$$4\nu^2=\delta^2+\delta'^2-2\delta\delta'\cos\widehat{\delta\delta'}=b^2+d^2+2bd\cos\widehat{bd} \tag{3}$$

来证明关系式：

(1) $2(\mu^2+\nu^2)=c^2+a^2$；$2(\nu^2+\lambda^2)=b^2+d^2$；$2(\lambda^2+\mu^2)=\delta^2+\delta'^2$.

(2) $4(\lambda^2+\mu^2+\nu^2)=a^2+b^2+c^2+d^2+\delta^2+\delta'^2$.

(3) $4\lambda^2=b^2+d^2-c^2-a^2+\delta^2+\delta'^2$.

对于 μ 和 ν 有类似的表达式.

(4) $\mu^2-\nu^2=ac\cos\widehat{ac}$；$\nu^2-\lambda^2=-bd\cos\widehat{bd}$；$\lambda^2-\mu^2=-\delta\delta'\cos\widehat{\delta\delta'}$；$2(\mu^2-\nu^2)=$

[135]

$\delta^2+\delta'^2-b^2-b'^2$，$\cdots$；$\sum ac\cos\widehat{ac}=0$.

---

① 两圆的一对外(内)公切线称为是互相共轭的公切线.——译者注

② Catalan，*Théorèmes et Problèmes de Géométrie Elémentaire*，pp. 53，54(1879).

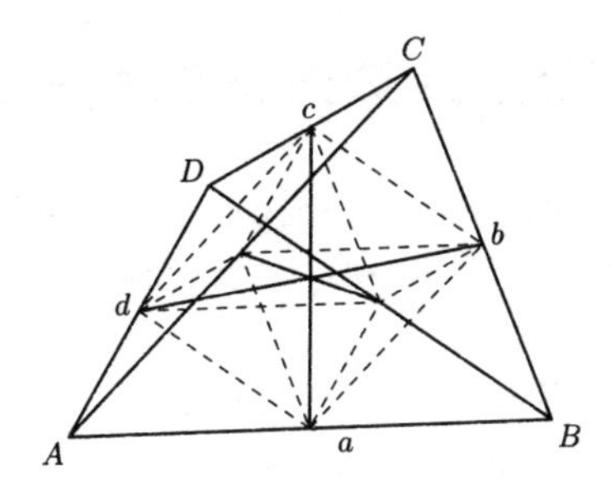

图 5.20

5. 四边形面积的 4 倍 $=(b^2+d^2-c^2-a^2)\tan\widehat{\delta\delta'}$.

5a. 由此或用另外的方法，作出一个已知四条边和面积的四边形.

6. 求任一组对连线夹角的余弦.

[（3）中 λ^2，μ^2，ν^2 的值与式 (1)，(2)，(3) 中的相等.]

7. 如果任一点 D 与 $\triangle ABC$ 的各顶点相连；那么连接 $\triangle BCD$，$\triangle CDA$，$\triangle DAB$ 的垂心构成的三角形和 $\triangle ABC$ 面积相等.

[设 O_1, O_2, O_3 表示这几个垂心. DO_1, DO_2, DO_3 分别等于 $a\cot A, b\cot B, c\cot C$，且互相夹成 $\angle A$，$\angle B$，$\angle C$；因此，……]

8. 如果将一个四边形 $ABCD$ 的各顶点与每次取这四个点中的三个所构成的四个三角形的垂心 O，O_1，O_2，O_3 相连；证明

$$O.ABCD=O_1.ABCD=O_2.ABCD=O_3.ABCD.$$

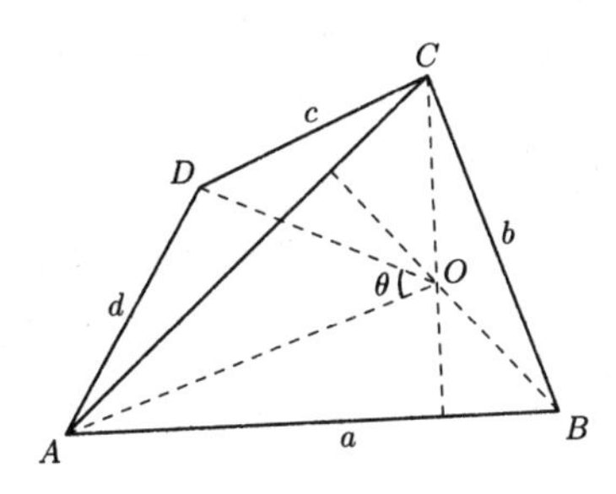

图 5.21

[如图 5.21 所示，设 $\angle AOD=\theta$. 取线束 $O.ABCD$ 的任一个非调和比并化简，我们得到

$$\frac{\sin\theta\sin B}{\sin(B+\theta)\sin A}=\frac{b}{a}\frac{\sin\theta}{\sin(B+\theta)}=\frac{bd\sin\angle OAD}{ac\sin\angle OCD}$$

$$=\frac{bd\cos\widehat{bd}}{ac\cos\widehat{ac}}=\frac{\nu^2-\lambda^2}{\nu^2-\mu^2}\text{（例 4 中的（4））.}$$

一般地能得出线束 $O.ABCD$ 的六个非调和比是 $\dfrac{\lambda^2-\mu^2}{\lambda^2-\nu^2}$，$\dfrac{\mu^2-\nu^2}{\mu^2-\lambda^2}$，$\dfrac{\nu^2-\lambda^2}{\nu^2-\mu^2}$ 以及它们的倒数. 对于剩下的线束 $O_1.ABCD$ 等类似. [罗素（Russell）]]

第 3 节　关于帕斯卡六边形与布利安桑六边形的注记

当 $\triangle ABC$ 和 $\triangle A'B'C'$ 成透视时，直线 AA'，BB'，CC' 共点；因此 A 和 A'，B 和 B'，C 和 C' 可以看成一个布利安桑六边形的顶点，而这两个三角形的透视中心是该六边形的布利安桑点.

但是在这一情形中，我们还得到另外三对成透视的三角形，即 $\triangle BCA'$ 和 $\triangle B'C'A$，$\triangle CAB'$ 和 $\triangle C'A'B$，$\triangle ABC'$ 和 $\triangle A'B'C$. 因此以两个成透视的三角形的顶点我们能构成四个有相同布利安桑点的布利安桑六边形，在每一中情形中六边形的对顶点都是这两个三角形的对应顶点.

[136]

另外，如果这两个三角形的非对应边如图 5.22 所示交于点 X 和 X'，Y 和 Y'，Z 和 Z'，而对应边交于点 U，V，W，那么 UVW 是透视轴.

但是在这一情形中我们还得到另外三对成透视的三角形有同一条透视轴，即通过交换一组对应边而得到的那些三角形，例如，如果 L，M，N 和 L'，M'，N' 表示这两个已知三角形的边，显然 $\triangle LMN'$ 和 $\triangle L'M'N$，$\triangle MNL'$ 和 $\triangle M'N'L$，$\triangle NLM'$ 和 $\triangle N'L'M$ 有同一条透视轴；因此以两个成透视的三角形的边我们能构成四个帕斯卡六边形有同一条帕斯卡线，即这两个三角形的透视轴，在每一种情形中这两个三角形的对应边也是这些六边形的对边.

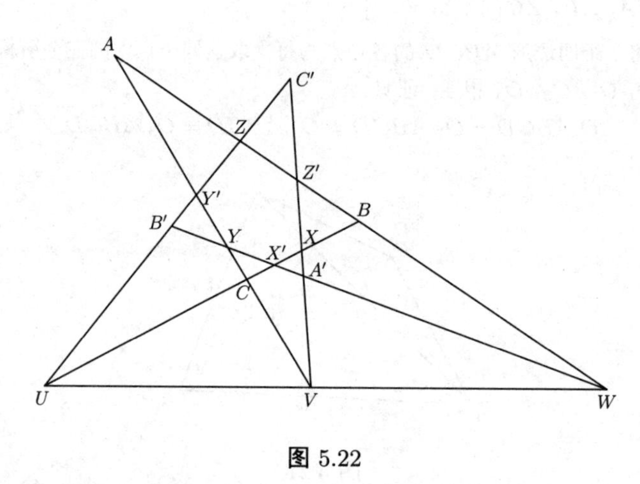

图 5.22

在所附的插图 5.22 中，顶点在 U，V，W 的三个角的边又交于十二个点，即

$$X,\ X',\ Y,\ Y',\ Z,\ Z',\ A,\ A',\ B,\ B',\ C,\ C',$$

而我们已经看到这些点可以按四种不同的方法分成两个六点组(如 X，X'，Y，Y'，Z，Z' 和 A，A'，B，B'，C，C')，分别确定出帕斯卡六边形和布利安桑六边形；而且帕斯卡六边形的相间边交于六个点(如 XX' 和 YY' 交于 C)，它们构成一个布利安桑六边形.

[137]

另外，因为点 X，X'，Y，Y'，Z，Z' 能构成六十个帕斯卡六边形，并且 YY' 和 ZZ' 交于 A，而 YX' 和 $Z'X$ 交于 A'，所以如果取这些条直线作为其中一个六边形($YY'XZ'ZX'$)的各组对边，那么 AA' 是它的帕斯卡线；类似地，BB' 和 CC' 分别是六边形 $XX'YZ'ZY'$ 和 $XX'ZY'YZ'$ 的帕斯卡线；但是 AA'，BB' 和 CC' 共点，因此六十条帕斯卡线三条一组地通过二十个点.

类似的能证明由点 A, A', B, B', C, C' 的共轭六点组构成的六十个布利安桑六边形的布利安桑点三个一组地在二十条直线上. 而正如我们将看到的, 通过关于一个圆的倒演变换, 其中任一性质包含另外一个性质. [138]

第 6 章　关于圆的反演点

定义. 点 P 和点 Q 是关于一个圆的反演点，是指当直线 PQ 通过这个圆的圆心且 $OP \cdot OQ =$ 该圆半径的平方时.

对于单位半径的圆，$OP \cdot OQ = 1$，即 OP 是 OQ 的逆或倒数.

69. 由定义知道:（1）当这个圆是实圆时，两个反演点在圆心的同侧，而当半径是虚的时，即当它形如 $R\sqrt{-1}$ 时，两个反演点在圆心的两侧.（2）在这个圆上它们是重合的，而当半径不是实的时，一点 P 的反演点 Q 离圆心的距离由等式 $OP \cdot OQ = -R^2$ 给出.（3）当任一个点重合于圆心时，另一个点在无穷远处.

70. 定理. *如果一条线段 AB 被点 P 和点 Q 内分及外分成相同的比，那么点 P 和点 Q 是关于以 AB 为直径的圆的反演点；点 A 和点 B 也是关于以 PQ 为直径的圆的反演点.*

因为如果点 M 是 AB 的中点，那么根据假设，有

$$\frac{AP}{BP} = \frac{AQ}{BQ},$$

[139] 由此

$$\frac{AM + MP}{BM - MP} = \frac{AM + MQ}{QM - MB}.$$

在每一侧通过用和除以差，我们得到

$$\frac{AM + BM}{2MP} = \frac{2MQ}{AM + BM};$$

因此

$$MP \cdot MQ = MA^2.$$

类似地，能证明

$$NA \cdot NB = NP^2 = NA^2,$$

这里 N 是 PQ 的中点.

71. 因为　$MP \cdot MQ = MN^2 - PN^2$ (Euc. II. 6),

所以(目 70)　$AM^2 = MN^2 - PN^2$,

或移项为　$MN^2 = AM^2 + PN^2$.

因此对于任意两条互相调和放置的线段 AB 和 PQ, 它们的中点之间的距离 (MN) 的平方等于这两条线段一半的平方和.

例　题

1. 从一个三角形的任意顶点向任一条通过该顶点的边上的内切圆和各旁切圆的切点测量的距离是 s, $s-a$, $s-b$, $s-c$.

2. 如果 M 表示一个三角形底边 (c) 的中点, Q 是底边与旁切圆 O_1 和 O_2 的第四条公切线的交点, P 是顶点在底边的垂线足, 那么 $MP \cdot MQ = \left(\frac{a+b}{2}\right)^2$.

[因为 O_1O_2 被调和分割于点 C 和 Q, 将点 O_1, O_2 和 C 投射到底边并运用目 70.]

3. 还可以证明底边的中点到顶角的垂线足以及内角平分线的足的距离的乘积等于两条侧边差的一半的平方.

72. 定理. 圆上的任意一点 X 到一对反演点的距离有定比.

如图 6.1 所示, 因为 $OQ : OX = OX : OP$, 所以 $\triangle OQX$ 和 $\triangle OXP$ 相似 (Euc. VI. 6).　[140]

于是 (Euc. VI. 4)

$$\frac{PX^2}{QX^2} = \frac{PO^2}{OX^2} = \frac{OX^2}{OQ^2};$$

因而

$$\frac{PX^2}{QX^2} = \frac{OP}{OQ},$$

即圆上一个动点 (X) 到一对反演点 (P, Q) 的距离的平方与这对反演点到圆心的距离成比例.

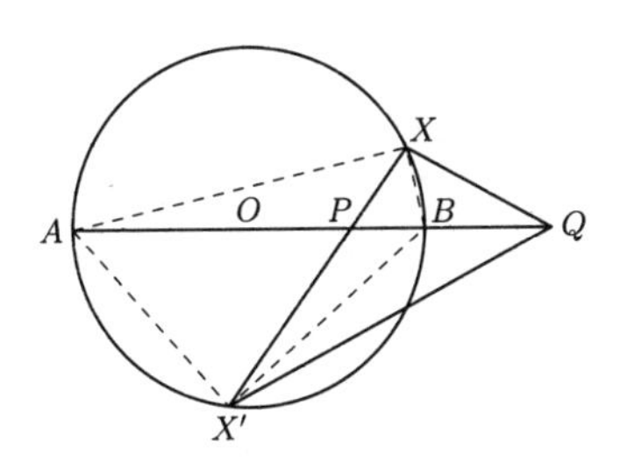

图 6.1

推论 1. 令点 X 重合于包含这两个反演点的直径 AB 的每一个端点, 那么

$$\frac{PX^2}{QX^2} = \frac{PA^2}{QA^2} = \frac{PB^2}{QB^2} = \frac{OP}{OQ}.$$

推论 2. 已知一个三角形（$\triangle PQX$）的底边（PQ），以及两条侧边的比，那么顶点的轨迹是一个圆（ABX），底边的两个端点是关于这个圆的反演点.

推论 3. 如果在例 2 中侧边的比为 1，那么轨迹是底边的垂直平分线，因而一点关于一条直线的反射点是它的反演点.

推论 4. 由推论 1，AX 和 BX 是 $\angle PXQ$ 的平分线.

推论 5. 如果延长 PX 与这个圆又交于 X'，那么 A 和 B 是 $\triangle QXX'$ 的内切圆和旁切圆的圆心.（利用推论 4）

[141]

推论 6. 含一对反演点的直线（PQ）平分通过其中一点（P）的任意弦对另外一点所张的角（$\angle XQX'$）.

推论 7. 四边形 $OQXX'$ 是圆内接四边形.

[因为 $\angle OXX' = \angle PQX$，而 $\angle OXX' = \angle OX'X$；因此，…… Euc. III. 21.]

推论 8. 对于直径 AB 上任一对另外的反演点 P'，Q'；$\angle PXP'$ 和 $\angle QXQ'$ 相等或互补由这两对点取在圆心的同侧还是异侧而定（如图 6.2 和图 6.3 所示）.

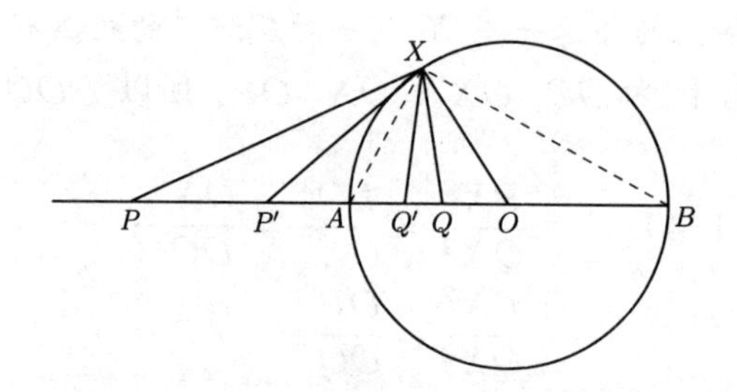

图 6.2

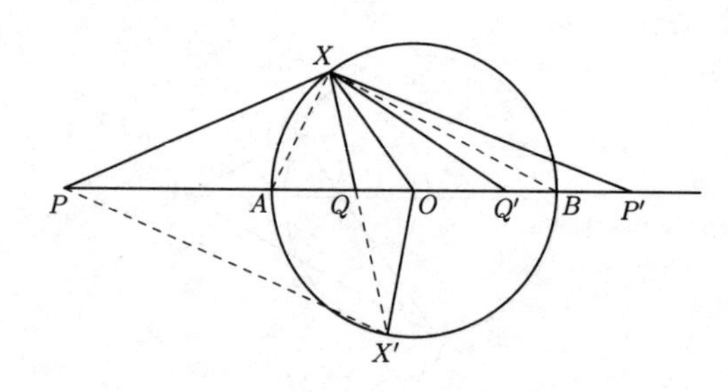

图 6.3

[142] [在每一种情形中 $\angle PXQ$ 和 $\angle P'XQ'$ 有共同的平分线 AX 和 BX.]

例　题

1. 通过关于一个已知圆的一对反演点 P 和 Q 的任意圆与前者正交.

[根据反演的定义和 Euc. III. 37.]

2. 求两个点 P 和 Q，关于两个已知圆互为反演点.

[通过任意一点和它关于每个已知圆的反演点的圆与两已知圆的连心线交于所求的点.]

3. 例 2 中 PQ 的垂直平分线 L，使得自它上面任意点 O 向这两个圆中任一个所作的切线等于 OP 或 OQ.

[因为以 O 为圆心并以 $OP=OQ$ 为半径的圆与两已知圆正交；[①]因此，……]

4. 任意两对反演点共圆.

5. 一个圆通过 P 的任一条弦 XY 被点 P 和 PQ 过点 Q 的垂线调和分割.

[因为 $\angle XQY$ 被这两条成直角的直线内等分及外等分.]

6. 三个圆 L，M，N 两两间的三条根轴共点.

[因为任意两圆的交点(L，M)是与三个已知圆正交的圆的圆心.]

定义. 这个公共点 O 称为这三个圆的根心(Radical Centre)，使得过它分别对三圆所作的割线 XX'，YY'，ZZ'，有

$$OX\cdot OX'=OY\cdot OY'=OZ\cdot OZ'.$$

这三个乘积的共同值称为这三个圆的根积(Radical Product)，而当点 O 在这三个圆外部时，等于向它们所作的切线的平方（见目23下的例11的脚注）. **[143]**

7. 两个相交圆的根轴是它们的相交弦；由此证明三个圆两两之间的公共弦共点.

8. 作一个圆与三个已知圆交成直角.

9. 对任意 $\triangle ABC$ 求一点 O 使得

$$OA:OB:OC=\text{已知比}.$$

10. 对任意四个共线点 A，B，C，D，求以下各点的轨迹：

(1) 使 $\angle AOB$ 和 $\angle COD$ 相等.

(2) $\angle BOC$ 互补于 $\angle AOD$.

11. 对于任意六个按顺序所取的共线点 A，B，C，C'，B'，A'，求点 O 使得 $\angle BOC$，$\angle COA$，$\angle AOB$ 分别等于 $\angle B'OC'$，$\angle C'OA'$，$\angle A'OB'$.

[利用例10.]

12. 一个圆外切四边形 $ABCD$ 的四条边的长度已给定且 AB 的位置已知；求内切圆圆心 O 的轨迹.

[如图6.4所示，取 $AD'=AD$ 及 $BC'=BC$. 因为 OA，OB，OC，OD 是这个四边形各角的平分线；容易看出 $\angle AOB+\angle COD=\pi$. 另外 $\triangle AOD$ 和 $\triangle AOD'$ 全等(Euc. I. 4.)，因此 $\angle ADO=\angle AD'O$；类似地，$\angle BCO=\angle BC'O$；于是通过相加能得

① 因此向两已知圆所引切线相等的点的轨迹是一条直线，即它们共同的一对反演点的反射轴. 它称为这两个圆的根轴(Radical Axis)，也是它们的相交弦，实的或虚的.

到 $\angle C'OD' = \angle COD$，即 $\angle AOB + \angle C'OD' = \pi$，所以所求的轨迹是一个以 A，B 和 C'，D' 为反演点对的圆. [迪尔沃斯(Dilworth)]]

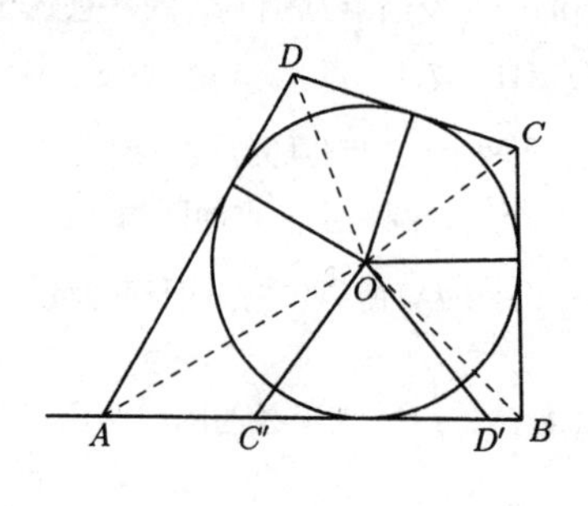

图 6.4

13. 如图6.5所示，一个圆的任意两条平行弦 AA' 和 BB' 的透视中心 P 和 Q 是关 [144] 于这个圆以及与这两条弦切于它们中点的圆的反演点.

[因为我们有 $PA = PA'$，$PB = PB'$，$QA = QA'$ 及 $QB = QB'$；因此 $\dfrac{PA}{QA} = \dfrac{PB}{QB} = \cdots$；因此，……

因为 MN 被点 P 和点 Q 调和分割，可以推得第二部分. 目 70.]

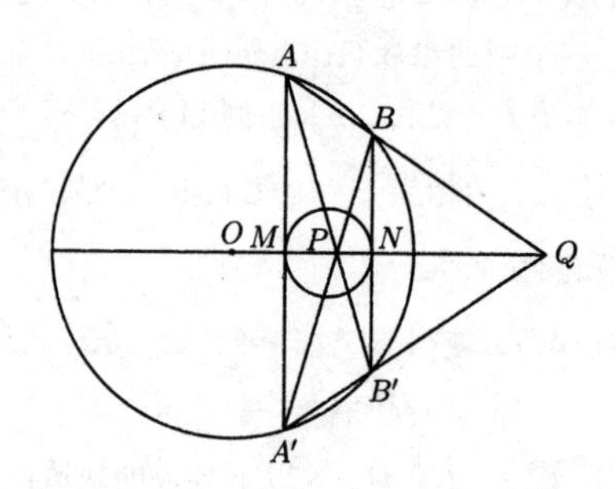

图 6.5

13a. 当 AA' 和 BB' 重合时该定理转化为什么？

14. 对于任意两对反演点 P，Q 以及 P'，Q'，证明

$$\frac{PP' \cdot PQ'}{QP' \cdot QQ'} = \frac{OP}{OQ} \left(= \frac{PA^2}{QA^2} = \frac{PB^2}{BQ^2} \right).$$

[$PP'QQ'$ 是一个圆内接四边形（例4）；因此 $\triangle OPP'$ 和 $\triangle OQQ'$ 是相似的；故 $\triangle OPQ'$ 和 $\triangle OP'Q$ 也是相似的；因此，……（Euc. VI. 4）. 另外，如果 p 和 q 表示 P 和 Q 到 $OP'Q'$ 的垂线，我们有

$$PP' \cdot PQ' = p \cdot D,\ QP' \cdot QQ' = q \cdot D;$$

因此
$$\frac{PP' \cdot PQ'}{QP' \cdot QQ'} = \frac{p}{q} = \frac{OP}{OQ}.]$$

15. 如果 P，Q，R 是一个四边形的对角线三角形上的任意三个共线点；那么它们关

于对角线 XX'，YY'，ZZ' 的调和共轭点 P'，Q'，R' 也共线.

[因为 XX' 被调和分割于 B 和 C（目 68）以及 P 和 P'；因此利用例 14，有

$$\frac{BP\cdot BP'}{CP\cdot CP'}=\frac{BX^2}{CX^2}=\frac{BL}{CL}\text{（这里 }LX=LX'\text{）.}$$

类似地，有
$$\frac{CQ\cdot CQ'}{AQ\cdot AQ'}=\frac{CY^2}{AY^2}=\frac{CM}{AM}\text{（这里 }MY=MY'\text{）；}\cdots.$$

[145]

将上述式子相乘，得

$$\frac{BP}{CP}\cdot\frac{CQ}{AQ}\cdot\frac{AR}{BR}\cdot\frac{BP'}{CP'}\cdot\frac{CQ'}{AQ'}\cdot\frac{AR'}{BR'}=1=\frac{BL}{CL}\cdot\frac{CM}{AM}\cdot\frac{AN}{BN};$$ ①

但是 P，Q，R 共线②；因此，……]

16. 当直线 PQR 在无穷远处时例 15 转化为什么？

17. 一个完全四边形的各条对角线对任一点 O 所张的三个角有一个共同的调和分割角，实的或虚的.

[O 是例 16 中直线 PQR 和 $P'Q'R'$ 的交点；因此，……]

18. 以一个完全四边形的三条对角线为直径的圆通过两个点，实的或虚的.

[在例 17 中，如果其中的两个角 $\angle XOX'$，$\angle YOY'$ 是直角；那么 $\angle ZOZ'$ 一定也是一个直角，③因为它被直线 PQR 和 $P'Q'R'$ 调和分割.]

19. 例 17 中的线束被任一条截线交得的六个点按对选取，有一条共同的调和分割线段.

20. 当 O 在无穷远处时例 17 转化为什么？

21. 设 $\triangle ABC$ 的各边被调和分割于 X，X'；Y，Y'；Z，Z'；如果 X，Y，Z 共线，那么线段 XX'，YY'，ZZ' 的中点 L，M，N 共线.

22. 如果自一对反演点 O 和 O' 向一个三角形的各边作垂线并将它们的垂足相连；那么这样构成的 $\triangle PQR$ 和 $\triangle P'Q'R'$ 相似，并且它们的面积与 O 和 O' 到外心的距离成比例.

[因为
$$QR=AO\sin A,\quad Q'R'=AO'\sin A,$$
所以
$$\frac{QR}{Q'R'}=\frac{AO}{AO'};$$
类似地，
$$\frac{RP}{R'P'}=\frac{BO}{BO'},\ \cdots\text{（目 72）.]}$$

[146]

23. 过一个半圆的直径上的一点 P 作一条弦 AB，使得四边形 $ABB'A'$ 的面积最大，这里 $A'B'$ 是 AB 在直径上的射影.

[如图 6.6 所示，设点 Q' 是 P 关于该圆的反演点；作 QQ' 和 $A'B'$ 成直角. 将 AB 的中点 M 射影到 $A'B'$ 上，并设 X 是 MM' 与 $Q'O$ 上半圆的交点. 那么这个四边形

① 由此还能得知一个完全四边形的三条对角线的中点共线.

② PQR 和 $P'Q'R'$ 称为这个四边形的共轭直线(Conjugate Lines).

③ 一般地，对于一些有一个公共顶点的角，有一个共同的调和分割角，如果任意两个角是直角，那么其他所有的角也是直角.

$ABB'A'$ 的面积 S 为 $A'B'\cdot MM'$，因此

$$S^2=4MM'^2\cdot A'M'^2=4OM'\cdot PM'\cdot M'P\cdot M'Q\text{（利用目 70）}$$
$$=4PM'^2\cdot OM'\cdot M'Q=4PM'^2\cdot M'X^2;$$

即 S 等于能内接于一个已知圆的最大矩形的面积，它的一条边平行于一条已知直线. 目 14 下的例 2.]

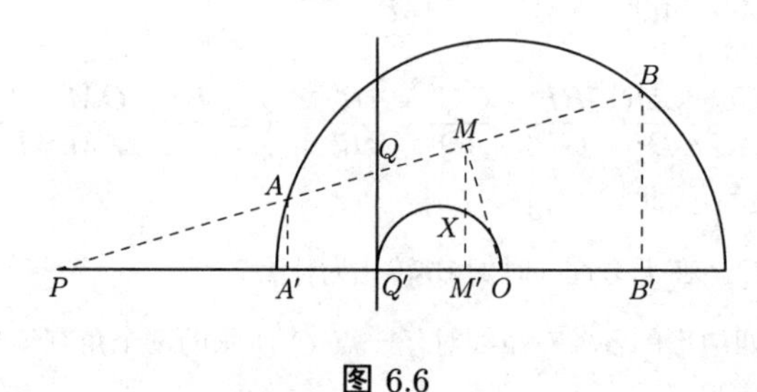

图 6.6

24. 从一个圆内接四边形对角线交点的反演点向各边及对角线作出六条垂线. 证明：

（1）四边上垂线的垂足共线.

（2）所共直线垂直平分两条对角线上垂线垂足的连线.

[利用例 22 的方法.]

25. 如果 X，X'；Y，Y'；Z，Z' 表示 $\triangle ABC$ 各角的两条平分线的足，证明对于以这三条线段为直径的圆中任一圆反演的点 O 和 O'，关于 $\triangle ABC$ 的两个垂足三角形逆相似.（纽伯格）

[设 O 和 O' 关于圆 $ZZ'C$ 反演①，$\triangle PQR$ 和 $\triangle Q'P'R'$ 分别是它们的垂足三角形.

[147] M 是 ZZ' 的中点. 那么

$$\frac{PQ^2}{PQ'^2}=\frac{MO}{MO'},$$

而 $$\frac{R'P}{R'Q'}=\frac{AO'\sin A}{BO'\sin B}=\frac{BO\sin B}{AO\sin A}\text{(利用例 14)}=\frac{RP}{RQ};$$

另外 $\angle R$ 和 $\angle R'$ 相等；因此，……

注记. 如果 O 在圆 $ZZ'C$ 上，那么垂足三角形是等腰三角形，类似地，如果它是圆 $ZZ'C$ 和圆 $YY'B$ 的交点，那么垂足三角形在两个方面是等腰的，即正三角形.

因此我们推断出圆 AXX'，圆 BYY' 和圆 CZZ' 通过两个点 O 和 O'，它们关于

[148] $\triangle ABC$ 的外接圆反演（例 22），且它们关于 $\triangle ABC$ 的垂足三角形是正三角形.]

① *Le cercle d'Apollonius* du triangle ABC par rapport à AB. V. *Educ. Times*, Dec., 1890.

第7章　关于圆的极点和极线

第1节　共轭点. 极圆

73. 定义. 一对反演点的连线在其中任一点处的垂线称为另外一点关于该圆的极线(Polar). 在目74的图7.1中 C 和 Z 是反演点; 而 C 和直线 AB 称为关于该圆的极点(Pole)和极线(Polar).

这条极线上的任一点 A 或 B 称为点 C 的共轭(Conjugate)点, 因此一点的极线是它的共轭点的轨迹.

另外, 因为以 BC 为直径的圆通过 Z, 所以和已知圆正交: (1) 作在任意两个共轭点连线上的圆与已知圆正交. (2) 两个共轭点之间的距离等于从它们连线的中点向该圆所引切线长度的两倍.

74. 定理. 对于任意两个共轭点 B 和 C, 证明每个点在另一个点关于该圆的极线上.

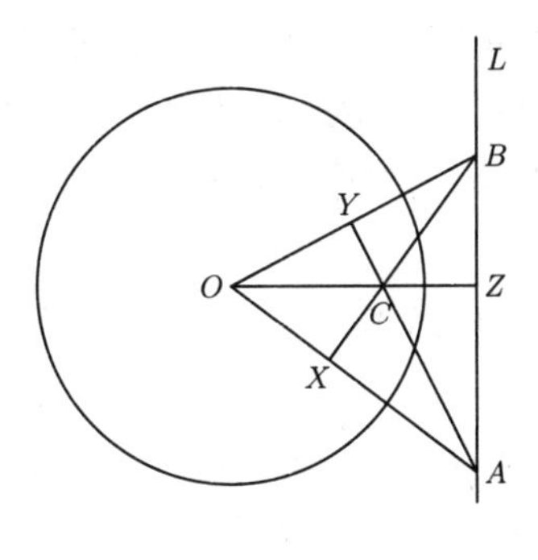

图 7.1

设点 C 的极线是 AB, 我们要求证明点 B 的极线通过点 C. 如图7.1所示, 连接 AO, 作它的一条垂线 CX. 那么显然(Euc. III. 36) $OA \cdot OX = OC \cdot OZ = r^2$; 因此 CX 是点 A 的极线. 于是当点 B 沿直线 AB 移动时, [149]

它的极线绕点 C 旋转，或者说包络出点 C. 因而点 Z 的极线是自该点向这个圆所引两条切线的切点弦.

例 题

1. 与已知圆正交的一个圆的任一条直径的两个端点是关于已知圆的共轭点.

2. 如果一个圆的一条动弦 AB 通过一个定点 P；那么点 A 和点 B 处切线的交点的轨迹是一条直线.

[P 关于这个圆的极线.]

3. 一个圆的直径 AB 是 AB 的垂直方向上无穷远点的极线.

[150] 4. 关于三个圆有一个共同的共轭点的点的轨迹是它们共同的正交圆.

75. 定理. 如果 A 和 B 是任意两个点而 L 和 M 是它们关于一个圆的极线，那么点 LM 是直线 AB 的极点.

因为点 LM 同时共轭于点 A 和点 B，因此点 A 和点 B 的连线是它的极线（目 73），即“任意两点的连线是这两点的极线的交点的极线.”（汤森）

76. 更一般地，对于三点 A，B，C 和它们的极线 L，M，N，将点 MN，NL，LM 分别记为 A'，B'，C'；那么与上面一样，我们看到点 A'，B'，C' 是直线 BC，CA，AB 的极点；因此，对于任意两个三角形，如果其中任一个三角形的各顶点是另一个三角形对应边的极点；那么反过来，后一个三角形的各个顶点是前一个三角形对应边的极点.

定义. 这样的两个三角形称为关于这个圆是倒极的 (Reciprocal Polars).

77. 特别的，当 $\triangle ABC$ 和 $\triangle A'B'C'$ 重合时，这个三角形称为是关于该圆自倒的 (Self-Reciprocal). 显然的，因为每个顶点是对边的极点，所以它的顶点中的每两个是共轭点；因而这个三角形也称为是关于该圆自共轭的 (Self-Conjugate).

反演圆的圆心 O 重合于 $\triangle ABC$ 的垂心 O，而其半径 (ρ) 的平方由下式给出

$$\rho^2 = OA \cdot OX = OB \cdot OY = OC \cdot OZ,$$

这里点 X，Y，Z 是这个三角形各高的垂足.

这个圆称为该三角形的极圆 (Polar Circle).

注记. 为了使极圆是实的，关于它反演的几对点 A 和 X，B 和 Y，C 和 Z 必须位于 [151] 圆心 O 的同侧. 因此当这个三角形是钝角三角形的时它是实的，而当这个三角形是锐角三角形时它是虚的.

78. 极圆半径(ρ)的表达式.

如图7.2所示，设 O 是 $\triangle ABC$ 的垂心，那么点 A, B, C 分别是 $\triangle BOC$，$\triangle COA$ 和 $\triangle AOB$ 的垂心. 由于这个原因，称 A, B, C, O 这四个点构成了一个垂心组(Orthocentric System).

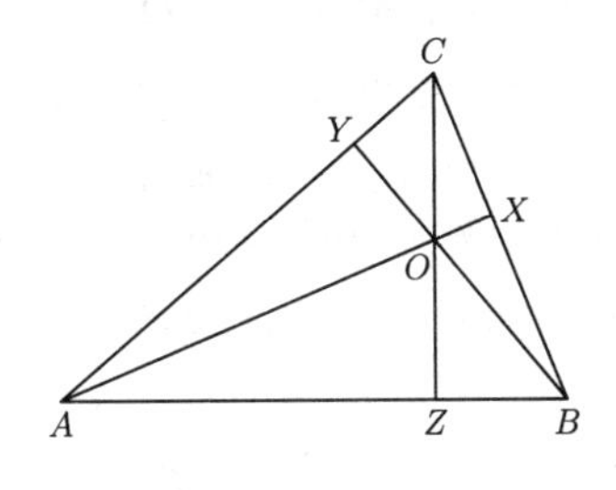

图 7.2

另外，四个三角形 $\triangle BOC$，$\triangle COA$，$\triangle AOB$ 和 $\triangle ABC$ 的外接圆相等.

由此，由 a 和 AO 是两个等圆中的弦且其所对的圆周角互余，可得

$$a^2 + AO^2 = b^2 + BO^2 = c^2 + CO^2 = d^2, \tag{1}$$

而且(图7.2) $$a^2 = BO^2 + CO^2 + 2CO \cdot OZ \text{ (Euc. II. 13)},$$

因此利用式 (1)，通过代换可得

$$a^2 = 2d^2 - b^2 - c^2 + 2CO \cdot OZ,$$

即 $$-CO \cdot OZ = d^2 - \tfrac{1}{2}(a^2 + b^2 + c^2) = \rho^2. \tag{2}$$

通过转化，这个公式等价于 $\rho^2 = -d^2 \cos A \cos B \cos C$，或者独立推导如下：

因为一条弦等于该圆的直径乘以它所对圆周角的正弦，所以

$$-\rho^2 = OC \cdot ZO = OC \cdot \frac{OA \cdot OB}{d} = d^2 \cos A \cos B \cos C. \tag{3}$$ **[152]**

例 题

1. $\triangle BOC$，$\triangle COA$，$\triangle AOB$ 和 $\triangle ABC$ 的四个极圆互相正交.[①]

[设它们的半径是 ρ_a，ρ_b，ρ_c，ρ. 因为它们的圆心在点 A，B，C，O，所以根据 Euc. II. 2，有

$$AB^2 = AB \cdot AZ + AB \cdot BZ = \rho_a^2 + \rho_b^2;$$

因此，……]

2. 点 B 和 C，C 和 A，A 和 B 分别是关于 $\triangle BOC$，$\triangle COA$，$\triangle AOB$ 的极圆的共轭点对.

3. 任意两个共轭点之间的距离 BC 的平方等于由它们向该圆所作切线的平方和.

① 因此，如果四个圆彼此正交，那么它们的圆心构成一个垂心组，且其中一个圆是虚圆.

[利用例 1，从 B 和 C 向圆 ρ_a 所引的切线是 ρ_b 和 ρ_c 的半径，而 $BC^2=\rho_b^2+\rho_c^2$；因此，……]

4. 证明 $AZ\cdot BZ=t^2$，这里 t 是从 AB 的极心(Polar Centre) Z[①]向极圆所作的切线；反之亦然.

[利用相似 $\triangle ACZ$ 和 $\triangle OBZ$，有 $AC:CZ=OZ:BZ$，……]

5. 关于任意弦 MN 的共轭[②]点 A 和 B 关于这个圆是共轭的.

[因为 AB 的极心 Z 是 MN 的中点；但是(题设) $ZA\cdot ZB=ZM^2=-ZM\cdot ZN$，即 Z 到该圆的虚切线的平方；利用例 4，因此，……]

6. 如果一些圆有一个共同的正交圆，那么后者的任一条直径的两个端点关于整个一组圆是共轭的.

7. 在一条已知直线上求出两点，使它们是关于两个已知圆中每一个的共轭点.

[所求线段的中点是使得到这两个圆的切线相等的点；利用目 72 下的例 3，因此，……]

[153]

8. 在一个已知圆 O 上求出两点 A 和 B，使它们关于圆 (C,r_1)，圆 (D,r_2) 中的每个共轭.

[所求弦的中点 M 在两已知圆的根轴 L 上(目 72 下的例 3). 设 AB 的长度是 $2t$；那么 $CM^2=t^2+r_1^2=r_1^2+AM^2=r_1^2+r_2^2-OM^2$；因此 CM^2+OM^2 是已知的，而 $\triangle COM$ 完全得以确定；因此，……]

9. 在一个圆中放置一条已知长度的弦，使得它的两个端点关于另一个圆共轭.

[参见例 8.]

10. 如果一条直线 AB 与两圆中的任一个圆(C,r)的交点(A，B)是关于另一个圆的共轭点；那么反过来它与后一个圆(C',r')的交点(A' 和 B')关于前者共轭.

[因为根据例 5，AB 调和分割 $A'B'$，所以 $A'B'$ 调和分割 AB；因此，……]

11. 求例 10 中弦 AB 和 $A'B'$ 的中点 M 和 N 的轨迹.

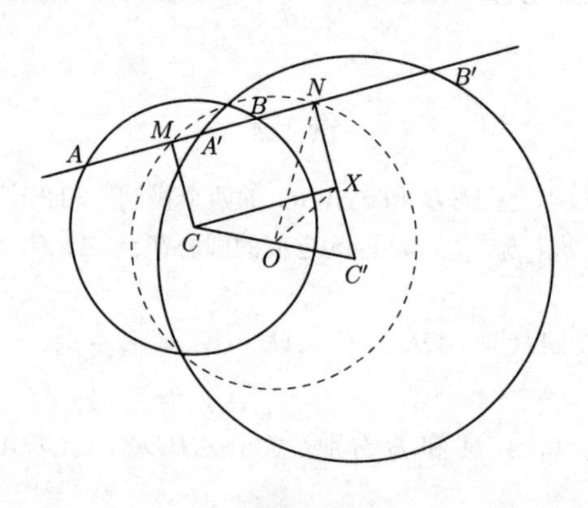

图 7.3

① Z 是圆心到 AB 的垂线的垂足，也称为这条直线的中点(Middle Point)（参照 Euc. III. 3.）.

② 指调和共轭.——译者注

[如图7.3所示，有

$$\begin{aligned} CM^2+C'M^2 &= CN^2+C'N^2 \\ &= CM^2+C'N^2+MN^2 \\ &= CM^2+C'N^2+MB^2+A'N^2 \text{（目 71）} \\ &= r^2+r'^2=\text{定值}; \end{aligned}$$

因此所求轨迹是一个圆，其圆心 O 在 CC' 的中点且半径的平方等于 $\frac{1}{2}(r^2+r'^2)-\delta^2$，这里 $2\delta=CC'$. 它显然通过两已知圆的交点.]

[154]

12. 证明 $CM\cdot C'N=$ 定值.

[如图7.3所示，作 CX 垂直于 $C'N$. 连接 OX. 因为 $\triangle OC'X$ 是一个等腰三角形且 N 是底边延长线上的一点，所以

$$\begin{aligned} CM\cdot C'N &= C'N\cdot NX = ON^2-OX^2 \\ &= ON^2-OC'^2 \\ &= \tfrac{1}{2}(r^2+r'^2-4\delta^2) \\ &= rr'\cos\theta, \end{aligned}$$

这里 θ 是已知圆的交角；因此，……]

13. 绕 $\triangle ABC$ 的极圆的圆心所作的任一圆[①]与中点三角形对应边的交点 A'，B'，C'，使得 $AA'=BB'=CC'$.

14. 从极圆的圆心向外接圆作出一条切线，并从这条切线的切点向极圆作出一条切线，证明这两条直线的夹角是 45°.

15. 过 P 作一条直线与两已知圆中每个的交点是关于另外一圆的共轭点.

[利用例10 和例11.]

16. 作一条直线与两已知圆 X 和 Y 中的每个交于关于第三圆(Z)的共轭点.

[设所求直线与 Z 交于点 A 和 B. 那么 AB 的中点 M 是通过 Z 和 X 以及 Z 和 Y 的交点的两个已知圆的交点(例 11)，由此它得以确定；因此，……]

第2节　萨蒙定理

79. 萨蒙定理. 任两点 A 和 B 到一个圆的圆心 O 的距离与每个点到另一点的极线的距离 AM 和 BL 成比例.

如图7.4所示，作 AB' 和 BA' 分别垂直于 OB 和 OA.

[155]

那么 $OA\cdot OL=OB\cdot OM=r^2$，又因为 $AA'BB'$ 是一个圆内接四边形，所以 $OA\cdot OA'=OB\cdot OB'$；因而

$$\frac{OA}{OB}=\frac{OB'}{OA'}=\frac{OM}{OL}=\frac{OM-OB'}{OL-OA'}=\frac{B'M}{A'L}=\frac{AM}{BL};$$

① 指该圆与极圆有同一个圆心，即 $\triangle ABC$ 的垂心. —— 译者注

因此，…… 通过交错项有 $\dfrac{OA}{AM}=\dfrac{OB}{BL}$.

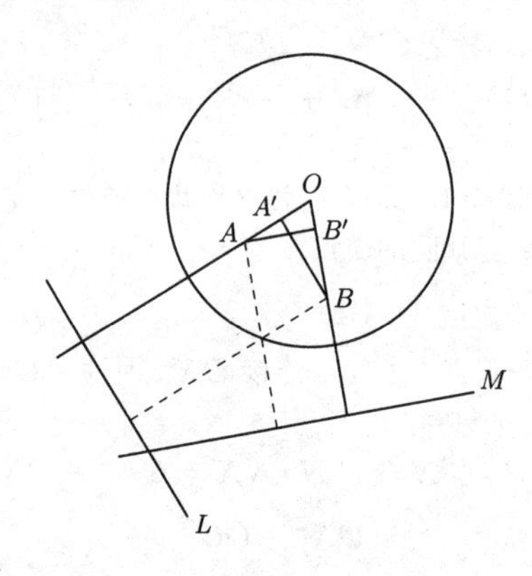

图 7.4

推论 1. 如果 M 是一条定直线且 $\dfrac{OA}{AM}$ 是一个定比，那么 B 是一个定点而直线 L 的包络是一个圆；即一个圆的一条动切线关于另一个已知圆的极点，到后一个圆圆心的距离与它到一条定直线的距离保持定比.

推论 2. 如果点 A 和点 B 都在圆 (O,r) 上；那么 $OA=OB$，并因而 $AM=BL$，即一个圆的两条切线的切点到这些切线的距离相等，尽管从另外角度来看这是显然的(Euc. I. 26).

推论 3. 设点 B 和它的极线 M 是变化的，并将不同的位置记为点 B_1，B_2，B_3，$\cdots$，对应的极线记为 M_1，M_2，M_3，$\cdots$；那么

[156]

$$\frac{OA}{AM}=\frac{OB}{BL},\ \frac{OA}{AM_1}=\frac{OB_1}{B_1L},\ \frac{OA}{AM_2}=\frac{OB_2}{B_2L},\ \cdots,$$

通过将这些比相乘，我们得到

$$\frac{OA^n}{AM\cdot AM_1\cdot AM_2\cdots\cdots}=\frac{OB\cdot OB_1\cdot OB_2\cdots\cdots}{BL\cdot B_1L\cdot B_2L\cdots\cdots};$$

即一个点(A)到任意条直线(M)的距离的乘积除以它们的极点(B)到这点的极线(L)的距离的乘积等于该点到反演中心的距离的 n 次幂除以这些极点到反演中心的距离的乘积.

推论 4. 如果推论3中的极线 M，M_1，M_2，$\cdots$ 组成一个内接多边形，那么点 B，B_1，B_2，$\cdots$ 是对应的外切多边形的顶点；因此任意一点到一个内接多边形各边距离的乘积除以对应的外切多边形的各顶点到该任意点的极线的距离的乘积等于该任意点到圆心距离的 n 次幂除以外切多边形各顶点到圆心距离的乘积.

推论 5. 任一条弦的两个端点到一条切线的距离的乘积等于它的切点到这条弦的距离的平方.

例 题

1. 一个圆外切四边形的对顶点是 A, A'; B, B'; C, C'; 证明

$$OA\cdot OA':OB\cdot OB':OC\cdot OC'=AX\cdot A'X:BX\cdot B'X:CX\cdot C'X,$$

其中 X 是这个圆在任一点 P 处的切线.

[设内接四边形的各组对应边是 L, L'; M, M'; N, N'; 那么由于

$$\frac{OA}{AX}=\frac{OP}{PL},\ \frac{OA'}{A'X}=\frac{OP}{PL'},$$

将这两个等式相乘, 得 $\dfrac{OA\cdot OA'}{AX\cdot A'X}=\dfrac{OP^2}{PL\cdot PL'}$; 但是 $PL\cdot PL'=PM\cdot PM'=PN\cdot PN'$; 因此, ……]　**[157]**

2. 如果 α, β, γ 表示外接圆上的任一点到一个内接三角形各条边的距离, 那么

$$\beta\gamma\sin A+\gamma\alpha\sin B+\alpha\beta\sin C=0,$$

即

$$\frac{a}{\alpha}+\frac{b}{\beta}+\frac{c}{\gamma}=0.$$

3. 如果 λ, μ, ν 是一个三角形的各顶点到内切圆的一条动切线的距离, 那么

$$\frac{\cot\frac{1}{2}A}{\lambda}+\frac{\cot\frac{1}{2}B}{\mu}+\frac{\cot\frac{1}{2}C}{\nu}=0.$$

[设 A', B', C', P 是内接圆与各边及任一条切线的切点, 那么 $\dfrac{OA}{\lambda}=\dfrac{r}{a'}$, 这里 a' 是 P 到 $B'C'$ 的距离. 那么

$$\sum\frac{OA\cdot B'C'}{\lambda}=r\sum\frac{B'C'}{a'}=0^{①}\ (\text{例}\,2),$$

而 $OA\cdot B'C'=2r^2\cot\frac{1}{2}A$; 代换后可得

$$\frac{\sum\cot\frac{1}{2}A}{\lambda}=0.$$

这个结论的一个特殊情形在目 55 下的例 8 中已经注意过.]

4. 如果一个三角形的各个顶点到外接圆的任一条切线的距离是 λ, μ, ν; 证明

$$a\sqrt{\lambda}+b\sqrt{\mu}+c\sqrt{\nu}=0.$$

[设 P 是外接圆切线的切点, 由托勒密定理, 有

$$a\cdot AP+b\cdot BP+c\cdot CP=0,$$

但是 $AP^2=2r\lambda$, $\cdots$, 因此 $\sum a\sqrt{\lambda}=0$.]

5. 对于内切圆上到各边距离为 α, β, γ 的任一点 P; 证明

$$\cos\tfrac{1}{2}A\sqrt{\alpha}+\cos\tfrac{1}{2}B\sqrt{\beta}+\cos\tfrac{1}{2}C\sqrt{\gamma}=0.$$

[设 λ', μ', ν' 是 $\triangle ABC$ 各边上的切点 A', B', C' 到 P 处切线的距离; α', β', γ'

---

① $\triangle A'B'C'$ 的各角等于 $90^\circ-\frac{1}{2}\angle A$, $90^\circ-\frac{1}{2}\angle B$, $90^\circ-\frac{1}{2}\angle C$; 因此 $a':b':c'=\cos\frac{1}{2}A:\cos\frac{1}{2}B:\cos\frac{1}{2}C$.

是 P 到 $\triangle A'B'C'$ 各边的距离.

利用例 4，有

$$\sum a'\sqrt{\lambda'}=0 \text{ 或 } \sum \frac{a'}{\sqrt{\mu'\nu'}}=0,$$

[158] 而 $$\sqrt{\mu'\nu'}=\alpha'=\sqrt{\beta\gamma}\text{（目 79 下的推论 5）},$$

因此通过代换，由于 $a'=2r\cos\frac{1}{2}A$，所以有

$$\sum a'\sqrt{\lambda'}=0=\cos\tfrac{1}{2}A\sqrt{\alpha},$$

因此，……]

注记. 例 2 和例 5 中的方程在解析几何学中分别称为外接圆和内切圆的方程，已知 $\triangle ABC$ 取作参考三角形. 例 3 和例 4 中的表达式是内切圆和外接圆的*切线式方程*(Tangential Equations).

6. 如果 $\triangle ABC$，$\triangle A'B'C'$ 是倒极的，那么它们成透视.

[设点 A'，B'，C' 到 $\triangle ABC$ 各边的距离分别是 p_1，p_2，p_3；q_1，q_2，q_3；r_1，r_2，r_3；那么利用萨蒙定理，有

$$\frac{OB'}{OC'}=\frac{q_3}{r_2};\ \frac{OC'}{OA'}=\frac{r_1}{p_3};\ \frac{OA'}{OB'}=\frac{p_2}{q_1};$$

将这些等式相乘我们得到

$$\frac{p_2}{p_3}\cdot\frac{q_3}{q_1}\cdot\frac{r_1}{r_2}=1;$$

因此，……（目 65）]

7. 内接于一圆的一个三角形与对应的外切三角形成透视.

[利用例 6.]

8. 任意两个三角形可以通过摆放，使得其中任一个三角形的各顶点是另一个三角形的各边关于一个圆的极点.

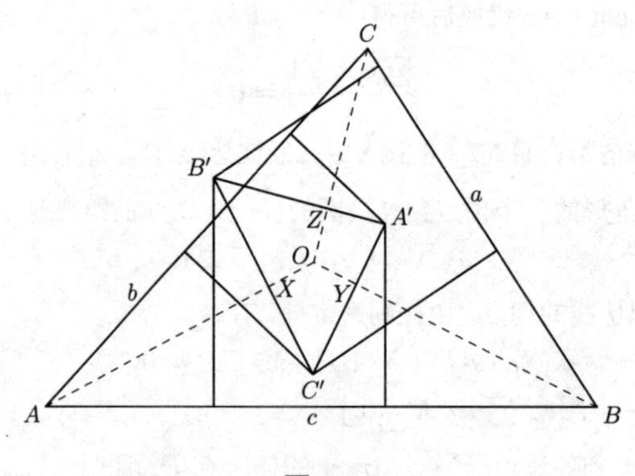

图 7.5

[如图 7.5 所示，对于所求圆的圆心 O，一个三角形各边所张的角与另一个三角形各边 [159] 所张的角类似①. 关于每个三角形求出满足这些条件的点，并放置后一个三角形使这两个点

① 这里所张的角“类似”的含义参见下文的例 14. —— 译者注

重合且 AO 和 $B'C'$ 成直角；那么 OB 和 OC 将分别与 $C'A'$ 和 $A'B'$ 成直角. 另外，因为点 A, B, C 到 $\triangle A'B'C'$ 各边的垂线共点，所以点 A', B', C' 到 $\triangle ABC$ 各边的垂线也共点；由此显然能推断出 OA', OB', OC' 垂直于 $\triangle ABC$ 的边；且

$$OA\cdot OX=OB\cdot OY=\cdots=OA'\cdot OX'=\cdots=\rho^2.]$$

9. 求例8中圆的半径 ρ.

[$$\frac{S_{\triangle B'OC'}}{S_{\triangle ABC}}=\frac{OB'\cdot OC'}{bc}=\frac{\rho^4}{bc\cdot OY'\cdot OZ'}=\frac{\rho^4}{4S_{\triangle COA}\cdot S_{\triangle AOB}}.$$

类似地 $$\frac{S_{\triangle C'OA'}}{S_{\triangle ABC}}=\frac{\rho^4}{4}\cdot\frac{1}{S_{\triangle AOB}\cdot S_{\triangle BOC}},\cdots.$$

将这些结论相加，得

$$\frac{S_{\triangle A'B'C'}}{S_{\triangle ABC}}=\frac{\rho^4}{4}\cdot\sum\frac{1}{S_{\triangle BOC}\cdot S_{\triangle COA}}=\frac{\rho^4}{4}\cdot\frac{S_{\triangle ABC}}{S_{\triangle BOC}\cdot S_{\triangle COA}\cdot S_{\triangle AOB}},$$

即 $$\rho^4=\frac{4S_{\triangle BOC}\cdot S_{\triangle COA}\cdot S_{\triangle AOB}\cdot S_{\triangle A'B'C'}}{(S_{\triangle ABC})^2}.]$$

10. 已知 $\triangle ABC$ 关于一个圆的倒极形 $\triangle A'B'C'$ 的面积由例9的等式给出.

11. 当反演中心 O 重合于 $\triangle ABC$ 的重心时，$\triangle A'B'C'$ 的面积取得最小值；且等于 $\dfrac{27\rho^4}{4S_{\triangle ABC}}$.

[在此情形下 $S_{\triangle BOC}=S_{\triangle COA}=S_{\triangle AOB}$（目14下的例5）.]

12. 中点三角形关于已知 $\triangle ABC$ 的内切圆或旁切圆的倒极形的面积等于 $\triangle ABC$ 的面积.

13. 倒极三角形可以是任意形状的.

[形状依赖于反演中心 O 的位置.]

14. 例8中点 O 是两个定点中的某个.

[它们中的一个显然在这两个三角形的内部，且每个三角形的各边对它张的角等于另一个三角形内角的补角.

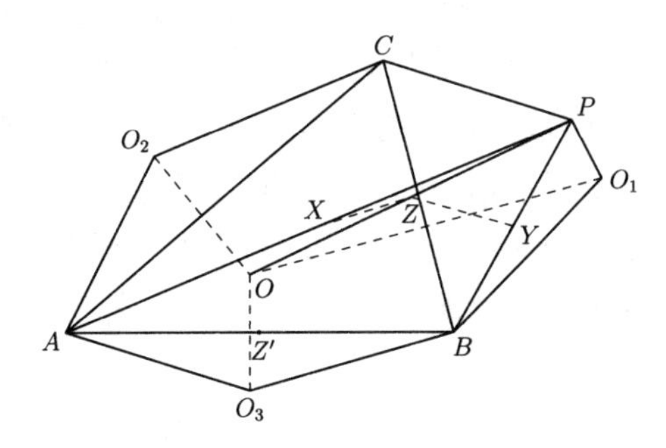

图 7.6

另一个点是在 $\triangle ABC$ 的各边上向外侧所作的所含的角等于 $\pi-\angle A'$, $\pi-\angle B'$, $\pi-\angle C'$ 的三个圆的共同交点. 在作这幅图时将注意到这三个圆成对交于这个三角形的各顶

[160] 点，只能再相交于一点；因此，如果一点 O 被关于一个三角形的三边进行反射，那么圆 BCO_1，圆 CAO_2，圆 ABO_3 交于一点，如图 7.6 所示.[①]]

15. 如果 $\triangle ABC$ 和 $\triangle A'B'C'$ 是相似的，那么第二个中心是 $\triangle ABC$ 外接圆上的任意一点；另外如果将点 P 与点 A，B，O 相连，而点 X，Y，Z 是这些连线的中点，点 Z' 是 AB 的中点，那么 $XYZZ'$ 是一个圆内接四边形（图 7.6），因为

$$\angle XZY = \angle AOB,\ \angle XZ'Y = \angle APB = \pi - \angle AOB,$$

所以

$$\angle XZY + \angle XZ'Y = \pi;$$

故 OP 的中点 Z 在 $\triangle ABP$ 的九点圆上. 类似地，它在以 BC 和 AC 为底并以点 P 为顶点的两个三角形的九点圆上. 因此对于任意四个点 A，B，C，P，由它们构成的三角形中的三个的九点圆共点. 由此显而易见所有四个三角形 $\triangle BCP$，$\triangle CAP$，$\triangle ABP$，$\triangle ABC$ 的四个九点圆共点.[②]

16. 一个三角形以任一个布洛卡点作为原点倒形成一个相似的三角形.

[161] [目 27.]

第3节 倒 演

80. 如果 $ABC\cdots$ 是任一个多边形，而 $A'B'C'\cdots$ 是通过取它的各边 BC，CA，AB，$\cdots$ 关于任一个圆的极点 A'，B'，C'，$\cdots$ 得到的另一个多边形，那么我们看到（目 76）前者的顶点 A，B，C，$\cdots$ 是后者各条边的极点，而这两个多边形关于该圆称为倒极的. 获得 $A'B'C'\cdots$ 的过程称为倒演 (Reciprocation)，而这个圆，半径，以及圆心称为倒演圆 (Circle of Reciprocation)，倒演半径 (Radius of Reciprocation) 和倒演中心 (Centre of Reciprocation)，或倒演原点 (Origin of Reciprocation).

更一般地，如果 $ABC\cdots$ 是任一条曲线，作出它在点 A，B，C，$\cdots$ 处的切线 T，T_1，T_2，T_3，$\cdots$，它们极点的轨迹称为 $ABC\cdots$ 关于该圆的倒极曲线 (Reciprocal Polar Curve). 如果点 A 和点 B 处的切线无限接近，那么它们的极点 A'，B' 在倒极曲线上也无限接近；但是点 T_1T_2 是直线 $A'B'$ 的极点（目 76）；因此在极限情形下点 A 是点 A' 处切线的极点. 点 A 与点 A' 处的切线称为对应的 (Correspond). 因此对于两条极倒曲线来说，其中任一条的任意一条切线对应于另一条曲线上的一点，且每个切点和对应的切线是关于该圆的极点和极线.

两个互倒图形的下述基本性质是显而易见的：

① 点 O 和点 P 关于 $\triangle ABC$ 是互逆的. 因为能看出，如果点 P 关于各边进行反射，那么圆 BCP_1，圆 CAP_2，圆 ABP_3 将交于点 O. 因此能得到 $\triangle BCO$，$\triangle CAO$ 和 $\triangle ABO$ 的九点圆也通过这个公共点.

② Van de Berg, *Mathesis*, t. 2, p. 141.

[162]

（1）其中任一图形中任意两点的连线是另外一个图中对应直线的交点的极线.

（2）共点直线倒演成共线点.

（3）一个图形中任意两点对原点所张的角等于另外一个图形中对应直线的夹角.

（4）对于任两个图形 X 和 Y 与它们的倒形 X' 和 Y'，X 和 Y 的交点对应于 X' 和 Y' 的公切线；换言之，两个图形的一条公切线对应于它们倒形的一个交点.

（5）如果 X 和 Y 相切，那么它们的倒形 X' 和 Y' 也相切，且每一个切点是另外一个切点处公切线的极点.

（6）因为两个圆有四条公切线，实的或虚的，所以它们倒演成的两条曲线相交于四个点（利用（4））.

（7）与曲线 X 相关的任意一点和它到这条曲线的切线对应于一条直线和它与倒形曲线 X' 的交点.

（8）一个圆的倒形是一条二次曲线，即这条曲线与每一条直线交于两点，实的或虚的（根据（7））

（9）如图7.7所示，任意四个共线点 A，B，C，D 在原点 S 所确定的线束与对应直线 A'，B'，C'，D 是相似的.

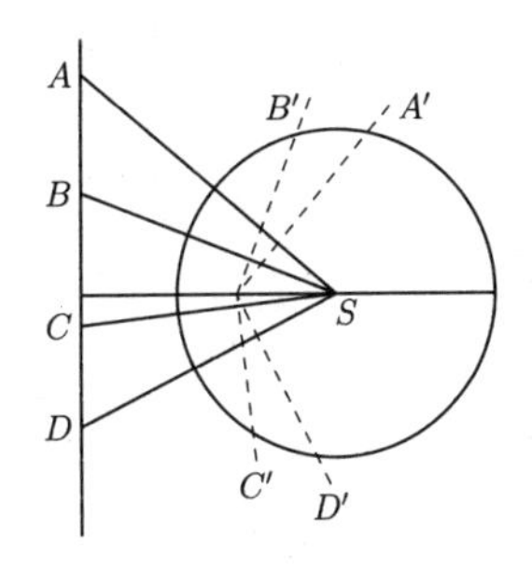

图 7.7

[163]

[因为这两个线束中的各对应直线成直角.]

（10）调和点列倒演成调和线束；而在特殊情形下，当点列 A，B，C，D 中的一点 D 重合于原点 S 时；SA'，SB'，SC' 成算术级数.

（11）平行线倒演成与原点共线的点.

（12）一点和它的极线倒演成一条直线和它关于倒形曲线的极点（参照（7））.

第4节 圆的倒形

81. 设原点 S 在圆 (O,r) 外部；$OS=\delta$；L 是 O 关于倒演圆的极线，而 P 是已知圆在任意点 Z 处的一条切线的极点，如图 7.8 所示.

对于 O 和 P 这两个点，根据萨蒙定理，我们有

$$\frac{SP}{PL}=\frac{SO}{OZ}=\frac{\delta}{r}=\text{定值}=(\text{设为})e.$$

由等式 $\dfrac{SP}{PL}=e$ 给出的 P 的轨迹是一条*二次曲线*(Conic Section)，S 称为它的一个*焦点*(Focus)，L 是一条*准线*(Directrix)，而 e 称为*离心率*(Eccentricity).（见目 79 下的推论 1）

当 $e>1$ 时，这条二次曲线称为双曲线；

当 $e=1$ 时，这条二次曲线称为抛物线；

当 $e<1$ 时，这条二次曲线称为椭圆.

因此一个圆的倒形是一条双曲线，抛物线，还是椭圆，取决于原点在这个圆的外部，上面，还是内部.

[164] 特别地，当原点重合于已知圆的圆心时，倒形曲线是一个同心圆.

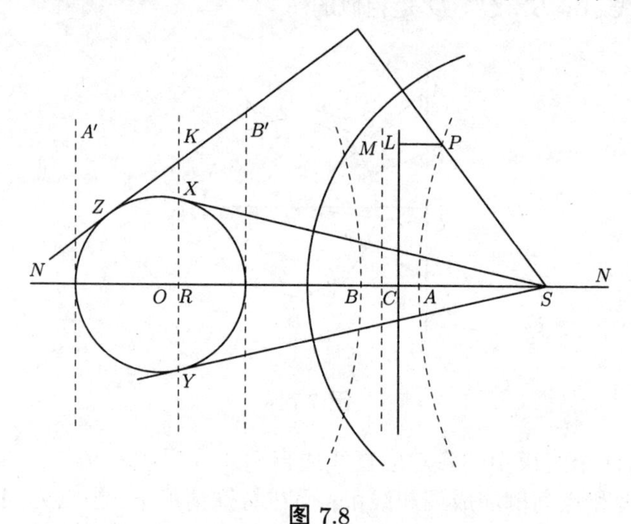

图 7.8

因为圆外任意一点对该圆的两条切线是实的且相分离，以 S 为原点的倒演将它们变为两个无穷远点；所以它们的切点 X 和 Y 倒演成这条二次曲线的两条实切线. 这两条切线相交于 XY 的对应点 C，它们的切点在无穷远处.

这两条直线称为该双曲线的*渐近线*(Asymptotes). 对于椭圆它们是虚的，虽然它们相交于一个实点，而对于抛物线它们重合于无穷远线.

直径 OS 的两个端点处的切线 A' 和 B' 对应的点 A 和 B 称为这条二次曲线的顶点；又因为点 S 到直线 A'，XY，B' 的距离成调和级数，它们的倒数 SA，SC，SB 成算术级数；因此点 C 是线段 AB 的中点，且它显然就是两条渐近线的交点.[①] **[165]**

又因为 SA'，SO 和 SB' 成算术级数，所以它们各自的倒数 SA，SL，SB 成调和级数.

XY 上任意一点 K 到这个圆的两条切线与 XY 和 KS 构成一个调和线束（目 78 下的例 5），由此通过倒演任一条通过点 C 的直线与这条二次曲线交于一个调和点列，其中对应于射线 KS 的点在无穷远处. 因此这条二次曲线每一条过点 C 的弦都被点 C 所平分. 由于这个性质，点 C 被称为这条二次曲线的中心（Centre）.

另外，因为 RS 在点 S 处的垂线上任意一点对该圆的两条切线与该点和点 R 以及点 S 的两条连线构成一个调和线束；因此通过倒演 OS 的任意一条平行线与这条二次曲线交得一个调和点列，其中对应于通过点 S 的那条射线的点在无穷远处；另外一个对应于过点 R 的射线的点在 OS 过点 C 的垂线 M 上. 由此能推断出这条二次曲线关于这条直线对称，而且它也关于直线 ON 对称. 这两条通过中心 C 互相垂直的直线称为这条二次曲线的轴（Axes）. **[166]**

例 题

1. 一个圆，任一点以及它关于该圆的极线，例如：

圆，圆心和无穷远线.

圆，原点和原点的极线.

圆和内接多边形.

圆（或二次曲线）和自共轭三角形.[②]

一条二次曲线，一条直线及它关于这条二次曲线的极点.

二次曲线，准线和焦点.

二次曲线，无穷远线和二次曲线的中心.

二次曲线和外切多边形.

二次曲线和自共轭三角形.

2. 一个圆内接六边形的三组对边交于三个共线点.（帕斯卡）

一个外切六边形的三组对顶点连成三条共点直线.（布利安桑）

---

① 当原点在这个圆的外部时，它的极线分圆周为两部分，分别是凹面和凸面朝向它.

如图 7.8 所示，这两部分倒演成凸面和凹面朝向原点的两条相分离的曲线，且这两条分支都伸向无穷远处. 但是，我们通常假定该圆连续的切线倒演成这条二次曲线上的连续点，通过取两条无限接近的切线，一条在这个圆的凸面部分，而另一条在凹面的部分，我们能得出结论，这条曲线的两条相对分支上的无穷远点是无限接近的，两条渐近线相切在重合的点上，而双曲线是一条连续的曲线.

② 如果原点取在这个三角形的一个顶点，那么倒形三角形的对应边在无穷远处，而它的另外两条边是这条二次曲线的两条（共轭的）直径. 见例 8，例 9.

当把这个六边形的外接圆取作倒演圆时能推出这一结论.

一般地，从任意的原点，关于一个圆的帕斯卡定理倒演成对于一条二次曲线的布利安桑定理.

3. 一个圆上的四个点与该圆上的一个动点连成非调和比相等的线束.

一个圆的四条定切线与该圆的一条动切线交成非调和比相等的点列.

因此，一般地，关于任一个原点进行倒演，Euc. III. 21 的性质变为：一条二次曲线的一条动切线与四条定切线交成的点列是等非调和比的；而倒过来，一条二次曲线上的四个定点与它上面的第五个变化的点连成的线束是等非调和比的.

而反过来又能推出，如果两个点与另外四个点连成相等非调和比的线束，那么所有六个点在一条二次曲线上；因此：这个六点组中的任意两个点与剩余的四点连成的线束有相等的非调和比. 这个点组有时称为一个*等非调和六边形*(Equianharmonic Hexagon).（汤森，*Mod. Geom.* vol. II. p. 168）

4. 同心圆.

有一个共同的焦点(原点)和准线的二次曲线.

[167]

5. 有一对共同的反演点(以其中任一点为原点)的各圆.

有一个共同的焦点和中心的二次曲线.

由二次曲线的对称性我们推断出这样的一组二次曲线有第二个共同的焦点；因此：*共轴圆关于它们共同的一对反演点中的任一个倒形成一组共焦二次曲线*.

6. Euc. III. 35，36.[①]

任一个焦点到一对平行切线的距离的乘积是定值.

由此根据对称性我们推断出两个焦点到任一条切线的距离的乘积是定值；而反过来，两个定点到一条动直线的距离的乘积是定值，那么这条动直线的包络是一条以这两个定点为焦点的二次曲线.

7. 一个圆中对原点张直角的弦包络出一条二次曲线.

一条二次曲线的两条垂直切线的交点的轨迹是一个圆（*准圆*）.

8. 一个圆的通过一个定原点的一条动弦被该点及它的极线调和分割.

二次曲线的两条平行切线的切点弦通过这条二次曲线的中心并被它平分.

定义. 一条二次曲线平行于一条切线的直径称为与通过切点的直径*共轭*.

9. 关于一个圆的两个共轭点(以它们连线的极点为原点).

一条二次曲线的共轭直径.

10. 如果一个动点 P 在一条通过原点的直线上移动，那么它的极线 S 通过这条直线关于该圆的极点 Q；且过 P 的两条切线与直线 PQ 和 PS 构成一个调和线束.

如果一条二次曲线的一条动弦沿着一个固定的方向平行移动，那么它上面无穷远点的调和共轭点(即中点)共线.

① Euc. III. 的命题 35，36 分别为相交弦定理和切割线定理. —— 译者注

因此任一组平行弦中点的轨迹是一条直线. [168]

11. 共轭点在圆上重合.	每条渐近线是它自己的共轭.
12. 它们到它们连线中点的距离的乘积是一个定值.	由二次曲线的一对共轭直径与任一条轴构成的两个角的正切的乘积是定值.
13. Euc. III. 21，22.①	一个外切四边形的任一组对边对一个焦点所张的角相等或互补.
14. 两条构成一个已知角的切线的交点的轨迹是一个同心圆. 它们的切点弦包络出一个同心圆.	对一个焦点张定角的弦的包络是一条有相同焦点和准线的二次曲线. 两个端点处切线的交点的轨迹是另一条有相同焦点和准线的二次曲线.
15. 如果一个给定度数的角的顶点在一个圆上，那么它变化的交点弦包络出一个同心圆.	如果在一条定切线上所取的两个点对一个焦点张一个定角，那么通过它们的两条切线的交点的轨迹是一条有相同焦点和准线的二次曲线.
16. 如果这个角是直角，那么这条弦的包络是圆心(以顶点为原点).	一条抛物线的两条相垂直的切线的交点的轨迹是准线.
17. 一个三角形的各条高共点(图 7.9).	一个完全四边形的各条对角线对一个特定的点张直角(图 7.10).

即以这三条对角线为直径的圆共点. [169]

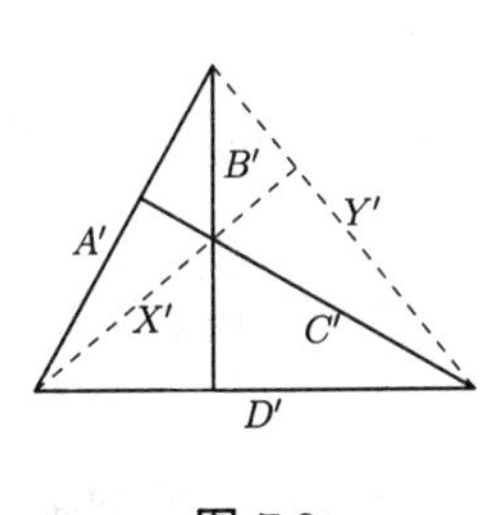

图 7.9

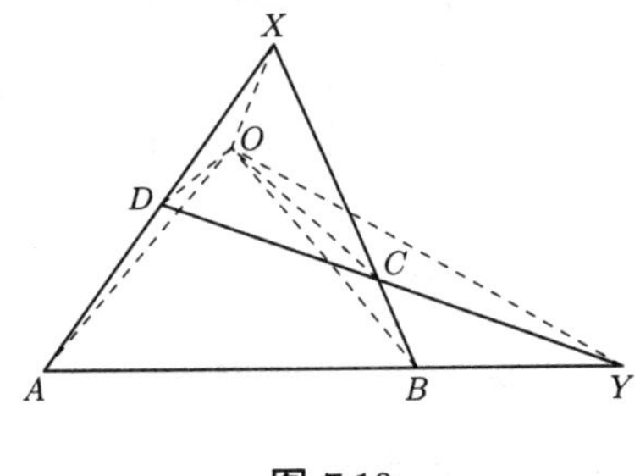

图 7.10

由此可得，因为它们的圆心在一条直线上，所以它们还通过第二个点，即第一个点关于这条直线的反射点，也就是它们是共轴的.

18. 一个三角形的底边以及两条侧边的比是已知的，那么顶点的轨迹是一个圆，底边的两个端点是关于这个圆的反演点(以其中任一个点为原点).	一条二次曲线的中心与焦点在任一条切线上的垂足的连线是定长的.

① Euc. III. 的命题 21 为：在同一个圆中，同一条弧所对的圆周角相等. 命题 22 为：圆内接四边形的对角互补.——译者注

这条垂线的垂足的轨迹称为这条二次曲线的*辅圆*(Auxiliary Circle). 这个圆与二次曲线显然在长轴的两个端点处相切.

因为一条抛物线的中心在无穷远处，所以它的辅圆退化为在顶点的切线.

19. 两圆的公切线对任一个共同的反演点张直角.

共焦二次曲线交成直角.

20. 圆上任一点到一个内接三角形各边的垂线的垂足共线.

过一条抛物线的一个外切三角形的各个顶点对它们与焦点的连线所作的垂线共点.

换言之，一条抛物线的外切三角形的外接圆通过焦点(参照例 18). 我们推断出由四条 [170] 切线(也就是任意的四条直线)构成的四个三角形的外接圆交于一点.

还能推出，因为外接圆上任意一点(原点)和垂心到该点的西姆松线的距离相等，所以*外切于一条抛物线的动三角形的垂心的轨迹是准线*.

21. 具有给定底边和顶角的三角形的顶点的轨迹是一个圆(Euc. III. 21).

如果对一个定点张定角的一条动线段的两个端点在两条固定直线上移动，那么它包络出一条以这两条定直线为切线的二次曲线.

因而与它们等非调和地相交.①

22. 因为互反的两条线段对该圆上任一点张相似的角②，所以作一条直线与两个圆交得的两条线段对任一个共同的反演点张相似的角.

任一点到共焦二次曲线的切线对是等夹角的.

23. 所有圆相交于无穷远线上的两个虚点.

共焦二次曲线具有通过焦点的虚的公切线对.

24. 一点关于一组共轴圆的极线共点.

一条直线关于一组共焦二次曲线的极点共线.

25. 例 24 中的两点在从任一个共同的反演点发出的两个相垂直的方向上.

一条直线的极点的轨迹垂直于已知直线.

26. 一个圆中两条垂直弦上各线段的平方和是定值.

两个焦点到两条垂直的切线的距离的倒数的平方和是定值.

因此如果 p_1, p_2, π_1, π_2 表示两焦点到这两条切线的距离，那么 $\sum \frac{1}{p_1^2}$ 为定值.

---

① 指动线段与这两条定直线的每四个对应交点的非调和比都相等. —— 译者注

② 点 A', B' 分别是点 A, B 的反演点，且这四个点共线，那么线段 AB 和 $A'B'$ 称为互反线段. “张相似的角”指所张的角相等或互补. 当点 A, B (A', B') 位于反演中心的同侧时，所张的角相等；位于反演中心的异侧时，所张的角互补. —— 译者注

27. 在例 26 中，如果倒演半径的平方是这个点关于该圆的幂.

$p_1^2+p_2^2+\pi_1^2+\pi_2^2=$ 定值，即两条垂直切线的交点的轨迹是一个同心圆（准圆）.

[171]

28. 从二次曲线的两条垂直切线，准圆，中心和无穷远线的性质中.

一条二次曲线中在任一点张直角的一条动弦包络出一条二次曲线；而包络曲线的焦点和准线是关于已知二次曲线的极点和极线.

如果这个点在已知二次曲线上，那么包络化为该点处的切线通过切点的垂线（法线）上的一点.[①]

29. 内接于一个圆的 $\triangle ABC$ 的底边 BC 是固定的，并取它的极点为原点. 运用目 79 下的例 10 的公式，我们得到倒形三角形的面积是定值，因此：由任一条切线和两条渐近线截出的面积是定值. 而反过来，已知一个三角形顶角的位置和面积，那么底边的包络是一条二次曲线；且两条侧边被底边的两个端点等非调和地分割.

30. 从关于某圆的一个自共轭三角形的一个顶点通过倒演证明：

（1）一个椭圆的任意两条共轭直径的平方和是定值.

（2）一条双曲线的任意两条共轭直径的平方差是定值.

31. 运用目 79 下的例 3 和例 4 的方法，求出一条外接或内切于参考三角形的二次曲线的切线式方程.

[172]

① 这可以独立证明如下：如果过一个定点作出两条相互垂直的直线，并在一个圆的一条定切线上交出一条动线段 AB；那么过点 A 和点 B 的两条切线的交点的轨迹是一条直线.

由于它是一条只能与已知切线交于一点的轨迹，通过倒演，因此，……

第8章　共轴圆

第1节　共轴圆

82. 定义. 两圆 (A, r_1) 和 (B, r_2) 的根轴 (Radical Axis) L 是垂直于 AB 并分割它使得 $AL^2 \sim BL^2 = r_1^2 \sim r_2^2$ 的直线. 参照目 72 下的例 3.

由定义可得当两圆相交时 L 是它们的公共弦，并且我们可以通过把根轴看作它们的实的或虚的相交弦来一般化这一说法.

因此有一条共同根轴的所有圆通过两个实点或两个虚点.

这样的一组圆称为一个共轴圆组 (Coaxal System).

83. 在目 72 下的例 3 中已经看到，与两个已知圆正交的一个动圆通过两个定点，即它们共同的一对反演点，因此这一组正交圆是共轴的，并且根据它们之间的相互关系可将这两组圆称为共轭的共轴圆组 (Conjugate Coaxal Systems). 显然如果其中任一组圆有实交点，那么另一组圆没有实交点；且一组圆的两个公共点是关于另外一组圆的共同的反演点对，目 72 下的例 1（如图 8.1，图 8.2 所示）.

[173]

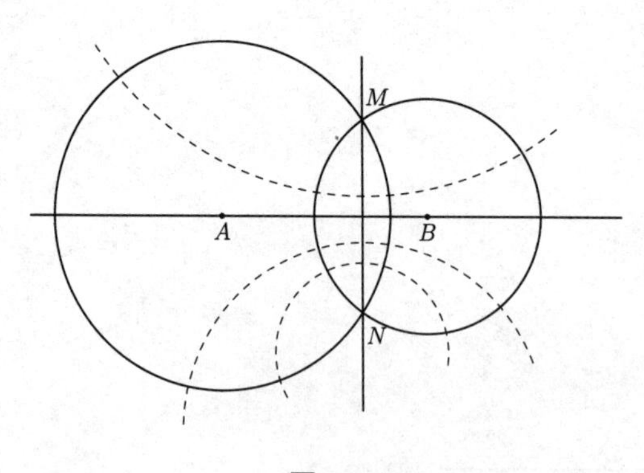

图 8.1

因为连心线 AB 平分公共弦 MN，所以它是每个公共点关于另外一点的反射轴.

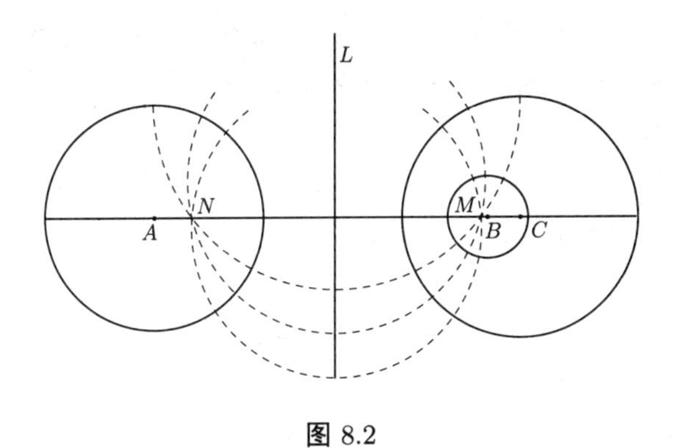

图 8.2

注记. 如果两个圆是同心的，那么它们的根轴是无穷远线；因此一组同心圆通过两个虚无穷远点.

这两个点称为圆环点(Circular Points).

如果这两个圆相切，那么它们的根轴是在切点的公切线.

如果这两个圆化为点，那么两个点的根轴是它们的反射轴.

84. 设 (A, r_1)，(B, r_2)，(C, r_3)，$\cdots$ 表示一组共轴圆. 那么由 **[174]**

$$AL^2 - BL^2 = r_1^2 - r_2^2,\ AL^2 - CL^2 = r_1^2 - r_3^2,\ \cdots$$

通过移项得到

$$AL^2 - r_1^2 = BL^2 - r_2^2 = CL^2 - r_3^2 = \cdots = \pm k^2. \tag{1}$$

这些量的这个共同值($\pm k^2$)是该圆组的模数(Modulus). 对于非相交型的圆组它是正数，而对于相交型的圆组它是负数，或者说对于公共点的类型.

85. 从目 84 的式 (1) 可以得到，一个共轴圆组中任一个给定半径的圆的圆心是确定的，反之亦然. 在前一种情形中

$$CL^2 = AL^2 - r_1^2 + r_3^2 = \text{一个已知值}.$$

这样能求出两个数量相等但符号相反的 CL 的值. 因此这个圆组中的每一个圆关于根轴的反射也是该圆组中的一个圆. 因而根轴是整个圆组关于其对称分布的直线.

86. 三个圆两两之间的三条根轴共点(目 72 下的例 6). 特别地，当它们的圆心共线时，三条根轴相平行，因而这个所共的点(根心)在无穷远处. 如果这三个圆是共轴的，那么这些根轴重合，因而这条直线上的任意一点到这三个圆的切线相等.

反之，如果三个圆心共线的圆有一个不在无穷远处的根心，那么它们组成一个共轴圆组.

87. 由等式 $AL^2 - r_1^2 =$ 定值给出的**半径的极限值**.

[175] 因为 $AL^2 - r_1^2$ 是恒定的，所以 AL 和 r_1 在数值上同时增大和减小；即对应于圆心趋近或远离根轴，半径减小或增大.

在极限情形中可得，当点 C 在无穷远处时，这个圆的曲率消失，而它的一部分和根轴重合. 在无穷远处的剩余部分是无穷远线；因此*我们可以把无穷远线和根轴一起看作组成了这个圆组中半径无限大的圆.*[①]

此外，因为 $AL^2 - r_1^2 = CL^2 - r_3^2$，若 $r_3 = 0$，则

$$CL^2 = AL^2 - r_1^2. \tag{1}$$

这个等式中 CL 的两个值自然确定出两个具有无穷小半径的圆的圆心位置. 这两个圆是该圆组中的*点圆*(Points Circles)或无限小圆，并被称为*极限点*(Limiting Points).

由式 (1)，得

$$r_1^2 = AL^2 - CL^2 = (AL - CL)(AL + CL) = AC \cdot AC',$$

这里点 C' 是点 C 关于根轴的反射点；所以两个极限点是这组共轴圆共同的反演点对（参照目 72 下的例 1）. 因而一个圆和一个点的根轴是该点和它关于这个圆的反演点的反射轴.

88. 定理. I. *一组共轴圆的根轴是到这些圆的切线长相等的点的轨迹.*

[176] 设由点 P 发出的切线长是 t_1 和 t_2. 那么

$$t_1^2 = PA^2 - r_1^2,\ t_2^2 = PB^2 - r_2^2;$$

将上两式相减可得

$$t_1^2 - t_2^2 = PA^2 - PB^2 - (r_1^2 - r_2^2) = 0\ (\text{目 } 82);$$

因此，……

II. *更一般地，任一点 P 到两个圆的切线长的平方差($t_1^2 \sim t_2^2$)等于它们的圆心距与 P 到它们根轴的距离的乘积的两倍；即*

$$t_1^2 - t_2^2 = 2AB \cdot PL.$$

如图 8.3 所示，作 PP' 垂直于 AB 并取 AB 的中点 M. 那么有

$$t_1^2 = AP^2 - r_1^2,\ t_2^2 = BP^2 - r_2^2;$$

因此

$$\begin{aligned} t_1^2 - t_2^2 &= AP^2 - BP^2 - (r_1^2 - r_2^2) \\ &= AP'^2 - BP'^2 - (AL^2 - BL^2)\ (\text{Euc. I. 47}) \\ &= 2AB \cdot P'M + 2AB \cdot ML\ (\text{Euc. II. 5 或 6}); \end{aligned}$$

① 因为两个圆相交在它们的根轴上，由此我们断定任意两个圆通过无穷远线上的两个虚点. 另外，因为每两个圆相交在这条直线上，所以所有圆通过相同的两个虚点，即*无穷远圆环点*(Circular Points at Infinity).

于是
$$t_1^2 - t_2^2 = 2AB \cdot PL.$$

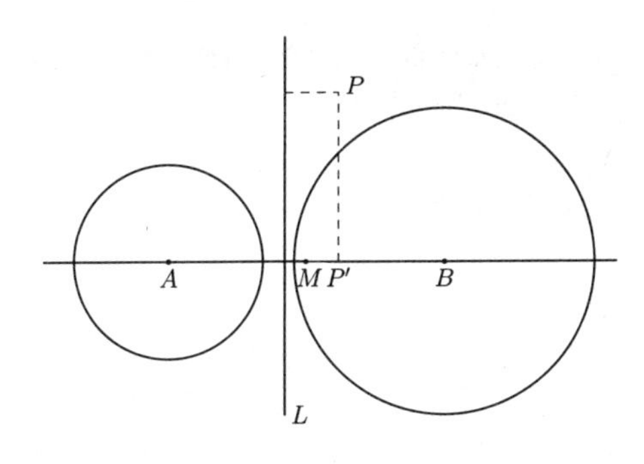

图 8.3

推论 1. 如果 P 是其中圆 (B, r_2) 上的任意一点，那么
$$t_2 = 0,$$
而
$$t_1^2 = 2AB \cdot PL,$$
即
$$t_1^2 \propto PL;$$
即如果一个动点到一个已知圆的切线的平方与它到一条定直线的距离成正比，[177] 那么这个点的轨迹是一个与已知圆和直线共轴的圆.

推论 2. 更一般地，如果点 C 是一个与圆 A 和圆 B 共轴并通过点 P 的圆的圆心，t_1 和 t_2 是从 P 发出的切线长，那么根据推论 1，有
$$t_1^2 = 2AC \cdot PL, \tag{1}$$
$$t_2^2 = 2BC \cdot PL. \tag{2}$$
式 (1) 除以式 (2)，得
$$\frac{t_1^2}{t_2^2} = \frac{AC}{BC}, \tag{3}$$
因此向两个圆所作切线成定比的点的轨迹是一个共轴圆，它的圆心由式 (3) 确定.

推论 3. 两圆的每一条公切线对两个极限点张直角.

设点 M 是一个极限点，XY 是公切线中的一条，而点 L 是它与根轴的交点，那么 $LX = LY = LM$；因此，……

推论 4. 如果一个圆的一条动弦 XY 被点 P 分割使得 $PX \cdot PY \propto PM^2$，这里点 M 是一个定点；那么点 P 的轨迹是一个与已知圆和点共轴的圆.

直线 PM 是由点 P 向极限点 M 所引的切线；因此，……

例 题

1. 如图8.4所示，如果圆 (O,r) 的一条动弦 (AB) 对一个定点 (M) 张直角，那么下面各点的轨迹都是与已知点和已知圆共轴的圆：

（1） 动弦的中点 N.

（2） 点 M 到动弦的垂线的垂足 N'.

[178] （3） AB 的极点 P.

[证明（1）和（2）. 我们有

$$\frac{NM^2}{NA \cdot NB} = \frac{N'M^2}{N'A \cdot N'B} = -1,$$

因此根据推论2和推论4，点 N 和点 N' 在同一个与点 M 和圆 (O,r) 共轴的圆上，它的圆心内等分线段 OM.

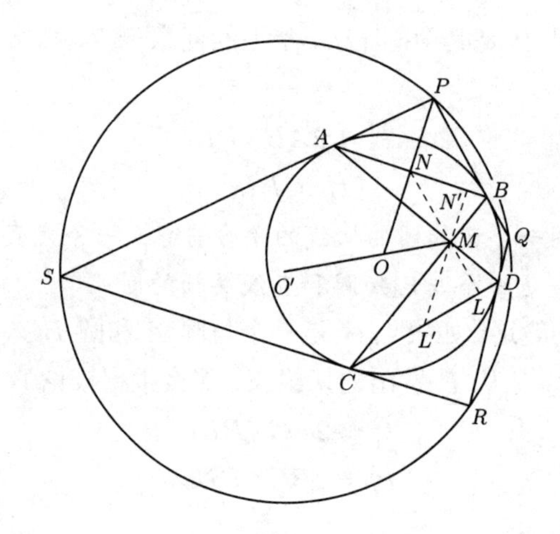

图 8.4

证明（3）. 因为点 N 画出一个圆，所以它的反演点 P 画出一个与圆 (O,r) 和点 N 的轨迹共轴的圆. 这是由于点 P 的轨迹是一个圆；并且这三个圆有一对实的或虚的公共点，所以它与另外两个圆共轴.]

2. 一个三角形的垂心是以各边为直径所作的三个圆的根心；且各高上线段的乘积的共同值（目77）是垂心关于这三个圆的根积.

3. 两个圆的四条公切线的中点共线.

[179] [每个等分点都在根轴上.]

4. 求一个已知三角形的三个旁切圆的根心和根积.

[底边的中点是与底边外切的两个旁切圆的公切线的中点；所以通过它平行于顶角的内角平分线（即与它们的连心线成直角）的直线是它们的根轴. 对于剩下的每一对圆类似. 因此这个根心是中点三角形的内心；而一般的，中点三角形的三个旁心是通过取原三角形的内切圆和两个旁切圆所构成的三个三圆组的根心.

对于这些根积的值，参见目48下的例1.]

5. 一个三角形的外心是以点 B 和点 C，点 C 和点 A，点 A 和点 B 为极限点的任意三个共轴圆组的根心.

6. 两个圆的任意两条相交在它们根轴上的割线的端点共圆.

7. 与两圆 (A, r_1)，(B, r_2) 交成角 α 和 β 的任意圆 (P, R) 与根轴的交角 θ 由下面的等式给出

$$\cos\theta = \frac{r_1\cos\alpha - r_2\cos\beta}{AB}.$$

[将这两条割线记为 PXX' 和 PYY'. 运用公式 $t_1^2 - t_2^2 = 2AB \cdot PL$，我们得到

$$\begin{aligned}2AB \cdot PL &= R(R + XX') - R(R + YY')\\ &= R(XX' - YY') = 2R(r_1\cos\alpha - r_2\cos\beta);\end{aligned}$$

因此
$$\frac{PL}{R} = \frac{r_1\cos\alpha - r_2\cos\beta}{AB}.$$

但是 $\dfrac{PL}{R}$ 等于圆 (P, R) 与根轴上的截段构成的弓形内的角的余弦；因此，……]

8. $\triangle ABC$ 和它的垂心三角形的透视轴是外接圆和九点圆的根轴.

[运用目 88，I. 和 Euc. III. 36.]

8a. 垂心和外心的连线与 $\triangle ABC$ 和垂心三角形的透视轴相垂直.

[它是外接圆和九点圆的连心线.]　**[180]**

9. 如图 8.5 所示，两个圆相切于 M 且其中一圆的一条弦 AB 切另一个圆于 P；证明 PM 是 $\angle AMB$ 的一条平分线.

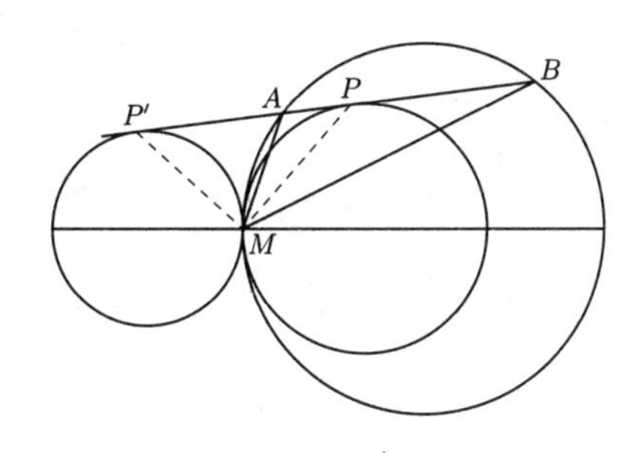

图 8.5

[根据目 88 下的推论 2，有 $\dfrac{AP}{AM} = \dfrac{BP}{BM}$.]

10. 对于任一个对角线交于点 M 的圆内接四边形，证明：如果两条对角线夹角的平分线与四条边交于 X，Y，X'，Y'，那么

$$AL \cdot BL \cdot CL \cdot DL = XL \cdot YL \cdot X'L \cdot Y'L,$$

其中 L 是这个圆和点的根轴.

11. 如果 L，M，N 表示三对圆 X 和 A，X 和 B，X 和 C 的根轴，而 L'，M'，N' 是 Y 和 A，Y 和 B，Y 和 C 的根轴；证明 $\triangle LMN$ 和 $\triangle L'M'N'$[①] 这两个三角形成透

① 这里 $\triangle LMN$ 是指由直线 L，M，N 围成的三角形，其顶点分别是 LM，MN，NL. 符号 $\triangle L'M'N'$ 的含义类似. —— 译者注

视；而透视中心是圆 A，B，C 的根心；而它们的透视轴是圆 X 和圆 Y 的根轴.

[因为 MN 是圆 B 和 C 的根轴上的一个点（目72下的例6）；类似地，$M'N'$ 是 $\triangle L'M'N'$ 在同一条直线上的一个顶点；因此，……]

12. 如果自一个三角形的各个顶点作通向对边的线段 AX，BY，CZ；那么以这些线段为直径的三个圆的根心是这个三角形的垂心，而它们共同的正交圆是该三角形的极圆.

[这个三角形的三条高分别是这些圆的弦；因此，…… 目77.]

13. 对于任意三个圆 A，B，C 以及伴随它们所取的另外三个圆使得 B，C，X；C，A，Y；A，B，Z 分别构成三个共轴圆组；证明：

[181] （1）这个六圆组有共同的根心和根积.

（2）如果 X，Y，Z 的圆心共线，那么这三个圆共轴.

[（1）中的根心和根积显然就是圆 A，B，C 的根心和根积.（2）可立即推出，因为如果这些圆不共轴的话，那么它们的根心在无穷远处. 目86.]

14. 已知两个共轴圆组有一个公共圆；求它们中相切圆切点的轨迹.

[设这两个圆组的根轴 L 和 L' 相交于 P，而 T 是一个切点. T 处的公切线通过 P，而 PT 是这两个圆组共同的正交圆的半径，因此该圆就是所求的轨迹.]

15. 任意两圆的根轴平分每个圆的圆心关于另外一圆的极线之间的距离.

16[①]. 作三个圆，每个圆与$\triangle ABC$ 的两条边相切并分别与外接圆内切于点 L，M 和 N；证明 $\triangle ABC$ 和 $\triangle LMN$ 成透视.

[设其中一个圆与边 a 和 b 切于点 P 和 Q 并与外接圆切于点 N. 那么点 N 是这两个圆的一个极限点，所以 $\dfrac{AQ^2}{AN^2}=\dfrac{BP^2}{BN^2}=\dfrac{R-\rho}{R}$，这里 ρ 是内切圆的半径；而 $AQ=b-CQ=b-\dfrac{ab}{s}$，目6下的例3；类似地，$BP=a-\dfrac{ab}{s}$；代入这些值并化简，我们得到 $\dfrac{AN}{BN}=\dfrac{s-a}{a}\Big/\dfrac{s-b}{b}$. 另外，$\dfrac{AN}{BN}$ 等于点 N 到边 b 和边 a 的距离比（Euc. III. 22）.

类似地，点 L 和点 M 到 $\triangle ABC$ 中相应两边的距离比是 $\dfrac{s-b}{b}\Big/\dfrac{s-c}{c}$ 和 $\dfrac{s-c}{c}\Big/\dfrac{s-a}{a}$；根据目65，因此，……]

17[②]. 如果例16中作出的三个圆与外接圆外切于点 L'，M'，N'，那么 $\triangle ABC$ 和 $\triangle L'M'N'$ 成透视.

[182] 18[③]. 例16和例17中的两个透视中心分别是 $\triangle ABC$ 与连接三个旁切圆和各边的内切点构成的三角形的透视中心（奈格尔点）的等角共轭点；以及 $\triangle ABC$ 与连接内切圆和各边的切点构成的三角形的透视中心（葛尔刚点）的等角共轭点.

[利用目64下的例3中给出的性质.]

19. 一个三角形的九点圆和内切圆及三个旁切圆相切.

① de Longchamps 教授，*Educ. Times*，July，1890.

② 同上.

③ 同上.

[如图 8.6 所示，设 $\triangle ABC$ 是这个三角形，O 和 I 是外接圆和内切圆的圆心，PP' 是共同的直径，XYZ 和 $X'Y'Z'$ 是点 P 和 P' 的西姆松线，R 是它们的交点，L，M，N 是各边的中点，L'，M'，N' 是内切圆的切点.

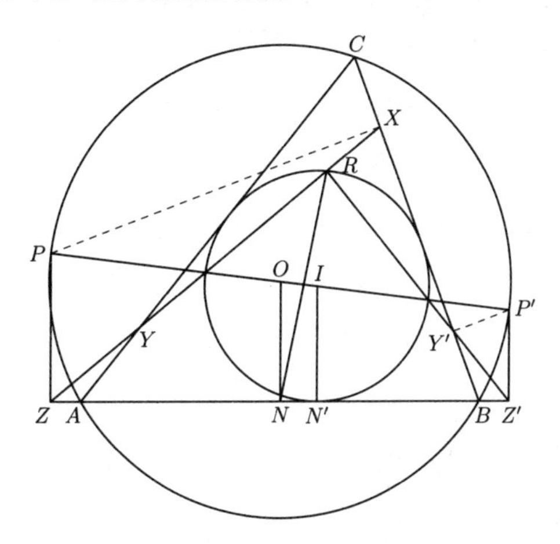

图 8.6

因为 $OP = OP'$，所以 $NZ = NZ'$. 但是两个对径点的西姆松线垂直相交于九点圆上的点 R；因此 $NZ = NZ' = NR$. 另外，$\dfrac{OP}{OI} = \dfrac{NZ}{NN'} = \dfrac{NR}{NN'}$，所以 $\dfrac{NR}{NN'} = \dfrac{MR}{MM'} = \dfrac{LR}{LL'}$；因此得到点 R 是内切圆和 $\triangle LMN$ 的外接圆的一个极限点. 参见目 83 的注记. 这一著名性质的这个优美的证明属于麦凯.]

20. 动圆 (O, ρ) 与两个圆 (A, r_1)，(B, r_2) 相切；证明它的圆心关于任一圆 (A, r_1) 的极线 M 包络出一个定圆，如图 8.7 所示.

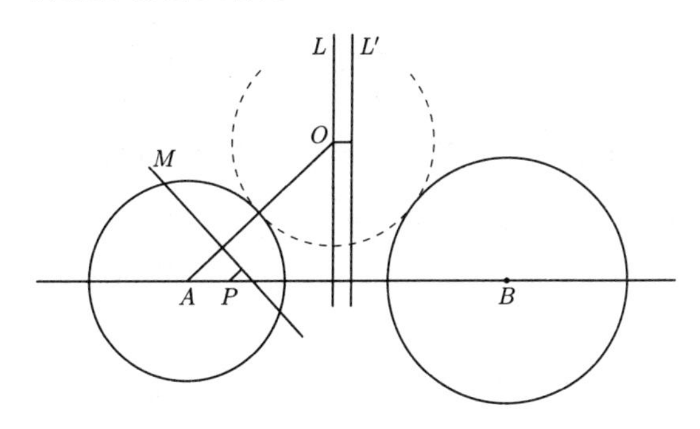

图 8.7

[因为它与这两个圆相切，所以它与两圆的根轴 L 交成定角(目 88 下的例 7)，即 $\dfrac{\rho}{OL} =$ 定值. 作 L 的平行线 L' 使得 $\dfrac{\rho}{OL} = \dfrac{r_1}{LL'}$，那么这两个比中的每个等于 $\dfrac{AO}{OL'}$. 设点 P 是 L' 关于圆 (A, r_1) 的极点；根据萨蒙定理，我们得到 $\dfrac{AO}{OL'} = \dfrac{AP}{PM}$，因而 PM 是定值，故　**[183]**

点 M 的包络是以点 P 为圆心并以 PM 为半径所作的圆.]

注记. 如果选取圆心的四个位置 O_1, O_2, O_3, O_4 以及它们相应的极线 M_1, M_2, M_3, M_4；因为由这四条切线在任一条动切线 M 上构成的非调和比是定值，所以（目 80 下的 (9)），包络圆倒演成这样一种曲线，连接它上面四个定点与一个变化的第五点的线束的非调和比相等. 我们已经在目 81 下的例 3 中看到这是一条二次曲线；而比 $\dfrac{AO}{OL'}$ 是这条二次曲线的离心率，A 是焦点，L' 是准线.

89. 定理. 如图 8.8 所示，作一条直线分别与圆 (A, r_1)，圆 (B, r_2) 交于点 X, X' 和 Y, Y'，证明这些点处的切线的四个交点 P, Q, R, S 在一个与两已知圆共轴的圆上.

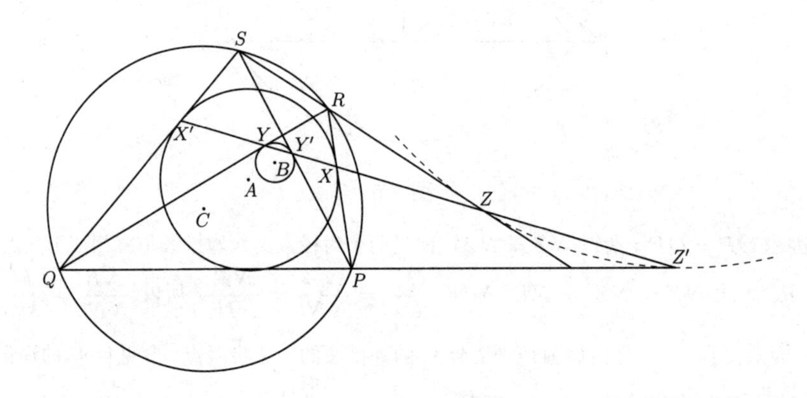

图 8.8

设 α 和 β 是该直线与这两个圆的交角. 那么

$$\frac{\sin\alpha}{\sin\beta} = \frac{PY'}{PX} = \frac{QY}{QX'} = \frac{RY}{RX} = \frac{SY'}{SX'};$$

[184] 所以点 P, Q, R, S 中的每个到两个已知圆的切线的比($t_1 : t_2$)是相等的，因此它们在一个共轴圆上，其圆心 C 由关系式 $\dfrac{AC}{BC} = \dfrac{\sin^2\beta}{\sin^2\alpha} = \dfrac{t_1^2}{t_2^2}$ 给出（目 88 下的推论 2）.

推论 1. 因为 $\sin\alpha = \dfrac{XX'}{2r_1}$ 及 $\sin\beta = \dfrac{YY'}{2r_2}$，通过相除我们得到

$$\frac{t_1}{t_2} = \frac{\sin\beta}{\sin\alpha} = \frac{YY'}{XX'} \div \frac{r_2}{r_1}; \tag{1}$$

因此，如果两个定圆在一条动直线上确定的两条截线段成定比($\dfrac{XX'}{YY'}$)，那么这些交点处的切线相交在与两个已知圆共轴的一个定圆上.

推论 2. 如果推论 1 中的两条截线段的比与两条半径的比相等，那么 $t_1 = t_2$，$\alpha = \beta$，点 C 在无穷远处，而各切线交点的轨迹是根轴.

推论 3. 如果两条截线段的比与两条半径的平方根的比相等，即 $\frac{XX'^2}{YY'^2} = \frac{r_1}{r_2}$，那么

$$\frac{t_1^2}{t_2^2} = \frac{r_1}{r_2} = \frac{AC}{BC},$$ ①

[185]

因此与两个已知圆共轴且圆心分两个已知圆圆心间的距离为它们半径的比的圆，是到两个已知圆的切线长的比与半径的平方根的比相等的点的轨迹.

推论 4. 如果这两条截线段相等，$XX' = YY'$，那么这些切线成这两条半径的比，而它们交点的轨迹称为这两个已知圆的*相似圆*（Circle of Similitude）；它的圆心 C 由以下等式给出

$$\frac{AC}{BC} = \frac{r_1^2}{r_2^2} \text{（推论 1）}. \tag{2}$$

推论 5. 因为 AB 被内分及外分于点 C_1 和点 C_2，使得 $\frac{AC_1}{BC_1} = \frac{AC_2}{BC_2} = \frac{r_1}{r_2}$，又被分割于点 C，根据推论 4，使得 $\frac{AC}{BC} = \frac{r_1^2}{r_2^2}$，由此可得（目 70）点 C 是线段 C_1C_2 的中点，而相似圆是以其为直径的圆.

推论 6. 如果直线 $XX'YY'$ 通过这个四边形的对连线（QS，PR 及 PS，QR）的交点，那么当 PQ 和 RS 互相平行时；圆 A 和圆 B 化为点并因此是这个圆组的两个极限点；也就是*梯形 $PQSR$ 的外接圆与切两条平行边于 Z 和 Z' 的圆的共同的反演点对*（目 72 下的例 13）.

例　题

1. 与一个圆内接四边形的一组对边交成等角的任意一条直线，与剩下的两组对边也构成等角（Euc. III. 21，22）；交它们于点 X，X'，Y，Y'，Z，Z'，使得与各组对边切于这些点的三个圆和已知圆共轴；且它们中的一个与另外两个位于根轴的两侧.

[186]

2. 内接于一个圆的一个动四边形移动时，使得一组对边包络出一个圆，那么剩下的每组对边总与两已知圆的共轴圆相切.

3. 一个动 $\triangle ABC$ 内接于一个共轴圆组中的一个圆，且两条边中的每一条包络出该圆组的一个圆；证明第三条边 AC 包络出该圆组的另一个圆.

① 容易看出满足这一关系式的两个点 C_1 和 C_2 是这两个圆的两条外公切线的交点及两条横共切线的交点，并称它们为*相似中心*（Centres of Similitude）. 相应的两个共轴圆称为这两个已知圆的*外逆相似圆*和*内逆相似圆*（External and Internal Circles of Anti-similitude）.

[如图 8.9 所示，设 $\triangle A'B'C'$ 是已知三角形任一另外的位置. 那么 $ABA'B'$ 是一个圆内接四边形，且一组对边 AB 和 $A'B'$ 与一个已知圆相切，因此 AA' 和 BB' 与该圆组中的一个圆相切.

类似地，BB' 和 CC' 与该圆组的一个圆相切. 但是 BB' 在根轴的任一侧只能与这个圆组的一个圆相切，目 92 下的例 6；因此 AA'，BB'，CC' 与相同的圆相切. 现在考虑四边形 $AA'CC'$；根据例 2，显然 AC 和 $A'C'$ 与一个圆相切；因而 AC 的包络是一个共轴圆.①]

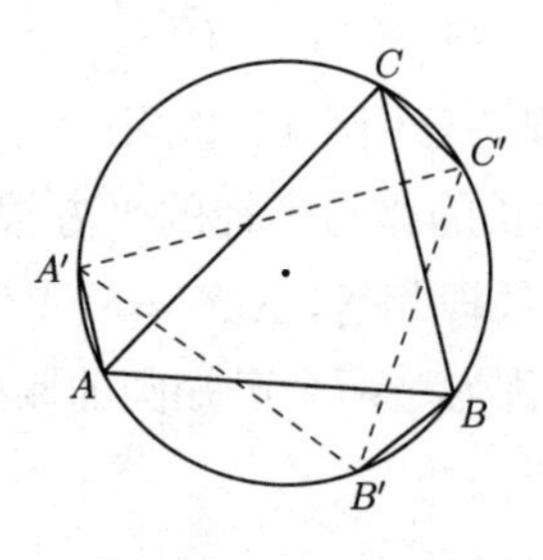

图 8.9

4. **彭赛列定理.** 如果内接于一个共轴圆组中某圆的一个动多边形，移动时使得除一条边外的所有边都与该圆组的各定圆相切，那么最后一条边在每个位置都与该圆组的一个定圆相切.

[187] [利用例 3.]

5. “作一个多边形，使它的所有顶点都在一个已知圆上且所有边都与另一个圆相切”的问题或者不可能有解，或者解是不确定的.

[令例 4 中与这个多边形除一条边外的所有边相切的所有圆重合；因此能推出如果最后一条边在一个位置与这个圆相切，那么它在每个位置都与该圆相切.]

6. 两个圆使得一个四边形能内接于其中一个圆并外切于另一个圆，求它们的半径 r_1 和 r_2 以及圆心距 δ 之间的关系式.

[根据例 5，当这是可能的时该四边形的位置是不确定的. 假设它到达一个对称的位置，即一组对顶点在这两圆共同的直径的端点处，而 θ 是任一条边和这条直径的夹角. 利用直角三角形我们得到关系式

$$\frac{r_1}{r_2-\delta}=\sin\theta,\ \frac{r_1}{r_2+\delta}=\cos\theta,$$

将这两个结论平方并相加，有

$$\frac{1}{(r_2-\delta)^2}+\frac{1}{(r_2+\delta)^2}=\frac{1}{r_1^2}.]$$

7. 如果 (A,r_1)，(B,r_2)，(C,r_3) 是三个共轴圆，使得两组对边包络出圆 (A,r_1) 和圆 (B,r_2) 的一个动四边形内接于圆 (C,r_3)，证明

$$\frac{r_2^2}{(r_3-\delta_1)^2}+\frac{r_1^2}{(r_3+\delta_2)^2}=1,$$

① 哈特博士，*Quarterly Journal*，Vol. II. p. 143.

这里 δ_1 和 δ_2 表示 AC 和 BC 的长度.

[使用例6的方法.]

8. 一条动直线 L 与圆 (A,r_1) 和圆 (B,r_2) 相交，使得截出的弦的长 $2c$ 和 $2c'$ 成定比 κ; 证明在直线 AB 上能求出两点 A', B'，满足关系式

$$A'L\cdot B'L=\text{定值}.$$

[因为
$$c^2=r_1^2-AL^2,\ c'^2=r_2^2-BL^2,$$
所以
$$r_1^2-AL^2=\kappa^2(r_2^2-BL^2),$$
即
$$(AL+\kappa BL)(AL-\kappa BL)=\text{定值},$$
但是
$$AL+\kappa BL=(1+\kappa)A'L,$$
[188]
并且
$$AL-\kappa BL=(1-\kappa)B'L,$$
这里 A' 和 B' 内分和外分线段 AB 为 $\kappa:1$.]

注记. 这样能看出这一目中的这条动直线包络出一条二次曲线，点 A' 和点 B' 是焦点.

90. 我们在目86中已经看到，一般的三个圆有且仅有一个共同的正交圆，而特别的，当能作出多于一个的共同正交圆时，这三个圆组成一个共轴圆组.

这个性质有时用来确定几个圆是否共轴，因此可以看作是共轴性的一个判定准则. 下面的说明属于沃克(Walker).

91. 如图8.10所示，设 XYZ 是 $\triangle ABC$ 它的任意一条截线. 连接 AX，BY，CZ. 这些线段从 $\triangle AYZ$，$\triangle BZX$，$\triangle CXY$，$\triangle ABC$ 中每一个的顶点发出，终止于对边; 因此根据目88下的例12，这四个三角形的垂心中的每个都是以 AX，BY，CZ 为直径所作的三个圆的根心.

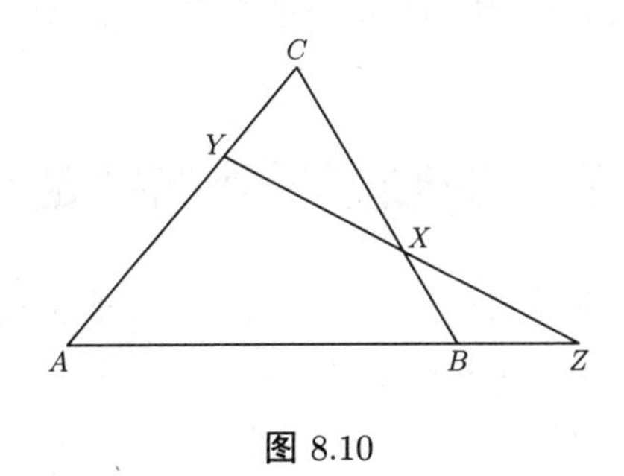

图 8.10

因此我们得到下面的定理:

(1) 由任意四条直线组成的四个三角形的垂心共线. [189]

(2) 一个完全四边形的对角线 AX，BY，CZ 的中点共线.

(3) 垂心所共的直线垂直于(2)中的直线，后者称为该四边形的对角中线(Diagonal Line).

(4) 以这三条对角线为直径所作的圆共轴.

（5）这四个三角形的极圆属于共轭的共轴圆组.

例 题

1. A，B，C，D 是一个凸四边形的顺序四个顶点；A_e，B_e，C_e，D_e 和 A_i，B_i，C_i，D_i 是其各角的外角平分线和内角平分线；证明：

（1）通过三条一组地选取这个四边形的边组成四个三角形，那么与这些三角形的各边相切的十六个圆的圆心四个四个地在这些角平分线上.

（2）下述各组四边形是共圆的：

$$\text{(a)}\begin{cases}A_e\,B_i\,C_i\,D_e\\A_i\,B_e\,C_e\,D_i\end{cases};\qquad\text{(c)}\begin{cases}A_i\,B_i\,C_e\,D_e\\A_e\,B_e\,C_i\,D_i\end{cases};$$

$$\text{(b)}\begin{cases}A_i\,B_e\,C_i\,D_e\\A_e\,B_i\,C_e\,D_i\end{cases};\qquad\text{(d)}\begin{cases}A_e\,B_e\,C_e\,D_e\\A_i\,\,B_i\,\,C_i\,\,D_i\end{cases}.$$

（3）组 (a) 和 (c) 共轴，而组 (b) 和 (d) 共轭地共轴.

[这些性质通过运用 Euc. III. 32 去证明其中一组的任一个圆与另一个组中的任一个圆正交而得以证明.（罗素）]

2[①]. A，B，C，D 是一个圆上的四个点. 依次省略每一个点，我们得到四个三角形；证明与这些三角形的各边相切的十六个圆的圆心四个四个地在四条平行线上，还四个四个地在与前一组直线垂直的四条直线上；并且这两组直线平行于 AC 和 BD 夹角的两条平分线.（麦凯） **[190]**

3. 已知 $\triangle ABC$，AA' 是外接圆的一条直径而 H 是垂心；证明 A' 和 H 到底边 BC 的距离相等；并由此推出定理“任意一点的西姆松线到这个点及该三角形垂心的距离相等.”

第 2 节　共轴圆另外的判定准则

92. I. 联系一个共轴圆组中三个圆的圆心距和半径的关系式.

将这些圆记为 (A,r_1)；(B,r_2)；(C,r_3). 那么对于根轴上的任一点 P，有

$$BC\cdot AP^2+CA\cdot BP^2+AB\cdot CP^2=-BC\cdot CA\cdot AB.$$

由此，若 t 是 P 到这些圆的切线长，则因为 $AP^2=r_1^2+t^2$，$\cdots$，代入这个等式并化简得

$$BC\cdot r_1^2+CA\cdot r_2^2+AB\cdot r_3^2=-BC\cdot CA\cdot AB,\tag{1}$$

当这个圆组中任一个圆的圆心的位置是已知的时，由此能算出其半径 r_3 的一个值；且反之亦然.

① *Educational Times*, Reprint Vol. LI. p. 65.

推论 1. 若 $r_3 = 0$，则 C 是一个极限点（目 87），在式 (1) 中通过设 $AC = x$，我们得到一个关于 x 的二次方程，它的最后一项是 r_1^2. 因此两个极限点到该圆组中任一圆的圆心的距离的乘积等于它的半径的平方. 参照目 87.

推论 2. 若 $r_2 = r_3 = 0$，则这个准则化为

$$AB \cdot AC = r_1^2. \qquad [191]$$

例 题

1. 若 t_1，t_2，t_3 表示任一点 P 到一个共轴圆组中三个圆的切线；证明

$$BC \cdot t_1^2 + CA \cdot t_2^2 + AB \cdot t_3^2 = 0.$$

[因为

$$BC \cdot AP^2 + CA \cdot BP^2 + AB \cdot CP^2 = -BC \cdot CA \cdot AB, \tag{1}$$

及

$$BC \cdot r_1^2 + CA \cdot r_2^2 + AB \cdot r_3^2 = -BC \cdot CA \cdot AB. \tag{2}$$

从式 (1) 中减去式 (2)；因此，……]

2. 作为例 1 的一种特殊情形推出定理：到两个已知圆的切线成定比的点的轨迹是一个共轴圆.

[令 $t_3 = 0$.]

3. 阐述当 $t_2 = t_3 = 0$ 时例 1 中的公式.

4. 如果一点 P 到两个圆的切线的乘积与到和它们共轴的任一个圆的切线的平方保持固定的比（$kt_1t_2 = t_3^2$），求点 P 的轨迹.

[在例 1 中，代入这个已知的条件，这个等式化为 $(t_1 - mt_2)(t_1 - nt_2) = 0$ 的形式；因此 P 画出两个共轴圆，因为切线 t_1 和 t_2 的比为 m 或 n.]

5. 如图 8.11 所示，如果两个圆的公切线 ZZ' 与一个共轴圆交于点 A 和点 B；证明 MZ 和 MZ' 是弦 AB 对任一个极限点 M 所张的角的平分线.

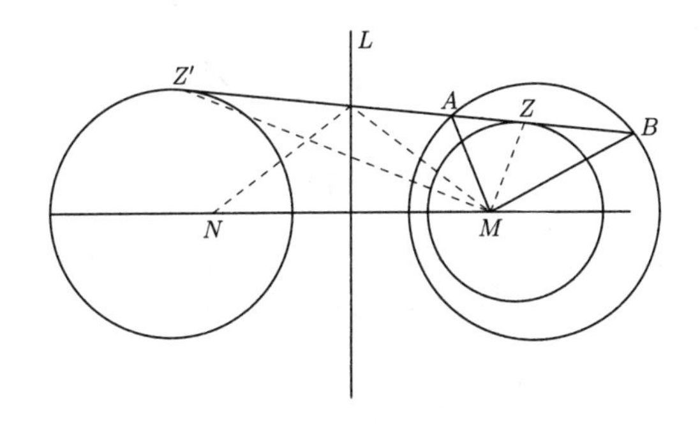

图 8.11

[因为 AZ，AM 和 BZ，BM 是从同一个圆上的两个点 A 和 B 向该圆组中的两个圆所作的切线对，因此 $\dfrac{AZ}{AM} = \dfrac{BZ}{BM}$，通过交错项得 $\dfrac{AM}{BM} = \dfrac{AZ}{BZ}$，并根据类似的理由这还等于 $\dfrac{AZ'}{BZ'}$；因此，……] [192]

6. 作出一个共轴圆组中与一条已知直线相切的两个圆.

[在例 5 中以已知比 $\dfrac{AM}{BM}$ 内分并外分线段 AB 于点 Z 和点 Z'；因此点 Z 和点 Z' 是所求的切点. 注意这两个圆位于根轴的两侧，每侧一个圆.]

7. $\triangle ABC$ 内接于一个共轴圆组中的一个圆，证明这个圆组中分别与边 BC，CA 及 AB 相切的三对圆的切点 X，X'，Y，Y'，Z，Z'：

（1）三个三个地在四条直线上.

（2）与对顶点相连的六条直线，三条三条地通过四个点.

[运用例 5 的关系于这三条边；因此，…… 目 62 和目 63.]

8. 运用本条的判定准则证明九点圆，外接圆和极圆共轴.

9. 如果在任两个圆心为 O 和 O' 的圆上所取的点 B 和 D 与极限点 M 相连，使得 $\angle BMD$ 是一个直角，那么这两个圆在点 B 和点 D 处的切线的交点的轨迹是一个共轴圆.

[如图 8.12 所示，设直线 BD 与这两个圆又交于 A 和 C；那么

$$\frac{MB^2}{AB\cdot BD}=\frac{MO}{OO'}=\frac{MC^2}{AC\cdot CD}=\frac{MB\cdot MC}{(AB\cdot AC\cdot BD\cdot CD)^{\frac{1}{2}}};$$

[193] 又

$$\frac{MA^2}{AB\cdot AC}=\frac{MO'}{OO'}=\frac{MD^2}{BD\cdot CD}=\frac{MA\cdot MD}{(AB\cdot AC\cdot BD\cdot CD)^{\frac{1}{2}}}.$$

因此

$$\frac{MB\cdot MC}{MA\cdot MD}=\frac{MO}{MO'}. \tag{1}$$

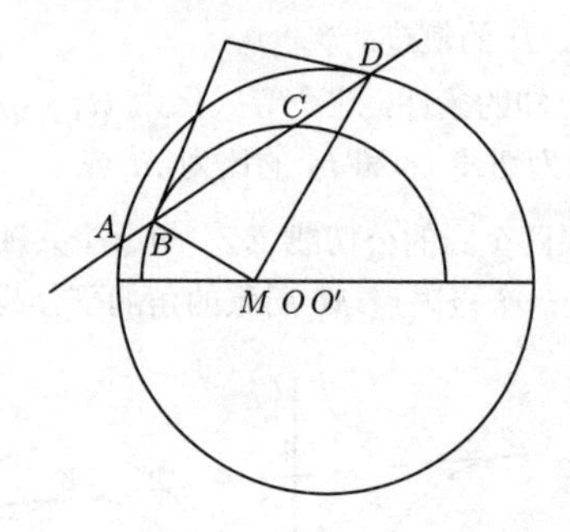

图 8.12

又因为 $\angle BMD=90^\circ$，$\angle AMC=90^\circ$（目 72 下的推论 8），

所以

$$\angle BMC+\angle AMD=180^\circ;$$

因此根据式 (1)，知

$$\frac{BC}{AD}=\frac{MB\cdot MC}{MA\cdot MD}=\frac{MO}{MO'}$$

是一个定值；因此，……（参照目 89 下的例 8）]

10. 一个四边形 $PQRS$ 内接于一个圆并外切另一个圆于点 A，B，C，D；证明它的位置是不确定的，且这两个圆内接四边形的对角线 PR 和 QS，BC 和 AD 相交（后者交成直角）于极限点 M.

[利用目 89 下的例 6，也可见目 88 下的例 1，和目 67 下的推论 6.]

11. 在一个已知圆内作一个四边形关于一条已知直径对称，并外切于一个以这条直径上的一个定点为圆心的圆.

[利用目89下的例6来求出第二个圆的半径.]

93. II. 一个动圆与一个共轴圆组的三个圆交成角 α, β, γ, 证明关系式

$$BC \cdot r_1 \cos\alpha + CA \cdot r_2 \cos\beta + AB \cdot r_3 \cos\gamma = 0.$$

设 (P, ρ) 是这个动圆，分别交这三个已知圆于点 R, S, T; 连接 PR, PS, PT 并延长与这些圆又交于点 R', S', T'.

利用目92下的例1，有 $BC \cdot t_1^2 + CA \cdot t_2^2 + AB \cdot t_3^2 = 0$，而 $t_1^2 = PR \cdot PR' = \rho(\rho + RR') = \rho(\rho + 2r_1 \cos\alpha)$，对于 t_2 和 t_3 有类似的值. 将这些值代入上面的等式并化简，我们即得到所求的结论.

推论 1. 如果这三个圆中的两个与动圆正交，那么该圆组中的每个圆都与动圆正交. 因为如果 $\alpha = \beta = 90°$，那么这个等式中的两项化为零，因而 $AB \cdot r_3 \cos\gamma = 0$，即 $\gamma = 90°$.

推论 2. 如果该动圆与已知圆中的两个相切，那么它与这两圆的共轴圆 (C, r_3) 的交角由等式 $AB \cdot r_3 \cos\gamma = \pm BC \cdot r_1 \pm CA \cdot r_2$ 确定；当这两个相切是相似的时取相同的符号，而当相切是不相似的时取不同的符号[①]. 由这个等式右侧符号的选取产生四个可能的值，给出对应于每一种指定相切类型的 γ 的值. **[194]**

推论 3. 在推论2中，如果 $\cos\gamma = 0$，那么该圆组中与动圆交成直角的这些特别圆的圆心 C 由以下关系式给出

$$BC \cdot r_1 \pm CA \cdot r_2 = 0,$$

即

$$\frac{AC}{BC} = \pm\frac{r_1}{r_2}.$$

因此，与两个已知圆有相似切点的动圆，与以它们的外相似中心为圆心的共轴圆交成直角；而如果相切是不相似的，那么这个共轴圆的圆心是内相似中心.

推论 4. 如果 $\alpha = \pm\beta$ 且 $\gamma = 90°$，那么这个等式转化为 $\dfrac{AC}{BC} = \pm\dfrac{r_1}{r_2}$，与推论3一样. 因此，与两个圆交成等角或互补角的动圆，分别与它们的外逆相似圆或内逆相似圆交成直角.

推论 5. 设动圆的半径是无限大的；因此（推论3）与两圆交成等角或互补角的所有直线是它们的外逆相似圆或内逆相似圆的直径.

---

① 两个相切是相似的指同为外切或同为内切；两个相切是不相似的指一为外切而另一为内切. —— 译者注

例 题

1. 作一个圆与任意的三个圆 (A,r_1)，(B,r_2)，(C,r_3) 交成已知角 α，β，γ.

[所求圆与 (B,r_2)，(C,r_3) 交成已知角，于是根据推论 2 与它们的一个共轴圆相切；对

[195] 于剩下的每一对已知圆类似；于是这个问题转化为“作一个圆与三个已知圆以确定的方式相切.”因此存在八个解. 这些将在后面的章节中给出.]

2. 证明例 1 不能转化为作一个圆与三个已知圆正交.

[设 X 是与圆 B 和圆 C 共轴并与所求圆正交的圆，并通过在目 93 的关系式中令 $\gamma=90°$ 来作出；类似地，设 Y 是与圆 C 和圆 A 共轴并与所求圆正交的圆，Z 是与圆 A 和圆 B 共轴并与所求圆正交的圆. 它们的圆心由关系式

$$\frac{BX}{CX}=\frac{r_3\cos\gamma}{r_2\cos\beta},\ \frac{CY}{AY}=\frac{r_1\cos\alpha}{r_3\cos\gamma},\ \frac{AZ}{BZ}=\frac{r_2\cos\beta}{r_1\cos\alpha}$$

求出，是共线的，目 62，因而它们共同的正交圆是不确定的.]

3. 一个动圆 (P,ρ) 与另两个圆 (A,r_1)；(B,r_2) 相切；证明它与任一个和两已知圆共轴的第三圆 (C,r_3) 的公切线 t 的平方，与它的半径成正比（$t^2\propto\rho$）.

[根据推论 2 它与圆 (C,r_3) 交成一个定角 γ. 而（目 4 下的脚注中的式 (1)）$4\sin^2\frac{1}{2}\gamma=\dfrac{t^2}{\rho\cdot r_3}$；因此，…… 特殊地，当圆 (C,r_3) 是一个极限点时我们得到定理：“如果一个动圆与两个定圆相切，那么它的半径与任一个极限点到它的切线的平方成定比.”而且，“两个极限点到它的切线的比是固定的.”]

4. 一个动圆与两个定圆交成角 α 和 β，从它的圆心向这两个圆作切线，而这两个切点到动圆的切线长是 t_1 和 t_2；证明

$$\frac{t_1^2}{t_2^2}=\frac{r_1\cos\alpha}{r_2\cos\beta},$$

并作为特殊情形导出例 3 的性质 [普雷斯顿（Preston）]. 参见 *Spherical Trigonometry*，目 159 下的例 15.

5. 求与任意三个已知圆交成等角或互补角的圆的圆心的轨迹.

[利用推论 4.]

6. 一个三角形的顶点和底边的位置是固定的，且顶角的大小是已知的；求外接圆的包

[196] 络.

第3节　相似圆

94. 设 (A,r_1)，(B,r_2) 是任意两个圆，AB 上的分点 Z 和 Z' 使得

$$\frac{AZ}{BZ}=\frac{AZ'}{BZ'}=\frac{r_1}{r_2};$$

那么线段 AB 和 ZZ' 互相调和分割，而以 ZZ' 为直径的圆称为两已知圆的*相似圆*. 点 Z 和 Z' 称为*内相似中心* (Internal Centre of Similitude) 和*外相似中心* (External Centre of Similitude).

95. 相似圆有下面一些基本性质（参照图 8.13）：

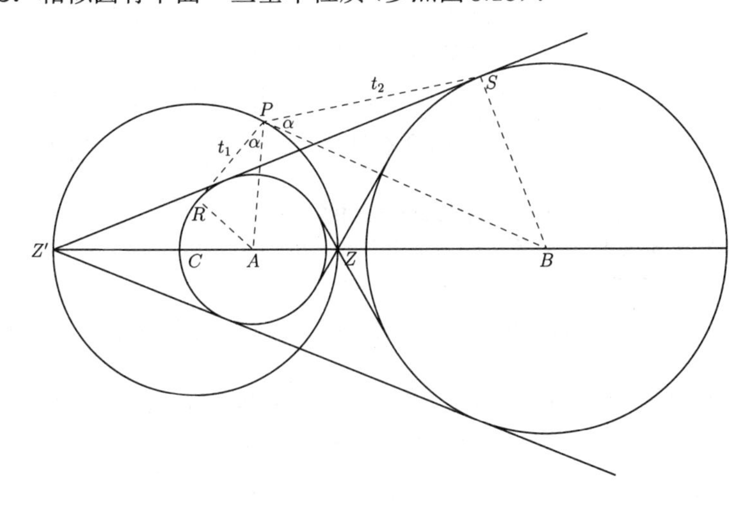

图 8.13

（1）它的圆心 C 和半径 r_3 由关系式 $CA\cdot CB=r_3^2$ 相联系（目 70），即*两已知圆的圆心是关于它们的相似圆的反演点.* [197]

（2）点 Z 和 Z' 是两条内公切线的交点以及两条外公切线的交点.

（3）它与两个已知圆共轴.

[因为点 Z 和点 Z' 到圆 A 和圆 B 的切线的比都等于半径的比，所以点 Z 和点 Z' 在圆 A 和圆 B 的同一个共轴圆上，而只能有一个与圆 (A,r_1) 和圆 (B,r_2) 共轴的圆能包含这两个点，即以线段 ZZ' 为直径的圆.]

（4）根据推论 3，它是向两个已知圆所作的切线长的比等于两已知圆半径的定比的点的轨迹.

[参照目 88 下的推论 2.]

这可以独立地推出，因为 PZ 和 PZ' 是 $\angle APB$ 的平分线，所以根据 Euc. VI. 7，有

$$\frac{PA}{PB}=\frac{AZ}{BZ}=\frac{AR}{BS};$$

因此，……

（5）这两个已知圆对它上面的任意点张等角（利用（4））.

（6）在特别的情形下，当圆 (B,r_2) 变为一条直线时，圆心 B 在无穷远处，它的反演点 A（推论 1）重合于点 C，因此一条直线和一个圆的相似中心是这个圆垂直于这条直线的直径的两个端点.

例 题

1. 任意三个圆两两之间的相似圆共轴.

[它们的圆心共线，目 72 下的例 21，目 88 下的例 13 的（2），因此，……]

[198] 2. 一个圆与两个已知圆交成角 α 和 β；求它与两已知圆的相似圆的交角.

3. 相似圆上的任一点 P 到圆 (A,r_1) 和圆 (B,r_2) 的切线切它们于点 R 和点 S；证明：

（1）这两个圆在直线 RS 上的截线段彼此相等.

（2）点 R 和点 S 到圆 B 和圆 A 的切线相等.

[参照目 89 下的推论 4.]

4. 一个共圆完全四边形的第三条对角线上的圆是作在剩余两条对角线上的两个圆的相似圆.

[如图 8.14 所示，设 $ABCD$ 是这个四边形，LMN 是它的对角中线，PP' 是第三条对角线，$BD=2r_1$，$CA=2r_2$，$PP'=2r_3$. 连接 PM，PN.

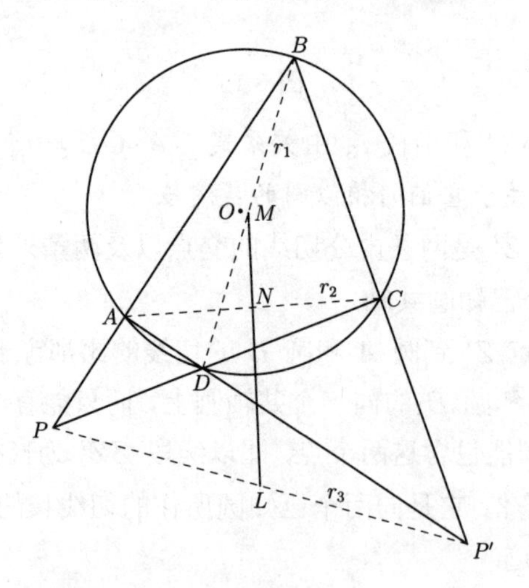

图 8.14

$\triangle PAC$ 和 $\triangle PBD$ 相似，Euc. III. 21；由此，因为 PN 和 PM 是对应直线，所以 $\triangle PBM$ 和 $\triangle PCN$ 是相似的；因此 $\dfrac{PM}{PN}=\dfrac{r_1}{r_2}$. 类似地，$\dfrac{P'M}{P'N}=\dfrac{r_1}{r_2}$；所以点 P 和点 P' 在一个以点 M 和点 N 为反演点的圆上. 又因为这三条对角线上的三个圆是共轴的；所以，…… 利用目 95 的 (1) 还可以推出 $LM\cdot LN=r_3^2$.]

5. 已知一个圆内接四边形的三条对角线；作出它.

[设 O 是这个圆的圆心，而 r_1，r_2，r_3 是三条对角线. 由例 4 知 $LM\cdot LN=r_3^2$，因此是已知的. 又因为 $\dfrac{LM}{LN}=\dfrac{r_1^2}{r_2^2}$；于是线段 LM 和 LN 得以确定. $LM=\dfrac{r_1r_3}{r_2}$，$LN=\dfrac{r_1r_2}{r_3}$，故 $MN=\dfrac{r_3}{r_1r_2}\left(\dfrac{r_1^2-r_2^2}{r_1r_2}\right)$. 但是 OM 和 ON 是已知的（Euc. I. 47[①]），因而 $\triangle OMN$ 完全得以确定.]　[199]

6. 六个圆通过 $\triangle ABC$ 的外接圆上的两点 P 和 Q 并与它的边相切；证明切点 X，X'；Y，Y'；Z，Z' 三个三个地位于四条直线上.

[设连接点 P 和 Q 的直线分别与这个三角形的各边交于点 L，M 和 N，而显然有 $LX=LX'$ 及 $LB\cdot LC=LX^2=LX'^2$，关于该三角形剩余的边有类似的关系式；因此，……]

7. 从一条已知直线上的任意一点向一个圆作出两条切线；作一个圆与这个定圆以及它的这对动切线相切；证明其圆心的极线的包络是一个圆.

8. 一个三角形的外接圆和九点圆的相似圆是以重心和垂心的连线为直径所作的圆.

[设 O 是外心，H 是垂心，N 是九点圆心，而 E 是重心. 根据这四个共线点的熟知性质知 $\dfrac{OE}{NE}=\dfrac{OH}{NH}=2=$ 外接圆和九点圆的半径的比；因此，……

这个圆称为该三角形的**垂重圆** (Orthocentroidal Circle).]

杂　例

1. 证明与三个已知圆以相同类型相切的两个圆的方程是

$$\overline{23}\sqrt{S_1}+\overline{31}\sqrt{S_2}+\overline{12}\sqrt{S_3}=0,$$

这里 S_1，S_2，S_3 表示两个切圆中任一个上任意点关于三个已知圆的幂.

2. 如果一个圆的一条动弦 AB，使得点 A 和点 B 到另一个已知圆的切线的和与 AB 的长度成比例，那么它包络出这两个圆的一个共轴圆.

3. 如果一个动圆与两个定圆相切并交其中任一圆的一个同心圆于点 A 和 B，求 AB 的包络. (Dublin Univ. Exam. Papers，1891.)

[运用对于四个圆的公切线之间的开世关系于点 A 和 B 以及这两个已知圆，根据例 2 能得出 AB 的包络是一个共轴圆.]　[200]

① Euc. I. 47，即勾股定理.——译者注

4. 证明与三个已知圆正交的圆，通过它们圆心的圆，以及平分它们圆周的圆共轴.

5. 关于一个极限点倒演下面的定理：一个圆上任意点到一个极限点的距离的平方与它到根轴的距离成正比.

[一条二次曲线的两个焦点到任一条切线的距离的乘积是定值.]

6. 证明任意两圆的两个极限点在它们共同的外切四边形的一双对连线上.

7. 如果 δ 表示两个极限点之间的距离，而 r 是它们的虚公共弦的长度，证明 $\delta = \mathrm{i}\gamma$.

8. 如果两个半径为 r_1 和 r_2 的圆使得一个六边形能内接于其中一个圆并外切于另外一圆，那么

$$\frac{1}{(r_1^2-\delta^2)^2+4r_1r_2^2\delta}+\frac{1}{(r_1^2-\delta^2)^2-4r_1r_2^2\delta}=\frac{1}{2r_2^2(r_1^2+\delta^2)-(r_1^2-\delta^2)^2}.$$

9. 如果一个八边形能内接于一圆并外切于另一圆，那么

$$\left\{\frac{1}{(r_1^2-\delta^2)^2+4r_2^2r_1\delta}\right\}^2+\left\{\frac{1}{(r_1^2-\delta^2)^2-4r_2^2r_1\delta}\right\}^2$$
$$=\left\{\frac{1}{2r_2^2(r_1^2+\delta^2)-(r_1^2-\delta^2)^2}\right\}^2.$$

10. 一个圆内接四边形的各顶点的平均中心在该四边形的调和三角形[①]的九点圆的圆周上.(罗素)

11. 如果一个动多边形内接于一个圆并外切于另外一圆，那么任意数目(r)个连续切点的平均中心的轨迹是一个圆.(韦尔)

[参照目 53 下的例 12.]

[201] 12. 证明韦尔定理的下述推广： 如果一个任意边的动多边形内接于一个共轴圆组中的一个圆，并且所有边都分别与该圆组中的某些定圆相切；那么存在一组倍数，各边与这些圆的切点对于它们的平均中心是一个定点.

[将该圆组中的任意圆记为 (O,r,δ)，这里 δ 是它的圆心和这个多边形的外心的距离，并设 α，β，γ，$\cdots$ 是边 AB，BC，CD，$\cdots$ 的切点对于两个连续位置的位移. 那么根据目 53 下的例 12，有

$$\frac{\frac{\sqrt{\delta_1}}{r_1}\alpha}{AB}=\frac{\frac{\sqrt{\delta_2}}{r_2}\beta}{BC}=\frac{\frac{\sqrt{\delta_3}}{r_3}\gamma}{CD}=\cdots.$$

因此这些切点对于倍数组 $\frac{\sqrt{\delta_1}}{r_1}$，$\frac{\sqrt{\delta_2}}{r_2}$，$\frac{\sqrt{\delta_3}}{r_3}$，$\cdots$ 的平均中心保持固定.]

12a. r 个连续切点对于它们各自倍数的平均中心的轨迹是一个圆.

[连接这 r 条边的两个端点，这样构成一个 $r+1$ 条边的多边形，并设最后一条边与该圆组中的一个定圆 $(O_{r+1},r_{r+1},\delta_{r+1})$ 相切（目 89 下的例 4）. 根据例 12，这 $r+1$ 个切点对于对应倍数的平均中心是一个定点（X）. 设 Y 是这 r 个切点的平均中心而 Z 是

① 四边形的调和三角形指以该四边形两组对边的交点及两条对角线的交点为顶点的三角形. —— 译者注

最后一条边的切点. 那么点 Y 分线段 XZ 为一个固定的比，又因为 Z 描出一个圆，所以，……][①]

[202]

13. 如果一个圆内接四边形的两条对角线是共轭直线，并以它们的交点为位似中心作一个位似的四边形；证明一个四边形的各双连续边与另一个四边形各双对应边的八个交点在一个与这两个四边形的外接圆共轴的圆上. 参见目 96.

[利用目 92 下的例 2 中的定理.]

[203]

① 下面是韦尔定理的这个一般化的一个独立的证明.

设 $ABCD\cdots$ 和 $A'B'C'D'\cdots$ 是这个动多边形的任意两个位置；T_1，T_2，T_3，T_1'，T_2'，T_3'，$\cdots$ 是边 AB，BC，$\cdots$；$A'B'$，$B'C'$，$\cdots$ 与这个圆组中对应圆 (O_1, r_1, δ_1)；(O_2, r_2, δ_2)，$\cdots$ 的切点；R 是 AB 和 $A'B'$ 的交点，而 θ 是它们的夹角；S 是 AA' 和 BB' 的交点，而 ϕ 是它们的夹角. 那么 AA'，BB'，CC'，$\cdots$ 与一个和已知圆组共轴的圆 (Ω, ρ, λ) 相切. 设 L，M，N，$\cdots$ 是它与 AA'，BB'，CC'，$\cdots$ 的切点，那么我们有

$$\frac{T_1T_1'}{LM} = \frac{r_1 \sin\frac{1}{2}\theta}{\rho\sin\frac{1}{2}\phi} = \frac{r_1}{\rho}\cdot\frac{BM}{BT_1} = \frac{r_1}{\rho}\cdot\frac{\sqrt{\lambda}}{\sqrt{\delta_1}},$$

所以

$$\frac{\sqrt{\delta_1}}{r_1}\cdot\frac{T_1T_1'}{LM} = \frac{\sqrt{\delta_2}}{r_2}\cdot\frac{T_2T_2'}{MN} = \cdots,$$

即位移 T_1T_1'，T_2T_2'，T_3T_3'，$\cdots$ 的 $\dfrac{\sqrt{\delta_1}}{r_1}$，$\dfrac{\sqrt{\delta_2}}{r_2}$，$\dfrac{\sqrt{\delta_3}}{r_3}$，$\cdots$ 倍与这个多边形的边成比例；因此，……[鲍斯曼(Bowesman)]

第 9 章　相似形的理论

第 1 节　两相似形

96. 两个图形相似并且是相似放置的称为是位似的(Homothetic)，而它们的相应部分称为对应点、对应直线等. 显然地，如果其中任一个图形中的一条直线移位通过一个角 θ，那么它的每一条直线都移位通过相同的角. 如图 9.1 所示，设 AB 被移动至 $A'B'$. 因为 $\angle B = \angle B'$，所以能推得(Euc. III. 21，22) BC 和 $B'C'$ 的夹角等于 θ.

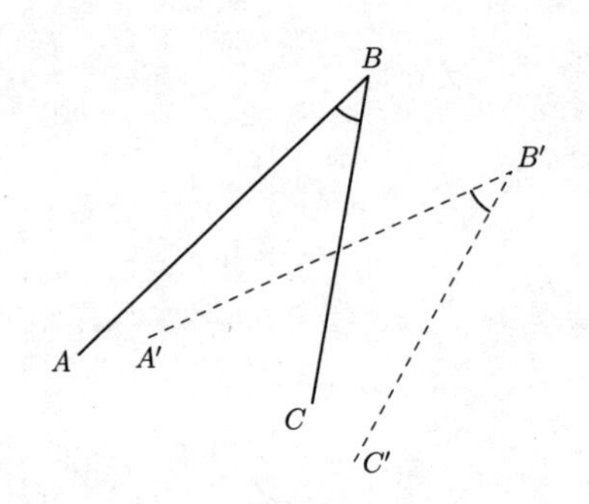

图 9.1

另外，因为对应直线夹成等角，所以通过一对对应点 A 和 A' 的变化的 [204] 对应直线对相交于一个作在 AA' 上含角 θ 的圆的圆周上；且反之亦然.

对应直线由对应点构成；而一个图形中任意两条直线的交点是另一个图形中两条对应直线的交点的对应点.

97. 我们已经看到如何求一点 S，与两条线段 AB 和 $A'B'$ 的端点构成相似的三角形(目 25)，并且它还具有下面的一些性质：

$\alpha°$. 若一条动线段 XX' 相似地分割这两条线段，即 $AX : BX = A'X' : B'X'$，那么这条动线段对它张一个定角.

$\beta°$. 它到这两条线段的距离与它们的长度成比例(Euc. VI. 19).

现在，如果两个相似多边形被相似地作在 AB 和 $A'B'$ 上，那么根据 Euc. VI. 20，能得到：

（1）S 到每一组对应线段的距离与这两条线段成比例.

（2）这两个多边形中所有的对应点对对 S 张相同的角，并与它构成具有固定形状的三角形.

（3）这两个多边形可以将其中任一个旋转（2）中的角度构成位似.

因为这个原因它被称为这两个多边形的*位似中心*(Homothetic Centre)，或它们的*相似中心*(Centre of Similitude).

SP 和 SP' 的比称为这两个图形的*相似比*(Ratio of Similitude).

98. 因为一个图形中的每一点 P 对应于另一个图形中的一点 P'，使得 $\triangle PSP'$ 是一个固定形状的三角形，所以若点 P 重合于点 S，那么点 P' 也重合于它；因而将点 S 作为一个图形的一个点时，它是自己在另一个图形中的对应点. **[205]**

因此它是这两个多边形的一个*二重点*(Double Point).

99. 从这些思考中我们得到如下一些推论：

I. 如果在一个定点 S 与任一个多边形 F_1 的各个顶点的连线上作出相似放置的相似三角形，那么它们的顶点构成一个与已知多边形相似的多边形 F_2，并且 S 是它们的二重点.

II. 如果两个顺相似形中对应点的连线被分成相同的比，那么由分点构成的一个多边形相似于两个已知多边形.（H. van Aubel）

III. 如果一个形状固定的多边形的各顶点在任一类型的曲线上运动，那么对于它的每个位置存在一个对应的相似中心.

这个相似中心称为对于该位置的*瞬时中心*(Instantaneous Centre)，它使得由它向这个图形的所有点 A，B，C，$\cdots$，X 所作的直线与这些点在它们各自轨迹上的切线构成相等的角.

[这可以通过取这个多边形的两个无限接近的位置而看出.]

IV. 反之，如果在前一种情形的运动中，这个图形的直线 L，M，N，$\cdots$ 包络出这些曲线，那么任一位置的各个切点和 S 的连线与 L，M，N，$\cdots$ 构成等角.

[因为各切点是这个运动图形的两个连续位置的切线的交点，所以是对应点.] **[206]**

第2节 三相似形

100. 如图9.2所示，设 F_1, F_2, F_3 是任意三个顺相似的图形；S_1 是 F_2 和 F_3 的二重点；S_2 和 S_3 是剩余两对图形 F_3, F_1 及 F_1, F_2 的二重点；a_1, a_2, a_3 是对应线段 d_1, d_2, d_3 的长度；α_1, α_2, α_3 是各边为 d_1, d_2, d_3 的 $\triangle D_1D_2D_3$ 的角.

那么根据目96，有

（1）由任意三条对应直线组成的变化的 $\triangle D_1D_2D_3$ 有固定的形状.

（2）点 S_1 到 d_2 和 d_3 的距离与 a_2 和 a_3 成比例，而对于点 S_2 和点 S_3 类似（目97下的（2））；因此，点 S_1，S_2，S_3 与 $\triangle D_1D_2D_3$ 中对应顶点的连线将 $\angle D_1$，$\angle D_2$，$\angle D_3$ 中的每个分为固定的两部分，并共点（目65）.

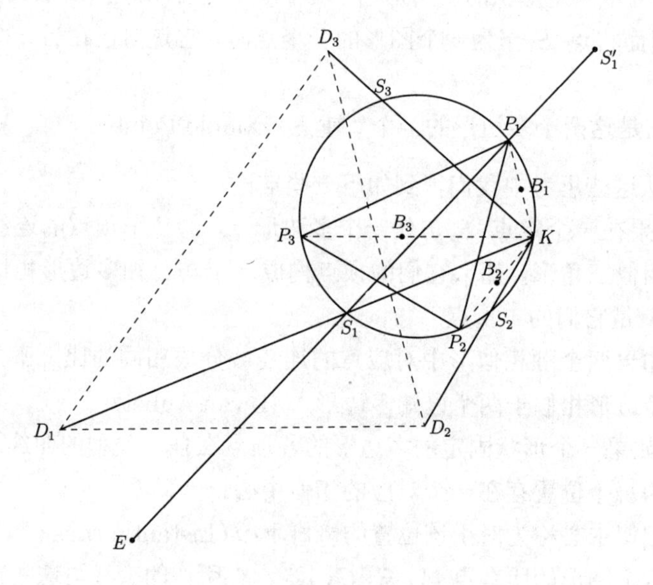

图 9.2

因此以 F_1, F_2, F_3 两两之间的相似中心为顶点的 $\triangle S_1S_2S_3$（相似三角形）与所有的对应 $\triangle D_1D_2D_3$ 等成透视；而透视中心 K 是到任一个三对应直线组的距离比为 $a_1:a_2:a_3$ 的点.

[207]

（3）因为当 D_1, D_2, D_3 变化时，$\triangle D_2D_3K$，$\triangle D_3D_1K$，$\triangle D_1D_2K$ 中每个的底角都是固定的（目100下的（2）），所以 $\triangle S_1S_2S_3$ 的各边对 K 张的角都是定值，所以点 K 的轨迹是外接圆；因此：

任一个由三条对应直线组成的三角形与 $\triangle S_1S_2S_3$ 透视于后者的外接圆上的一点；即 $\triangle S_1S_2S_3$ 与任意由三条对应直线组成的三角形的透视中心的轨迹是前者的外接圆. 这个圆称为图形 F_1, F_2, F_3 的相似圆.

（4）平行于 d_1，d_2，d_3 的弦 KP_1，KP_2，KP_3 是对应直线，因为它们交成角 α，β，γ 且它们与 d_1，d_2，d_3 的距离成 $a_1 : a_2 : a_3$ 的比.[①] 此外，它们与相似圆交于定点，因为 $\angle S_2KP_1$ 是定值且 S_2 是一个定点；因此点 P_1 是固定的，类似地，P_2 和 P_3 是定点.

它们称为不变点(Invariable Points)，而 $\triangle P_1P_2P_3$ 称为图形 F_1，F_2，F_3 的不变三角形(Invariable Triangle).

（5）可以确切地叙述为：

所有共点的三对应直线组通过三个不变点并相交在相似圆上；而反过来：点 P_1，P_2，P_3 与任意三个对应点 B_1，B_2，B_3 的连线相交于相似圆上的一点；而顶点是三个对应点的所有三角形与 $\triangle P_1P_2P_3$ 成透视且它们的透视中心的轨迹是相似圆. **[208]**

101. 定理. *相似三角形与不变三角形成透视；且透视中心 E 到后者各边的距离与 $a_1 : a_2 : a_3$ 成反比.*

因为 S_1 关于图形 F_2 和 F_3 是自对应的，所以 P_2S_1 和 P_3S_1 是这两个图形的对应线段和对应长度，因而

$$S_1P_2 : S_1P_3 = a_2 : a_3, \tag{1}$$

但是(Euc. III. 22) $S_1P_2 : S_1P_3$ 与 S_1 到 P_1P_2 和 P_1P_3 的距离的比一样，根据式 (1)，这等于 $a_2 : a_3$，对于点 S_1 和 S_3 有类似的关系式；因此，……目 65.

102. 定理. *不变三角形逆相似于 $\triangle D_1D_2D_3$.*

根据 Euc. III. 22 可得.

103. 伴随点.[②] 设点 S_1' 是图形 F_1 中与点 S_1 在图形 F_2 和 F_3 中相对应的点.

那么 $\triangle S_1'S_1S_1$ 是由三个对应点构成的三角形的一种特殊情形，因此与 $\triangle P_1P_2P_3$ 透视于相似圆上的一点；故直线 P_1S_1'，P_2S_1，P_3S_1 共点(目 100 下的 (4)). 它们的公共点自然是点 S_1；也就是说，P_1S_1' 通过点 E 和点 S_1(目 101)；因此：

直线 S_1S_1'，S_2S_2'，S_3S_3' 互相交于点 E 并与相似圆交于不变点. **[209]**

定义. 点 E 称为控制点(Director Point)，点 S_1'，S_2'，S_3' 称为图形 F_1，F_2，F_3 的伴随点(Adjoint Points).

---

① 这些直线自然是无限小的固定形状 $\triangle D_1D_2D_3$ 的边.

② 目 100～103 包含的定理属于泰利. *Mathesis*，1882，p. 72.

104. 定理.[①] (1) 在任意三个顺相似形中存在无数个共线的三对应点组 C_1, C_2, C_3.

(2) 这些点的轨迹是通过点 E 的圆.

(3) 动直线 $C_1C_2C_3$ 绕点 E 旋转.(纽伯格)

因为 $\triangle S_1C_2C_3$, $\triangle S_2C_3C_1$, $\triangle S_3C_1C_2$ 的形状固定(目 97 下的 (2)),所以 $\angle S_2C_1S_3$, $\angle S_3C_2S_1$, $\angle S_1C_3S_2$ 是已知的,从而这些点的轨迹是三个通过每对二重点的圆.

另外,由于 $\angle S_2C_1C_2$ 是一个定角,所以动直线 C_1C_2 与点 C_1 的轨迹交于一个定点,类似地,它与 C_2 和 C_3 的轨迹交于两个定点. 因此这些定点重合. 也就是说,这些圆形轨迹有一个公共点.

在特殊共线三点组 S_1', S_1, S_1; S_2, S_2', S_2; S_3, S_3, S_3' 的情形中,已经证明(目 103)它们所共的直线通过点 E; 因此,…… 点 S_1', S_2', S_3' 在对应的圆上.

105. 特殊情形. 设这三个相似形 F_1, F_2, F_3 作在 $\triangle ABC$ 的各边上. 已经证明外接圆的类似中线弦的中点[②]是作在每一对边上的顺相似三角形的共同的顶点(目 25 下的例 2),所以它们是三个二重点. 因此:

(1) 一个三角形的布洛卡第二三角形是作在原三角形各边上的三个顺相似形的相似三角形,而布洛卡圆是相似圆.

[210]

(2) 布洛卡第一三角形是它们的不变三角形,目 29 下的例 3.

(3) 布洛卡第二三角形和已知三角形透视于前者的外接圆上的一点,该点到 $\triangle ABC$ 各边的距离成它们长度的比(目 100 下的 (2)),也可见目 16 下的例 2.

(4) 这个透视中心是 $\triangle ABC$ 的类似重心.

(5) 共点三对应直线组交点的轨迹是布洛卡圆(目 100 下的 (4)).

(6) 布洛卡第一三角形与第二三角形成透视(目 101),且它们的透视中心 E,即控制点,是 $\triangle ABC$ 的重心(目 53 下的例 6).

(7) 所有共线的对应三点组在一条通过点 E 的动直线上,且每一点画出一个通过布洛卡第二三角形的两个顶点和 $\triangle ABC$ 的重心的圆.

---

① *Mathesis*, 1882, pp. 76-78.

② 外接圆的类似中线弦的中点是称为布洛卡第二三角形 (Brocard's Second Triangle) 的三角形的顶点.

第3节 麦凯圆

106. 上一目 (7) 中的轨迹完全是由麦凯在他的专题报告 *On Three Circles related to a Triangle*① 中描述的. 其中有它们所具有的另一些性质，这些将在这一目以及随后的目中给出.

使用的记号如下：如图9.3所示，$\triangle ABC$ 是已知三角形；而 $\triangle A_1B_1C_1$，$\triangle A_2B_2C_2$ 是布洛卡第一三角形和第二三角形；E 是重心；A'，B'，C' 是三个共线的对应点；M 是 AB 的中点；H 是外心；A_3，B_3，C_3 是 A_2，B_2，C_2 分别作为 F_1，F_2，F_3 的二重点的对应点. P_{ac} 是 P 看作一个 a 点时在 c 的对应点，而 L_{ac} 和 L_{ab} 是任一条直线 L 看作一条 a 直线时在 c 和 b 中的对应直线；这三条圆形轨迹是该三角形的 “A” 圆，“B” 圆和 “C” 圆. [211]

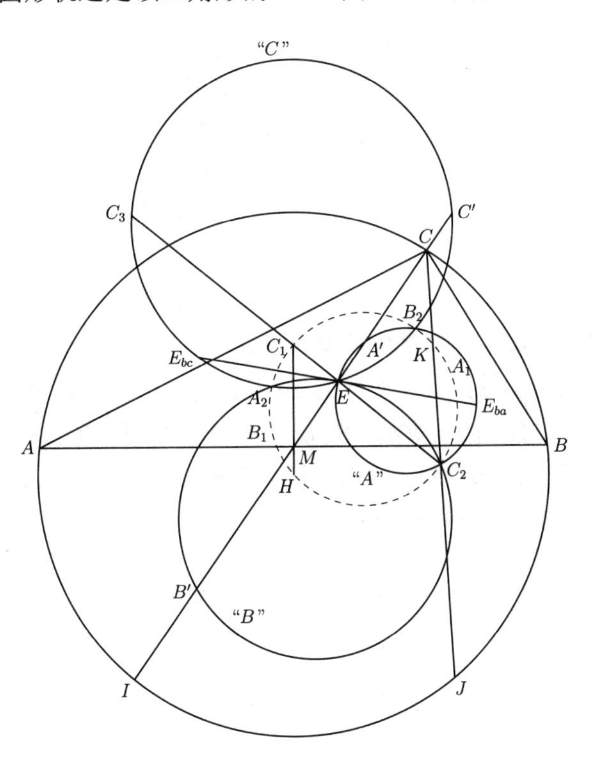

图 9.3

(1) 任意三个共线对应点的平均中心在点 E (目53下的例6).

(2) 如果它们中的一点 C' 重合于 E，那么 $A'B'$ 是 “C” 圆的一条切线且 $EA' = EB'$，即 $EE_{ca} = EE_{cb}$；类似地，有 $EE_{ab} = EE_{ac}$ 及 $EE_{bc} = EE_{ba}$.

① *Transactions of the Royal Irish Academy*, vol. xxviii.—Science.

(3) 若它们中的一点重合于一个二重点 A_2，则所共的直线是 $A_2EA_1A_3$（目 103）且有 $EA_3 = 2EA_2$.

类似地，直线 $B_1B_2B_3$ 和 $C_1C_2C_3$ 都通过点 E，它是线段 A_2A_3，B_2B_3，C_2C_3 共同的三等分点.

(4) 这三个圆互相交成 $\angle A$，$\angle B$ 和 $\angle C$.

[212] (5) 它们的圆心在各边的垂直平分线上.

对 "C" 圆的证明如下：

如图 9.4 所示，在 $\triangle ABC$ 的边上作三个顺相似的三角形 $\triangle BCA'$，$\triangle CAB'$，$\triangle ABC'$，每一个都与 $\triangle ABC$ 逆相似. 因而它们的重心是对应点. 但是这些重心在 AB 的一条过点 E 的平行线上；因此 $\triangle ABC'$ 的重心 E' 在 "C" 圆上，且点 E 和点 E' 关于 AB 的中垂线是反射的.

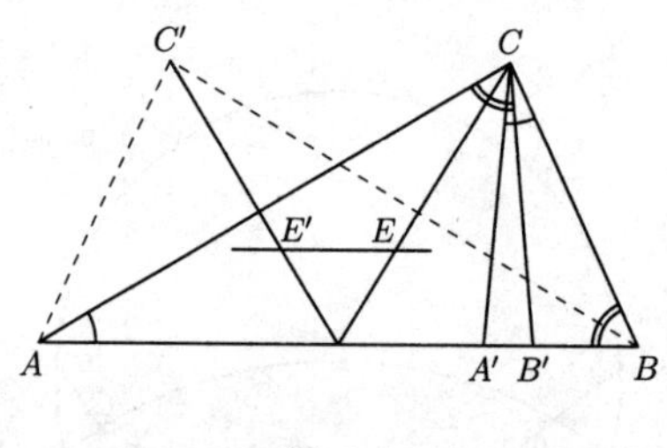

图 9.4

107. 问题. *求各麦凯圆的圆心和半径.*

这可以通过求出这些圆与对应的中线又交在何处来求. 我们以 "C" 圆为例，要求求出 C'. 如图 9.5 所示，设 L 表示中线 CM，并取它作为一条 a 线. 因为它与边 a 构成 $\angle BCM$，所以我们可以通过作 $\angle CAB'$ 和 $\angle ABC'$ 等于 $\angle BCM$ 来作出对应的 b 线和 c 线.

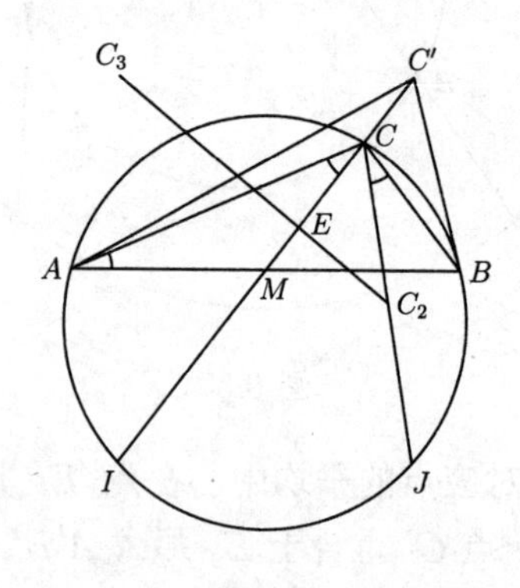

图 9.5

从相似三角形 $\triangle MBC'$ 和 $\triangle MCB$ 中我们得到 $MC \cdot MC' = MB^2 =$

$MC \cdot MI$；因此 $MC' = MI$. 这也可以由 $\triangle ABI$ 和 $\triangle BAC'$ 是相似的来得到.

另外，$\triangle CBC_2$ 逆相似于 $\triangle ABC'$，但是它顺相似于 $\triangle BAC_3$（假设）. 因此 $\triangle BAC_3$ 和 $\triangle ABC'$ 是逆相似的；于是点 C' 是点 C_3 关于底边的中垂线的反射点. [213]

这样就建立了已知三角形边 c 上的中线上的三个共线点 A'，B'，C' 和 C_2，C_2，C_3 之间的联系.

$\triangle BCA'$，$\triangle CAB'$，$\triangle ABC'$ 彼此相似，且与 $\triangle CBC_2$，$\triangle ACC_2$ 及 $\triangle BAC_3$ 相似；因此点 A'，C_2；B'，C_2；C'，C_3 关于$\triangle ABC$ 中对应边的中垂线是互相反射的.

由此可得，如果这条中线和类似中线交外接圆于点 I 和点 J，并将这两个点与点 M 相连，那么线段 MI 和 MJ 向点 M 侧延长后分别通过点 C' 和点 C_3；$MJ = MC_3$ 且 $MI = MC'$，即 *点 C' 和点 C_3 是点 I 和点 J 关于底边 AB 的反射点.*

设 d 是 "C" 圆的圆心到 AB 的距离，m 是中线长，而 θ 是它与底边构成的角，t 是 M 到这个圆的切线. 那么

$$t^2 = ME \cdot MC' = ME \cdot MI = \frac{c^2}{12}. \tag{1}$$ [214]

另外

$$2d\sin\theta = ME + MC' = \frac{m}{3} + \frac{3t^2}{m} = \frac{a^2+b^2+c^2}{6m}. \tag{2}$$

利用式 (1)；由此 $d = \frac{1}{6}c\cot\omega$，而 "$C$" 圆的半径由下面的等式给出

$\rho = \sqrt{d^2 - t^2} = \frac{1}{6}c\sqrt{\cot^2\omega - 3}$（参照目 28 下的例 19）.

再者，因为这个圆上的最高点和最低点到底边的距离为 $\rho + d$ 和 $\rho - d$，这两个值是下面二次方程的根

$$12h^2 - 4c\cot\omega \cdot h + c^2 = 0; \tag{3}$$

或者令 $h = \frac{1}{2}c\tan\phi$，化为

$$3\tan^2\phi - 2\cot\omega \cdot \tan\phi + 1 = 0, \tag{4}$$

这个方程通过简单的变换化为

$$\sin(\omega + 2\phi) = 2\sin\omega. \tag{5}$$

式 (4) 和式 (5) 的形式是引人注目的，因为它们将 ϕ 表示为各角的对称函数；因此：

能够在 $\triangle ABC$ 的各边上作出相似的等腰三角形，它们的顶点是一个共线的三对应点组.

设 P，Q，R 是这些三角形的顶点. 因为

$$HR = HM - MR = R\cos A - \tfrac{1}{2}a\tan\phi = \frac{R\cos(A+\phi)}{\cos\phi},$$

对于 HP 和 HQ 有类似的值；另外，从 P, Q, R 共线我们得到 $\sum \dfrac{\sin A}{HP} = 0$.

所以通过代换，我们得到

$$\frac{\sin A}{\cos(A+\phi)} + \frac{\sin B}{\cos(B+\phi)} + \frac{\sin C}{\cos(C+\phi)} = 0, \tag{6}$$

这个方程自然等价于式 (4) 和式 (5) 的形式.

设 h_1 和 h_2 是式 (3) 的两根，那么

[215]

$$\frac{1}{h_1} + \frac{1}{h_2} = \frac{4\cot\omega}{c} = \frac{2}{\frac{1}{2}c\tan\omega} = \frac{2}{MC'},$$

这里 C' 是布洛卡第一三角形的顶点；因此：

布洛卡第一三角形的各顶点和 $\triangle ABC$ 的对应边是关于 "A" 圆, "B" 圆和 "C" 圆的极点和极线.

在这篇报告中还给出了这些圆的另外一些漂亮的性质，我们从中选取了上面的一些.

108. 如果点 A', B', C' 是 $\triangle ABC$ 的三条高的足，那么 $\triangle AB'C'$, $\triangle A'BC'$ 和 $\triangle A'B'C$ 相似，因而可以取为三个顺相似形 F_1, F_2, F_3 的位置，它的二重点是 A', B', C', 对应线段的比是 $\cos A : \cos B : \cos C$, 三条高上接近各角的线段的中点 A'', B'', C'' 是不变点，各边的中点 A''', B''', C''' 是对应直线的公共点，而九点圆是相似圆.（纽伯格）

例 题

1. 如果将相似形 F_1, F_2, F_3 作在一个三角形的高 AA', BB', CC' 上，那么它们的相似圆是垂重圆.

[因为垂心是三条对应直线的公共点，所以在相似圆上（目 100 下的（4））. 另外过重心 E 对该三角形各边所作的平行线三等分相应的高并成直角，因而也是对应直线；因此，……

我们注意这些平行线与对应高的交点 P, Q, R, 是 F_1, F_2, F_3 的不变点.]

2. 余垂心三角形 $\triangle B'C'A$, $\triangle C'A'B$, $\triangle A'B'C$ 中内心和外心的连线相交于 $\triangle ABC$ 的九点圆和内切圆的切点.

[216]

[根据目 108, 这三个三角形是三相似形中的部分，以 $\triangle ABC$ 的九点圆为相似圆，而各条高上线段的中点是不变点；因此（目 100 下的（4）），如果 I_1, I_2, I_3 和 O_1, O_2, O_3 表示这些三角形的内心和外心，那么直线 I_1O_1, I_2O_2, I_3O_3 是对应的，因而共点于相似圆上.

开世博士证明了该性质的剩余部分，这包含了费尔巴哈定理，如下：

如图9.6所示，设 N 是九点圆心；那么 $NO_3 = \frac{1}{2}R$. 作 IP[①] 平行于 NO_3. 现在，如果证明了 PI 等于内切圆的半径，那么 I_3O_3 是连接平行半径外端点的直线，因而通过这两圆的一个相似中心；对于 I_1O_1 和 I_2O_2 类似.

因为 $\triangle COI$ 和 $\triangle CO_3I_3$ 是两个相似图形的对应部分，所以它们是相似的；因此 $\angle DIO = \angle II_3P$，且 $\angle ODI = \angle OCI = \angle CIP$，因为 NO_3 平行于 OC. 于是 $\triangle ODI$ 和 $\triangle PII_3$ 相似，而

$$\frac{IP}{R} = \frac{II_3}{ID} = \frac{II_3 \cdot IC}{2Rr} = \frac{2r^2}{2Rr}\left(= \frac{r}{R}\right),$$

因为 $\dfrac{CI}{CI_3} = \dfrac{1}{\cos C}$，这是 $\triangle ABC$ 和 $\triangle A'B'C$ 的相似比(目 108).]

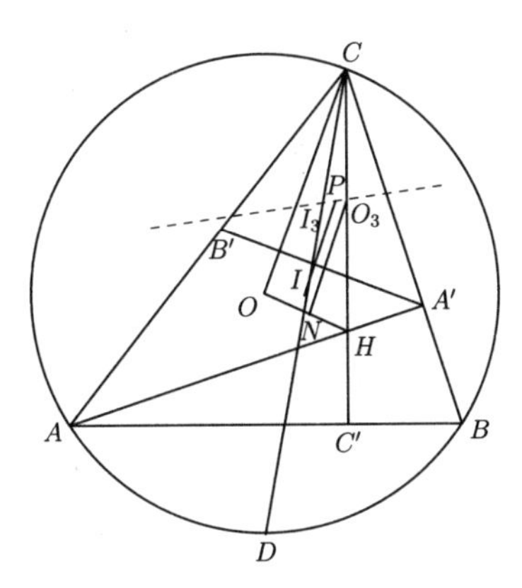

图 9.6

3. 如果两个相似形中的对应点 A 和 A' 是关于一个定圆的共轭点，求它们的轨迹. **[217]**

[取二重点 S，AA' 的中点 M，那么 $\triangle SAA'$ 的形状固定；因此 $\dfrac{SM}{MA}$ 是一个定比. 但是 $MA = t$，是点 M 到已知圆的切线(目 73 下的 (2)). 因此 $\dfrac{SM}{t}$ 是固定的，而点 M 描出一个圆(目 72 下的例 3)；因而点 A 和点 A' 也描出圆.]

4. 如果 $\triangle X_1X_2X_3$ 是通过连接三个顺相似形中对应三点组而构成的一个三角形，使得 $X_1X_2 : X_1X_3 =$ 常数，那么每个顶点的轨迹是一个圆.

[$\triangle S_3X_1X_2$ 有固定的形状，目 97；对于 $\triangle S_2X_1X_3$ 类似；因此 $\dfrac{S_3X_1}{X_1X_2}$ 和 $\dfrac{S_2X_1}{X_1X_3}$ 是定比. 用一个除以另一个，我们得到 $\triangle S_2S_3X_1$ 的底 S_2S_3 以及两条侧边的比；因此，……

注意到当比 $\dfrac{S_2X_1}{S_3X_1}$ 的数值变化时，顶点 X_1 画出一个以 S_2 和 S_3 为极限点的共轴圆组.]

5. 如果 $\triangle X_1X_2X_3$ 的面积是已知的，那么每个顶点画出一个圆.

---

① 点 P 在直线 I_3O_3 上.——译者注

[因为 $X_1X_2 \cdot X_1X_3 \sin X_1$ 与 $S_2X_1 \cdot S_3X_1 \sin(X_1-\theta)$ 成正比；因此，……（目23下的例3）点 X_2 和点 X_3 类似的画出圆.]

6. 如果 $\triangle X_1X_2X_3$ 的一条边或一个角是已知的，那么它的各顶点画出圆.

7. 如果由三条对应直线组成的三角形的面积是已知的，那么它的各边包络出以 F_1, F_2, F_3 的不变点为圆心的圆.

这些以及另外一些关于三顺相似形理论的优秀的说明能在开世的 *Sequel to Euclid* 一书中找到，同学们可用来查阅. 参见该书的第五版，杂例，pp. 231–248. **[218]**

第 10 章　相似圆和逆相似圆

第 1 节　相似中心

109. 如果 (A, r_1)，(B, r_2) 是任意两个不相交的圆，点 P 和点 Q 是两条外公切线以及两条内公切线的交点，那么容易证明点 A，B，P，Q 共线，且 $\frac{AP}{BP} = \frac{AQ}{BQ} = \frac{r_1}{r_2}$；因此两个圆的相似中心是两条外公切线的交点及两条内公切线的交点.[①]

在相交圆的情形中，如果 C 是一个交点，从这个等式我们能推断出这两个圆的交角的两条平分线与连心线交于点 P 和点 Q (Euc. VI. 3.).

对于一个三角形的内切圆和三个旁切圆，它们两两之间的十二个相似中心是三个顶点以及各角的两条平分线与对边的交点.

一条直线 L 和圆 A 的相似中心是垂直于 L 的直径的两个端点.

因为圆和直线的公切线是后者的平行线，而连心线是与 L 成直角的直径；[219] 因此，……

110. 如图 10.1 所示，作为共轴圆组的一个一般性质的特殊情形(目 93)已经看到通过点 C 的任意直线 $A_1A_2B_1B_2$：(1) 与这两个圆交成等角. (2) 截弦 A_1A_2 和 B_1B_2 成半径的比. 由下面的方法这些是显然的：连接 AA_1 和 BB_1. 因为 $\frac{CA}{CB} = \frac{r_1}{r_2} = \frac{AA_1}{BB_1}$，所以 $\triangle CAA_1$ 和 $\triangle CBB_1$ 是相似的(Euc. VI. 7)，因此 AA_1 平行于 BB_1，类似地，AA_2 平行于 BB_2. 所以等腰 $\triangle AA_1A_2$ 和等腰 $\triangle BB_1B_2$ 是相似的，由此：(1) $\angle A_1AA_2$ 和 $\angle B_1BB_2$ 相等. (2) $\frac{A_1A_2}{B_1B_2} = \frac{r_1}{r_2}$.

① 因此任意两圆的公切线(实的或虚的)总交于实点.

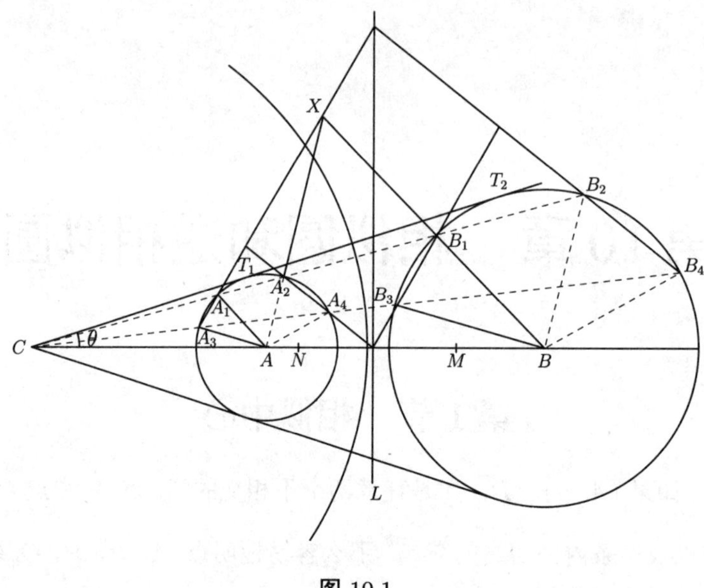

图 10.1

定义. 点 A_1 和点 B_1 称为对应点(Homologous Points);又因为通过它们的半径 AA_1 和 BB_1 是互相平行的，所以这两个圆在对应点处的切线是平行的. 这样点 A_2 和点 B_2 处的切线是平行线. 更一般地，任意两个连线通过点 C 满足 $\dfrac{CA_n}{CB_n}=\dfrac{r_1}{r_2}$ 的点 A_n 和 B_n 是对应的. A_1 和 B_2 称为逆对应点(Antihomologous Points)，又因为通过它们的半径 AA_1 和 BB_2 与它们的连线构成等角，所以逆对应点处的切线相交在根轴上.

[220]

设过点 C 的又一条截线交这两圆于点 A_3，A_4，B_3，B_4. 连接对应点对的弦 A_1A_3 和 B_1B_3 称为对应直线(Homologous Lines)，而连接逆对应点对的弦称为逆对应直线(Antihomologous Lines). 因此 A_2A_4，B_1B_3 以及 A_1A_3，B_2B_4 是逆对应直线对.

111. 定理. 任意两圆的对应弦(A_1A_3, B_1B_3)互相平行.

因为已经证明 AA_1 和 BB_1，AA_2 和 BB_2 是平行直线对；所以等腰三角形 $\triangle AA_1A_3$ 和等腰 $\triangle BB_1B_3$ 有相等的顶角，并因而相似(Euc. VI. 6).

注记. 因为任一条通过点 C 的直线与对应直线 A_1A_3 和 B_1B_3 交于对应点 A_n 和 B_n，所以 A_n，B_n 一般是对应直线对的相应交点. A_1A_3，A_2A_4 的交点和 B_1B_3，B_2B_4 的交点这两个点是对应的.

112. 定理. 任意两圆的逆对应弦(A_2A_4, B_1B_3)相交在它们的根轴上.

根据目 111，有 $\dfrac{CA_1}{CA_3}=\dfrac{CB_1}{CB_3}$，但是（Euc. III. 36）$\dfrac{CA_1}{CA_3}=\dfrac{CA_4}{CA_2}$；所以 $\dfrac{CB_1}{CB_3}=\dfrac{CA_4}{CA_2}$，即 $CA_2\cdot CB_1=CA_4\cdot CB_3$，因此：任意两点与相应的一对逆对应点共圆. 因此，……（目 88 下的例 6）　**[221]**

第 2 节　逆相似积

113. 由前一目，我们从共圆四边形 $A_2A_4B_1B_3$ 中得到

$$CA_2\cdot CB_1=CA_4\cdot CB_3.$$

因此我们可以推断出任一个相似中心到一对逆对应点的距离的乘积是定值.

如果将圆 (A,r_1) 和圆 (B,r_2) 看成两个几何图形的一部分，其中一个图形中的任一点 A_n 逆对应于另一个图形的 B_n，是指当直线 A_nB_n 通过一个相似中心 C，且 $CA_n\cdot CB_n$ 等于上面的定值时，这个定值称为（外或内）逆相似积（Product of Antisimilitude）.

求这个积的值. 我们取动直线 CA_2B_1 的极端位置，对于实相交来说这就是公切线.

于是有

$$CA_2\cdot CB_1=CT_1\cdot CT_2. \tag{1}$$

另外，因为 T_1T_2 对极限点 M 和 N 中的每一个张直角（目 88 下的推论 3），所以

$$CT_1\cdot CT_2=CM\cdot CN. \tag{2}$$

这些固定的值可以用两已知圆的圆心距（δ）和它们的半径（r_1 和 r_2）来表示，在共轴圆的理论中有重要价值，并将在下一章中频繁使用.

连接 AT_1 和 BT_2. 设 $\angle ACT_1=\theta$. 那么

$$\begin{aligned}CT_1\cdot CT_2&=r_1r_2\cot^2\theta=r_1r_2\cdot\left(\frac{T_1T_2}{r_2-r_1}\right)^2\\&=\frac{r_1r_2}{(r_1-r_2)^2}[\delta^2-(r_1-r_2)^2].\end{aligned} \tag{3}$$

[222]

类似地，能求出内逆相似积等于

$$\frac{r_1r_2}{(r_1+r_2)^2}[(r_1+r_2)^2-\delta^2]. \tag{4}$$

注记. 应该注意当这两个圆彼此完全外离时 $\delta>r_1+r_2$，如果它们相交，那么 $\delta<r_1+r_2$ 且 $\delta>r_1\sim r_2$（Euc. I. 20），而当其中一个圆完全位于另一个圆的内部

时 $\delta < r_1 \sim r_2$ (Euc. III. 12)；由此从式 (3) 能得到仅当一个圆完全在另一个圆的内部时外逆相似积是负的. 从式 (4) 还能得到，当这两个圆互相外离时，内逆相似积是负的，而在每一种另外的情形中是正的. 在两个乘积都是正数的情形中，$\delta > r_1 \sim r_2$ 且 $\delta < r_1 + r_2$；因而 δ，r_1，r_2 构成一个三角形(Euc. I. 20)，即这两个圆交于一对实点.

例 题

1. 如果一个动圆以相同的类型与两个圆相切，那么两个切点是逆对应点.

[利用目 112，如果延长 AA_2 和 BB_1 交于点 X，那么 $XB_1 = XA_2$. 在内切的情形中切点是 A_1，B_2.]

2. 作一个圆通过一个已知点(P)并与两个定圆 (A, r_1)，(B, r_2) 相切.

[利用目 110，所求的圆通过一个逆对应点 P'，因而这个问题转化为“*作一个圆通过两个定点并与一个已知圆相切.*”]

3. 外相似中心关于两圆的极线到根轴的距离相等，因而到两个极限点的距离也相等.

4. 无穷远线是两个圆的一条透视轴.

[将这两个圆看作无数边的相似多边形，并连接它们的相应顶点(即对应点). 因此外相似中心是这两个圆的一个透视中心. 另外，相应的边(即对应直线)相交在透视轴上. 在

[223] 这一情形中它们是平行的. 因此*无穷远线是每两圆的透视轴*(参照目 87).]

5. 根轴也是两个圆的一条透视轴.

[因为逆对应点 B_1，A_2 的连线通过一个相似中心 C，所以这两个圆可以看作无数条边的多边形，相应的顶点是逆对应点，而相应的边自然是逆对应线；而这些逆对应线相交在根轴上(目 112)，这自然就是透视轴.①]

6. 弦 A_1A_2 和 B_1B_2 的极点 A_n，B_n 是对应点.

[因为它们是对应直线对的交点，即分别是点 A_1，A_2 以及点 B_1，B_2 处切线的交点.]

7. 在例 6 中，直线 A_1B_1 和 A_nB_n 关于两个圆都是共轭的.

8. 如果 C，C' 表示两个正交于点 X 的圆的相似中心；那么点 C' 关于圆 A 的反演点(C'')是点 C 关于圆 B 的反演点.

[因为点 C' 和点 C'' 是反演点，所以 $\angle AC''X = \angle AXC' = 45°$；因此 $\angle AC''X = \angle BXC$，于是 $\dfrac{CB}{BX} = \dfrac{BX}{BC''}$，因此，……]

9. 一个动圆与两个等圆以相反的类型相切. 证明它们的内公切线上由过动圆圆心的垂线所分成的并从它们的交点量起的两个截段的乘积是定值.

10. 两个相似中心，相似圆的圆心，和其中任一圆 B 的圆心，是关于圆 A 的一个同

[224] 心圆的反演点对.

---

① 这样就证明了两个圆二重透视于每个相似中心；这两条透视轴构成了半径无限大的共轴圆，即根轴和无穷远线. 由此可得“对于同一平面上的每两个圆，无论大小和位置如何，根轴和无穷远线都是透视轴，都是交点弦；对应的交点是实点还是虚点，在前者的情形中取决于具体条件，而在后者的情形中根据图形的性质当然总是虚的.”(汤森)

11. 圆 (A,r_1) 和圆 (B,r_2) 的根轴的极点 A_1，B_1 是关于它们相似圆的反演点.

[如图10.2所示，因为 $$AA_1\cdot AL=r_1^2,$$
所以 $$\angle APL=\angle AA_1P;$$
又因为 $$BB_1\cdot BL=r_2^2,$$
所以 $$\angle BPL=\angle BB_1P.$$
相加，得 $$\angle APB=\angle PA_1B_1+\angle PB_1A_1=\pi-\angle A_1PB_1.$$
因为点 A_1，B_1 和点 A，B 对点 P 张相似的角，所以它们是关于相似圆的反演点对(目72下的推论8).]

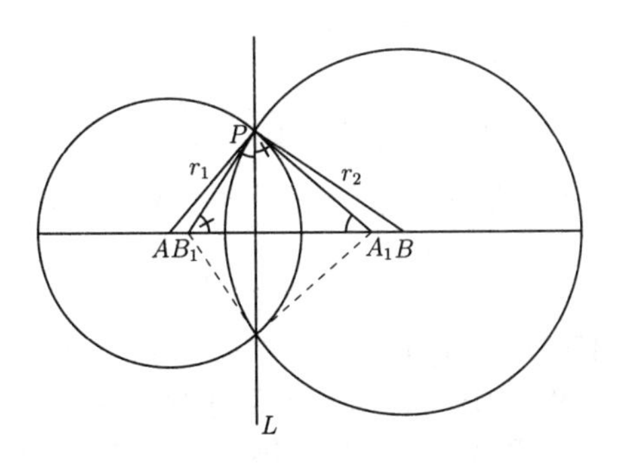

图 10.2

12. 设一个动圆 V 与两个圆 A 和 B 交成定角，证明任意两个位置 V_1 和 V_2 的一个相似中心在 A 和 B 的根轴 L 上.

[因为圆 V_1 和圆 V_2 与直线 L 交成等角(目88下的例7)；因此 L 通过它们的外相似中心.]

12a. 由此证明如果圆 A 和圆 B 与三个定圆 V_1，V_2，V_3 交成相同的角 α，β，γ，那么三个定圆的一条相似轴是这两圆的根轴.

13. 作一个四边形，具有已知的四条边，且两个邻角相等.(*Mathesis*，1881.)

14. **费尔巴哈定理.** 用初等的方法证明九点圆和内切圆相切.

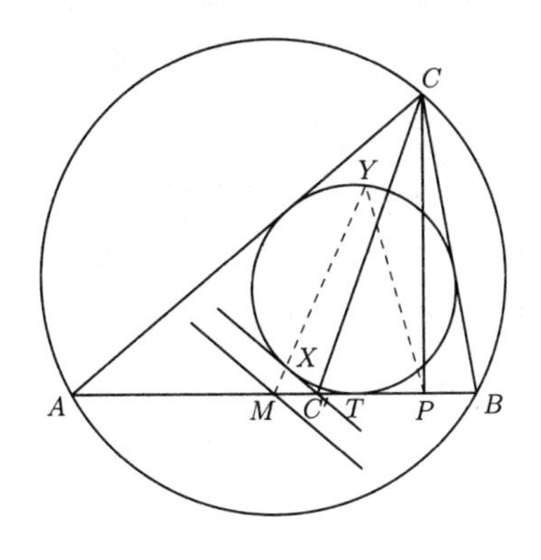

图 10.3

[如图10.3所示，作出 $\triangle ABC$ 的内切圆和边 c 的旁切圆的第四公切线 $C'X$. 我们将证明底边的中点 M 和切点 X 的连线通过内切圆和九点圆的切点 Y.

[225] 设 T 是内切圆的切点，P 是高线足，而点 C' 是 $\angle C$ 的内角平分线的足.

根据目71下的例3，$MP \cdot MC' = \frac{1}{4}(a \sim b)^2 = MT^2 = MX \cdot MY$. 因此 $XYPC'$ 是一个圆内接四边形，故 $\angle MC'X = \angle MYP$; 但是 $\angle MC'X = \angle MC'C - \angle XC'C = \angle A \sim \angle B$; 所以 $\angle MYP = \angle A \sim \angle B$, 从而点 Y 在九点圆上，因为后者与底边 AB 交成这个角，所以这两个圆相交或相切于点 Y. 但是这两个圆在点 M 和点 X 的切线互相平行，因为它们都与底边交成相同的角 $\angle A \sim \angle B$. 因此点 M 和点 X 是对应点.]

15. 内切圆和三个旁切圆的三条第四公切线的切点与相应边中点的连线共点.（*Dublin Univ. Exam. Papers.*）

[根据例14，公共点是九点圆和内切圆的切点.]

16. 作一条穿过两个圆的直线 $ABCD$ 分别与它们交成角 α 和 β; 证明如果一个与两已知圆交成同样角的动圆交它们于点 A', B', C', D'，那么 AA', BB', CC', DD' 共点；并求出它们的公共点的轨迹.

[两已知圆与直线 $ABCD$ 和圆 $A'B'C'D'$ 交成等角；因此 $A, A', \cdots$ 是关于后者的外相似中心的逆对应点. 因此 $AA', \cdots$ 相交于圆 $A'B'C'D'$ 上的一点(P)，此点处的切

[226] 线平行于直线 $ABCD$. 根据例12，点 P 的轨迹是两定圆的根轴.]

第3节 逆相似圆

定义. 以两个已知圆的任一个相似中心为圆心，半径的平方等于相应的逆相似积(目113)所作的圆，称为*逆相似圆*(Circle of Antisimilitude).

因此存在两个逆相似圆，外逆相似圆和内逆相似圆，对应于这个圆心重合于两已知圆的外相似中心或内相似中心.

由定义，显然*所有的逆对应点对是关于逆相似圆的反演点*，更一般地，*两个已知圆中的每个是另一个关于任一逆相似圆的反形*.

根据这一基本性质，在下一章中，这后一个圆将另外称为两已知圆的*反演圆*(Circle of Inversion).

114. 下面的定理在这些圆的几何中很重要.

(1) 任意两圆 A 和 B 与它们的两个逆相似圆共轴.

因为已经证明固定的积 $CA_2 \cdot CB_1$(目113)等于 $CM \cdot CN$; 因此点 M 和点 N 是这四个圆的一对共同的反演点.

(2) 任一逆相似圆上的任意点到圆 A 和圆 B 的切线 t_1 和 t_2 的平方成

[227] 半径的比; 即 $t_1^2 : t_2^2 = r_1 : r_2$.

因为这些圆共轴，所以

$$t_1^2:t_2^2=CA:CB=r_1:r_2\text{（目 88 下的推论 2）}.$$

（3）外逆相似圆与交圆 A 和圆 B 成等角的所有圆正交.

如图10.4所示，因为 AA_2 和 BB_1 与直线 A_2B_1 成相等的倾角，所以如果它们被延长相交于点 X，那么 $\triangle XB_1A_2$ 是一个等腰三角形，因而点 X 是一个与圆 A 和圆 B 交成等角的圆的圆心. 这样任一个与圆 A 和圆 B 交成等角的圆通过关于外逆相似圆的一对反演点 A_2 和 B_1；因此，……

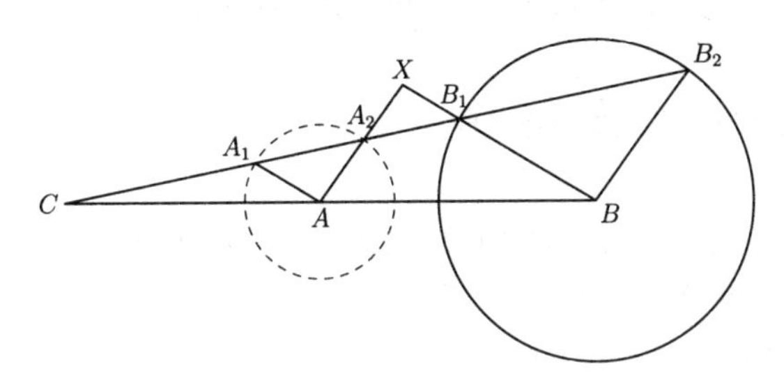

图 10.4

也可以参见目 93 下的推论 3 和推论 4 中的方法.

（4）与圆 A 和圆 B 交成互补角的任意圆正交于内逆相似圆.

[证明类似于（3）]

（5）与圆 A 和圆 B 正交的的任意圆与它们的两个逆相似圆都正交.

因为在这一特殊情形中，圆 A 和圆 B 被交成的角是同时相等且互补的，综合利用（3）和（4），因此，…… **[228]**

例　题

1. 通过一个定点并与两个已知圆交成等角的动圆通过第二个定点.

[在每个位置它都通过这个定点关于外逆相似圆的反演点.]

2. 通过一个定点并与两个定圆交成互补角的动圆通过第二个定点.

[已知点关于内逆相似圆的反演点.]

3. 圆 X，圆 Y 与另外的圆 A 和圆 B 交成等角，那么前两圆的根轴是一条通过圆 A 和圆 B 的外逆相似圆圆心的直线.

3a. 如果这些角是互补的，那么圆 X 和圆 Y 的根轴通过内逆相似中心.

4. 如果圆 X，圆 Y，圆 Z 与另外的圆 A 和圆 B 交成等角或互补角，那么这三个圆的根心重合于后两圆的外逆相似中心 C 或内逆相似中心 C'.

[根据例 3，圆 Y，圆 Z；圆 Z，圆 X；圆 X，圆 Y 的根轴都通过点 C 或点 C'，视夹角的类型是相等的还是互补的而定；因此，……]

注记. 在此例中应该注意，在第一种情形中圆 A 和圆 B 都与圆 X，圆 Y 和圆 Z 交成等角；所以它们与圆 Y，圆 Z；圆 Z，圆 X；圆 X，圆 Y 的外逆相似圆交成直角（目 114）.

但是这三个逆相似圆共轴；因此与圆 X，圆 Y，圆 Z 交成等角的一个动圆 A 描出一个共轴圆组，它是由圆 X，圆 Y，圆 Z 两两之间的逆相似圆组成的共轴圆组的共轭圆组. 更一般的，与圆 X，圆 Y，圆 Z 交成相似角的动圆描出四个共轴圆组，它们的根轴是圆 X，圆 Y，圆 Z 的四条相似轴. 又因为这三个圆共同的正交圆同时与它们交成等角和互补角，所以它属于这四个共轴圆组的每一个.

[229]

5. 如果圆 A 和圆 B 以相同的方式与另外的圆 X，圆 Y，圆 Z 相切，那么圆 A 和圆 B 的根轴是圆 X，圆 Y，圆 Z 两两之间外相似中心的连线.

[前例的一种特殊情形.]

6. 能作出八个与三个已知圆相切的圆，可以把它们分类成对的与三个已知圆的四条相似轴共轴.

7. 在例 5 的三个已知圆中连接它们与圆 A，圆 B 的切点的三条弦相交于圆 A 和圆 B 的内相似中心，并因而相交在圆 X，圆 Y，圆 Z 的根心.

8. 这三条切点弦通过圆 A 和圆 B 的根轴关于圆 X，圆 Y，圆 Z 各圆的极点.

[因为圆 X 的切点弦两端点处的切线相交在圆 A 和圆 B 的根轴上.]

注记. 葛尔刚利用前面的几条性质推导出与三个已知圆 X，Y，Z 相切的八个圆的一种简单的几何作法. 具有相似切点的两个圆如下来求：如图 10.5 所示，求出圆 X，圆 Y，圆 Z 两两之间的外相似中心；连接它们的直线 L 是所求圆 A 和圆 B 的根轴. 接下来求出已知圆共同的正交圆的圆心 C'. C' 是圆 A 和圆 B 的内相似中心. 现在得出 L 分别关于圆 X，圆 Y，圆 Z 的极点 X'，Y'，Z'. 连接 $C'X'$，$C'Y'$ 和 $C'Z'$；这些直线交各已知圆于所求的切点；因此，…… 剩下的圆可以类似求出.

[230]

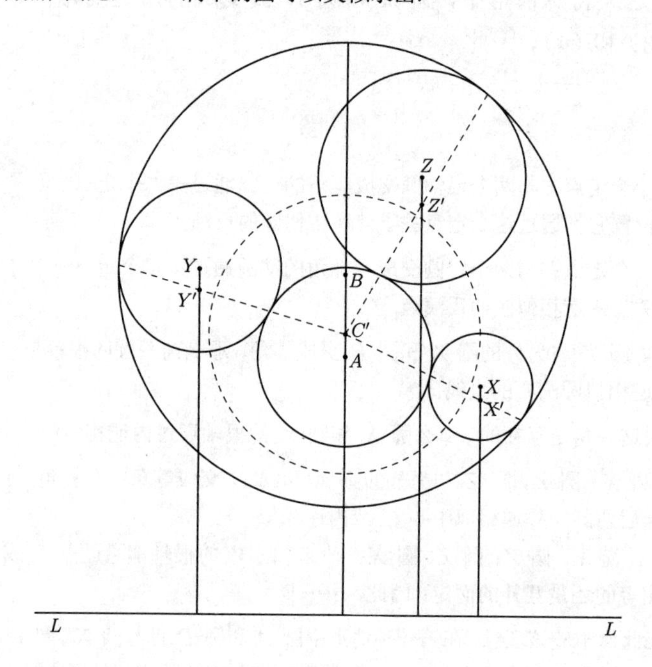

图 10.5

另外这样来作：如果我们将已知圆记为数字 1，2，3 并设点 4 是与圆 1 的所求切点，利用目 7 中开世的关系式，我们得到点 4 到圆 2 和圆 3 的切线的比是一个已知值 k. 类似地，对于和三个已知圆有相似切点的第二个圆，它的切点(5)到圆 2 和圆 3 的切线的比等于同一个比 k；因此，……(目 88 下的推论 2)

9. 设 A_1A_2，B_1B_2 是两个圆共同直径的端点；M，N 是它们的极限点；证明以 A_1B_1，A_2B_2，MN 为直径的圆共轴.

[因为它们的圆心共线，且它们每一个都与内逆相似圆正交(目 114 下的(4))；因此，……]

10. 与三个已知圆交成等角的动圆通过两个定点，实点或虚点.

[因为它与三个已知圆两两之间的三个外逆相似圆正交，而这三个圆共轴(目 88 下的例 13 中的(2))；因此这个动圆通过它们的极限点，实点或虚点.]

11. 如图 10.6 所示，动圆 X 和动圆 Y 与定圆 (A, r_1) 和定圆 (B, r_2) 相外切和内切，四个切点 B_1，A_2 和 B_2，A_1 在一条直线上；证明：

(1) 它们圆心的连线通过一个定点.

(2) 它们半径的和是一个定值.

(3) 它们根轴的足[1]描出一个圆. **[231]**

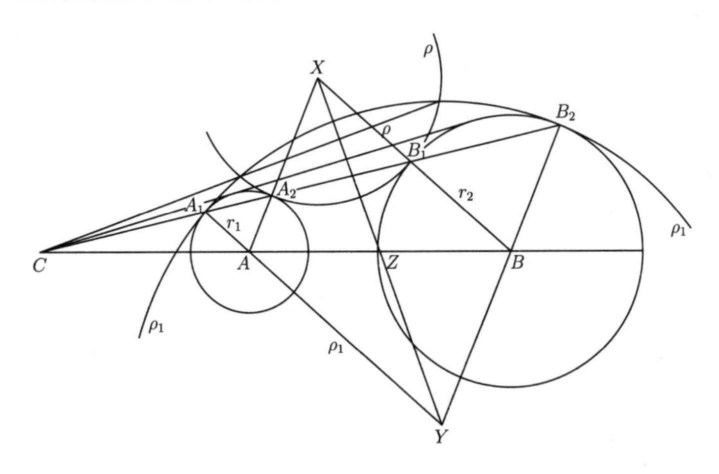

图 10.6

[(1) 因为一个平行四边形的两条对角线互相平分，所以 XY 平分 AB 且被 AB 的中点 Z 平分.

(2) 设 L 是圆 (A, r_1) 和圆 (B, r_2) 的根轴；那么 $\dfrac{XL}{\rho}=\dfrac{YL}{\rho_1}=$ 定值(目 88 下的例 7)，因此 $\dfrac{XL+YL}{\rho+\rho_1}=$ 定值，而由(1)知这个分子是定值$(=2ZL)$；因此，……

(3) CZ 上的圆显然是这条轨迹.]

12. 作与两个定圆相切的圆(如图 10.5 所示)；求这些圆按对所取的极限点的轨迹.

[1] 两圆根轴的足指根轴与连心线的交点.——译者注

[两已知圆的内逆相似圆(目 114 下的 (3)).]

12a. 作出两个彼此相切且每个又与两个已知圆相切的圆；求它们切点的轨迹.

[切点是这两个切圆重合的极限点；因此所求的轨迹是两个已知圆的内逆相似圆.]

13. 若在一个圆上取 n 个点，证明：

[232] （1）通过省略每个点而构成的 n 个 $n-1$ 点组的平均中心依次地位于一个圆 S_n 上.

（2）如果在原来的圆上取另外一个点，通过省略每个点而得到的 $n+1$ 个圆(S_n)的圆心依次位于一个相等的圆上，且能无限地依此类推下去.(*St. Clair*)[①]

[设点 G 是这个 n 点组的重心. 延长 AG 至 a，使 $AG:Ga=n-1:1$，那么 a 是通过排除点 A 而得到的 $n-1$ 个点的平均中心. 用同样的方法我们取 $BG:Gb=n-1:1,\cdots$；

[233] 因此点 a，b，$\cdots$ 在一个圆上；而点 G 是轨迹圆和已知圆的一个相似中心.]

① *Educational Times*, February, 1891.

第11章 反 演

第1节 引 论

115. 已经看到（目 74）一条直线上的每个点关于一个圆的反演点，在一个作在已知圆的圆心与这条直线的极点的连线上的圆上.

这个圆称为该直线关于已知圆的反形；而一般地能推断出一条直线的反形是一个通过已知圆的圆心的圆；且反过来也成立. 这个已知圆称为反演圆，其圆心称为反演原点（Origin of Inversion）或反演中心（Centre of Inversion）.

我们现在讨论一个不共线的点组的反演. 取最简单的情形——$\triangle ABC$ 的顶点. 如图 11.1 所示，设它们关于一个反演圆 (O, r) 的反形点分别是 A'，B'，C'.

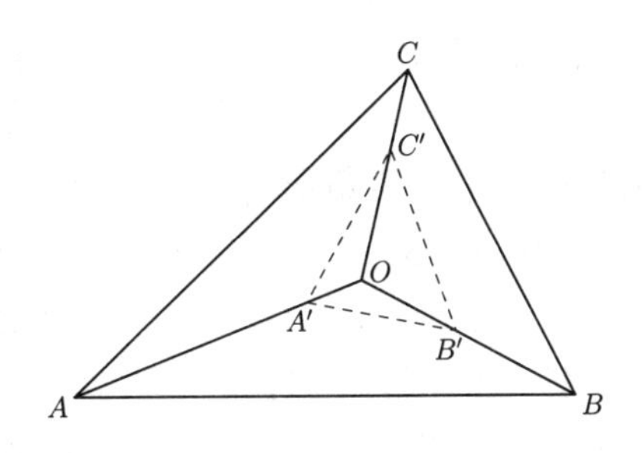

图 11.1

显而易见，三个四边形 $BCC'B'$，$CAA'C'$，$ABB'A'$ 都是共圆的；因此我们得到角度的关系

$\angle A'C'O = \angle OAC$，$\angle B'C'O = \angle OBC$，$\cdots$（Euc. III. 22），　　[234]

由此相加可得

$$\angle AOB = \angle C + \angle C'. \tag{1}$$

类似地，有

$$\angle BOC = \angle A + \angle A', \tag{2}$$

$$\angle COA = \angle B + \angle B'. \tag{3}$$

如果底边 AB 和原点 O 是固定的，且 $\angle C$ 的大小已给定，那么由式 (1) 知 $\angle C'$ 的大小也是给定的；因此：*如果一个动点(C)画出一个圆($\triangle ABC$ 的外接圆)，那么它的反演点(C')的轨迹是一个圆($\triangle A'B'C'$ 的外接圆)*.①

两个圆，或者更一般的任意两条曲线具有这样的关系，其中一个图形上的每一个点在另一个图形上有一个对应点，这两个点关于一个已知圆反演，那么这两个图形称为是关于该反演圆的*互反形* (Inverse Figures).

[235] 因此已经证明了一般地一条直线或圆反演为一个圆；而特别地，当原点在这个圆上时，它的反形是一条直线.

116. $\triangle A'B'C'$ 的形状. 设点 A，B，C 是固定的. 因为 $\angle AOB = \angle C + \angle C'$，所以 $\angle C'$ 可以有依赖于点 O 位置的任意值. 下面的特殊情形值得注意，并能容易地推出：

(1) 如果 O 是 $\triangle ABC$ 的外心，那么

$$\angle A = \angle A',\ \angle B = \angle B',\ \angle C = \angle C'.$$

(2) 如果 O 是 $\triangle ABC$ 的右(或正)布洛卡点，那么

$$\angle AOB = \angle C + \angle C' = \pi - \angle B,$$

因此

$$\angle C' = \angle A.$$

类似地，有

$$\angle A' = \angle B,\ \angle B' = \angle C.$$

(3) 如果 O 是左(或负)布洛卡点，那么 $\triangle ABC$ 和 $\triangle A'B'C'$ 再一次相似.

(4) 如果 O 是布洛卡第二三角形的一个顶点(C_2)，那么 $\angle AOB = 2\angle C = \angle C + \angle C'$，因而 $\angle C = \angle C'$；而且 $\angle B = \angle A'$ 且 $\angle A = \angle B'$.

因此当反演中心重合于六个点 O，Ω，Ω'，A_2，B_2，C_2，或它们的反演点②中的任一个时，这两个三角形相似 (目 72 下的例 22).

(5) 如果 O 在外接圆上，那么 $\angle C' = 0°$，故点 A'，B'，C' 共线.

(6) 设 $\angle BOC$，$\angle COA$ 和 $\angle AOB$ 分别等于 $60° + \angle A$，$60° + \angle B$，$60° + \angle C$. 那么 $\angle A' = \angle B' = \angle C' = 60°$；*因而任一个三角形的顶点可以反演为一个正三角形的顶点；或者任一已知形状三角形的顶点*.

① 这一陈述与如下的叙述等价：

如果自一个定点 O 向一个已知圆作一条动割线 OPP'，并分其于点 X 使得 $OP \cdot OX =$ 定值；那么点 X 的轨迹是一个圆，这可以独立地证明. 因为 $OP \cdot OP'$ 和 $OP \cdot OX$ 都是定值，所以 $OX : OP' =$ 定值. 过点 X 作 XC' 平行于 CP'. 从相似三角形中可得 $OX : OP' = OC' : OC = C'X : CP' =$ 定值. 因此 C' 是一个定点，且 $C'X$ 有定长. 所以点 X 的轨迹是一个已知圆；而反演圆显然是已知圆和它的反形的一个逆相似圆.

② 指关于 $\triangle ABC$ 外接圆的反演点.——译者注

117. 在前面的图形中点 O 取在这个三角形的内部. 而当反演中心在 $\triangle ABC$ 外部时容易证明类似的角度关系式. [236]

从目 116 的关系式中能观察到，如果一个 $\triangle A'B'C'$ 形状的动三角形被内接于一个已知三角形，那么由目 19 中的方法确定的与这幅图形相关的定点重合于反演中心.

118. $\triangle ABC$ **和** $\triangle A'B'C'$ **的边之间的关系.**

由相似 $\triangle AOB$ 和 $\triangle A'OB'$ 可得

$$\frac{AB^2}{A'B'^2}=\frac{OA\cdot OB}{OA'\cdot OB'};$$

而

$$OA'=\frac{r^2}{OA},$$

$$OB'=\frac{r^2}{OB},$$

所以通过代换有

$$\frac{AB}{A'B'}=\frac{OA\cdot OB}{r^2},$$

即

$$\frac{c}{c'}=\frac{OA\cdot OB}{r^2}.$$

通过将类似的关系式 $\dfrac{a}{a'}=\dfrac{OB\cdot OC}{r^2}$ 和 $\dfrac{b}{b'}=\dfrac{OC\cdot OA}{r^2}$ 相除，我们得到

$$\frac{a}{b}\Big/\frac{a'}{b'}=\frac{OB}{OA}=\text{定值}.$$

因此: *如果一个三角形的底边以及两条侧边的比是已知的，那么经过反演后的底边以及两条侧边的比也是已知的*. 又因为这两条轨迹是互反形，所以我们有如下重要的定理:

任一个圆和一对反演点反演为一个圆和一对反演点; 更一般地，一个圆和一对关于它的互反形，在经过关于任一原点的反演后保持这一关系.

119. 定理. *任一圆 X，它的反形 X' 和反演圆 O 共轴，即有一对共同的反演点，实点或虚点.* [237]

设点 P 和点 Q 是圆 O 和圆 X 共同的反演点对. 证明它们是对于圆 X' 的反演点. 因为圆 X，点 P，Q 分别被反演成圆 X'，点 Q，P，而根据上一目这是一个圆和它的一对反演点; 因此，……

当这些圆交于实点时该定理无需证明，因为这是有公共点类型的共轴圆组.

推论 1. 两已知圆的逆相似圆是其中任一圆关于另一圆的反演圆；因此，两个圆和它们的逆相似圆共轴.

推论 2. 任一三角形的各顶点关于极圆(实的或虚的)的反演点是垂心三角形的顶点；因此，三角形的外接圆和九点圆是关于极圆的互反形；而这三个圆共轴.

120. 一个四点组的反演. 如图 11.2 所示，设 A, B, C, D 和 A', B', C', D' 是任意四点和它们关于一个已知的反演圆 (O, r) 的反演点. 四边形 $BCB'C'$，$CDC'D'$，$\cdots$ 是共圆的. 因此有角度关系

$$\angle OA'D' = \angle ODA,\ \angle OC'D' = \angle ODC,$$

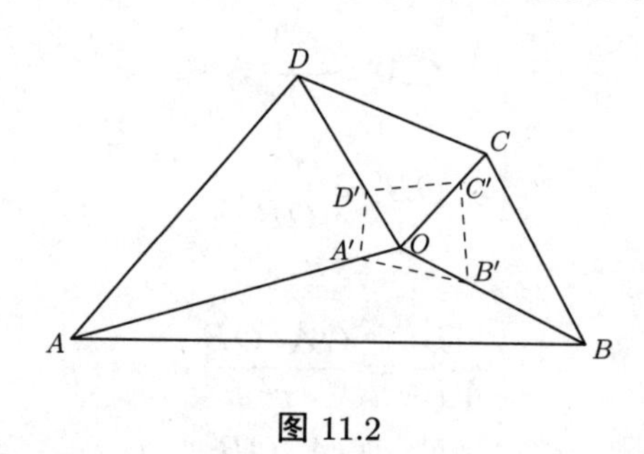

图 11.2

[238]

由此我们得到

$$\angle AOC + \angle D + \angle D' = 2\pi. \tag{1}$$

因为 $\angle AOC = \angle B + \angle B'$，所以通过代入式 (1)，得

$$\angle B + \angle B' + \angle D + \angle D' = 2\pi; \tag{2}$$

类似地

$$\angle A + \angle A' + \angle C + \angle C' = 2\pi,$$

即这两个四边形中相对应的两对对角的和都等于四个直角.

下面是一些要注意的特殊情形：

(1) 如果 $\angle B + \angle D = \pi$，那么 $\angle B' + \angle D' = \pi$；即一个共圆点组反演为一个共圆点组. 参照目 115.

(2) 如果同时有 $\angle B' = \angle D'$ 和 $\angle A' = \angle C'$，那么 $A'B'C'D'$ 是一个平行四边形，而它的角由等式

$$\angle B + \angle D = 2(\pi - \angle B') = 2(\pi - \angle D')$$

和

$$\angle A + \angle C = 2(\pi - \angle A') = 2(\pi - \angle C')$$

给出.

注记. 在这一情形中反演中心容易求出；因为 $\angle AOC = \angle B + \angle B' = \angle B + \pi - \frac{1}{2}(\angle B + \angle D)$，且 $\angle BOD$ 类似的等于 $\angle A + \pi - \frac{1}{2}(\angle A + \angle C)$；因此存在两个反演中心，任一个四边形的顶点关于它们反演成一个平行四边形

指定顺序的顶点，即已知圆 COA 和圆 BOD 的两个交点. 另外四个点可以类似的从圆对 BOC，AOD 及圆对 AOB，COD 的交点求出.

（3） 一个共圆四点组可以反演成一个矩形的顶点.

121. $ABCD$ **和** $A'B'C'D'$ **的边之间的关系.**

由目 118，得 $\dfrac{BC}{B'C'}=\dfrac{OB\cdot OC}{r^2}$ 及 $\dfrac{AD}{A'D'}=\dfrac{OA\cdot OD}{r^2}$. 将这两个关系式相乘，我们得到

$$\frac{BC\cdot AD}{B'C'\cdot A'D'}=\frac{OA\cdot OB\cdot OC\cdot OD}{r^4}; \qquad (1)$$

[239]

类似地，有

$$\frac{CA\cdot BD}{C'A'\cdot B'D'}=\frac{OA\cdot OB\cdot OC\cdot OD}{r^4}; \cdots; \qquad (2)$$

因此

$$\begin{aligned}&BC\cdot AD:CA\cdot BD:AB\cdot CD\\&=B'C'\cdot A'D':C'A'\cdot B'D':A'B'\cdot C'D'.\end{aligned} \qquad (3)$$

推论 1. 如果 A，B，C，D 是一个圆上的调和点组；那么 A'，B'，C'，D' 是一个调和的共圆点组.

因为如果式 (3) 左侧的各比相等，那么右侧的比也相等.

推论 2. 综合上一目的（3）与上面的推论，能推知一个调和的共圆点组可以反演成一个正方形的顶点.

例　题

1. 任意两个三角形可以通过摆放，使得一个三角形的各顶点是另一个三角形的顶点按任意指定顺序所取的反演点.

2. 任意四个点可以反演为一个垂心组.

[因为后一个四边形有如下各角：$\angle A'$，$90^\circ-\angle A'$，$180^\circ+\angle A'$，$90^\circ-\angle A'$，所以由 $\angle BOD=\angle A+\angle A'$，$\angle COA=\angle B+90^\circ-\angle A'$，以及 $\angle A+\angle C+\angle A'+\pi+\angle A'=180^\circ$ 知反演中心是两个已知圆圆 BOD 和圆 COA 的两个交点.]

3. 一个三角形的每条边被任意原点在它们上面的垂线分成的比经反演后保持不变.

3a. 如果这个原点是一个三角形的类似重心，那么它也是另一个三角形的类似重心.

4. 如果 α，β，γ 表示某圆上的任一点到一个内接三角形各边的距离，那么

$$\beta\gamma\sin A+\gamma\alpha\sin B+\alpha\beta\sin C=0.$$

[设 $A'B'C'$ 是一条直线 L 上的任意三点，而 O 是原点；因为

$$\frac{B'C'+C'A'+A'B'}{OL}=0,$$

[240]

反演后 O 在反形圆 L' 上且

$$\frac{BC}{\alpha}+\frac{CA}{\beta}+\frac{AB}{\gamma}=0,$$

即

$$\frac{a}{\alpha}+\frac{b}{\beta}+\frac{c}{\gamma}=0;$$

因此，……]

5. 证明一般的对于任一个圆内接多边形有

$$\sum\frac{a}{\alpha}=0. \qquad \text{（开世）}$$

6. 一个图形关于一条直线的反形是它关于这条直线的反射，所以它与已知图形全等.

7. 任意两个图形的交点 A，B，C，D，$\cdots$ 的反演点是两个反形的对应交点；而直线 AA'，BB'，CC'，$\cdots$ 共点于反演中心.

7a. 如果两条曲线切于点 A，那么它们的反形切于点 A 的反演点 A'.

8. 当反演圆与一个圆正交时，这个圆与它的反形重合.

9. 一个圆的一条动弦 AB 的两个端点和这条弦上的一个定点 C 的反演点 C' 与圆心 O 共圆.

[因为 A，B，C，∞ 共线；所以它们关于已知圆的反演点共圆，即 $ABC'O$ 是一个共圆四边形.]

10. 由外接圆上的任一点 P 作一条直线通过类似重心 K，交 $\triangle ABC$ 的各边于点 A'，B'，C'，证明关系式 $\sum\frac{1}{PA'}=\frac{3}{PK}$.

[运用例 4 和目 16 下的例 2(3) 的性质.]

122. 定理. $\triangle ABC$ 的外接圆关于内切圆的反形是连接切点所得的 $\triangle PQR$ 的九点圆.

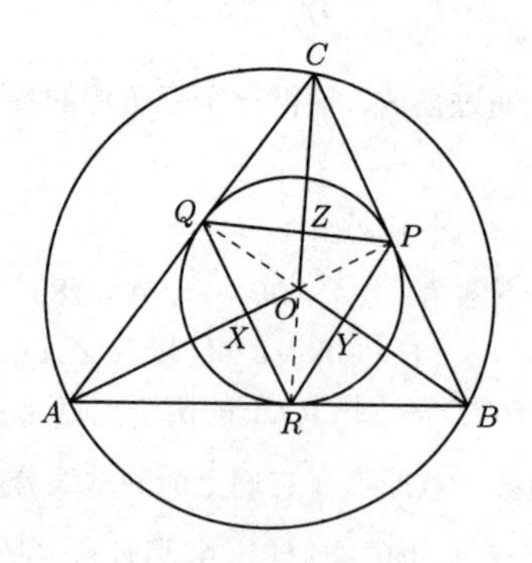

图 11.3

如图 11.3 所示，设 X，Y，Z 是 $\triangle PQR$ 各边的中点. 由相似三角形我们得到

$$OA\cdot OX=OB\cdot OY=OC\cdot OZ=r^2;$$

因此，……　[241]

Piers C. Ward 先生曾将这一性质运用于下述曼海姆定理的优美证明：

关于内切圆进行反演，外接圆反演为圆 XYZ，这是一个通过一个定点 Z 且有固定半径（$= \frac{1}{2}r$）的圆. 因此它包络出一个与 Z 同心且半径等于圆 XYZ 的直径的圆；根据目 121 下的例 7a，因此，……

例 题

1. 一个动 $\triangle ABC$ 内接于一个圆并外切于另外一个圆；证明切点 P，Q，R 的平均中心是一个定点.

[容易看出这是韦尔定理（目 53 下的例 12）的一种特殊情形. 因为点 P，Q，R 的平均中心是它的外心和九点圆心的连线的三等分点，这两个点都是定点；因此，……]

2. 如果一个四边形 $ABCD$ 内接于一个圆并外切于另一个圆；证明它与内切圆的切点 P，Q，R，S 的平均中心是一个定点.

[设点 W，X，Y，Z 是圆内接四边形 $PQRS$ 各边的中点. 那么 $WXYZ$ 是一个共圆的平行四边形，因而是一个长方形. 点 P，Q，R，S 的平均中心显然也是点 W，X，Y，Z 的平均中心，即 $ABCD$ 关于另一个已知圆反演成的圆的圆心.]　[242]

3. 通过三个三个地取一个共圆四边形的顶点而构成的四个三角形的四个九点圆通过一点.

[因为这些九点圆反演为外接圆在该四边形顶点处的切线组成的几个三角形的外接圆；因此，…… 对于任意四边形的更一般的性质已经独立地证明过. 目 79 下的例 15.]

第 2 节　两图形的交角及它们反形的交角

123. 一个圆，它的反形，以及反演圆的圆心和半径之间存在如下普遍的关系：

如图 11.4 所示，设 C，C'，O 是这三个圆的圆心；AB，$A'B'$，MN 是它们共同直径的端点；外公切线 SS' 和 TT' 交于点 O. 连接 ST 和 $S'T'$.

因为 AB 和 $A'B'$ 是关于反演圆的互反线段，所以这三个圆共轴（目 114 下的例 9）.

设 I 和 I' 是 ST 和 $S'T'$ 与连心线的交点；通过比较全等的 $\triangle OIS$ 和 $\triangle OIT$，等等，能得出 ST 和 $S'T'$ 都垂直于 AB. 所以四边形 $CSS'I'$ 是圆内接四边形；因此点 C 关于反演圆的反演点是点 I'；而类似的点 C' 的反演点是点 I，因此：

任一圆的圆心 C 反演为反演中心 O 关于反形圆 C' 的反演点 I'；且反演中心 O 关于任意圆 C 的反演点 I 反演为圆 C 的反形圆的圆心 C'.[①]

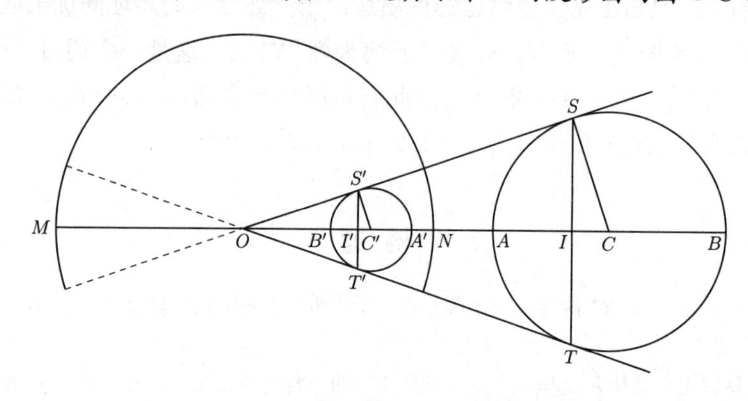

图 11.4

[243]

特别地，当反形圆是一条直线时，已知圆圆心的反演点是原点关于这条直线的反射点.

ST 的反形是以 OC' 为直径的圆.

另外，由相似三角形得 $\dfrac{OC}{OC'}=\dfrac{OS}{OS'}=\dfrac{CS}{C'S'}$，即

$$\frac{d}{d'}=\frac{t}{t'}=\frac{r}{r'}. \tag{1}$$

为了求出 d', t' 和 r'，我们有

$$\frac{d'}{d}=\frac{tt'}{t^2}=\frac{R^2}{d^2\sim r^2},$$

这里 R 是反演半径.

因此

$$d'=\frac{R^2 d}{d^2\sim r^2}, \tag{2}$$

[244] 这个关系式给出了反形圆的圆心 C' 的位置.

于是由式 (1) 我们一般有

$$\frac{d'}{d}=\frac{r'}{r}=\frac{R^2}{d^2\sim r^2}, \tag{3}$$

根据这个关系式反形圆的圆心位置和半径的大小能够得到确定.

推论. 如果反演中心在这个圆上；那么 $d=r$ 且 $r'=\infty$，这样就证明了一个圆关于它圆周上任意原点的反形是一条直线.

---

① 汤森，*Modern Geometry of the Point, Line, and Circle*，1863，p. 373.

124. 问题. 反演两个圆，使得它们反形的半径的比为一个已知值 k.

设 r_1，r_2 是已知圆的半径；d_1，d_2 是它们的圆心到原点 O 的距离；R 是反演半径；t_1，t_2 是 O 到两已知圆的切线，实的或虚的. 那么如果 ρ_1，ρ_2 表示反形圆的半径，根据目 123，我们有

$$\rho_1 = \frac{R^2 r_1}{t_1^2},\ \rho_2 = \frac{R^2 r_2}{t_2^2}.$$

将这两个等式相除，有

$$\frac{\rho_1}{\rho_2} = \frac{r_1}{r_2} \cdot \frac{t_2^2}{t_1^2} = k.$$

因此反演中心在这样的一条轨迹上，从它上面的任一点对两已知圆所作的切线有定比；即一个与它们共轴的圆.

推论. 任意两个圆可以反演成等圆；而反演中心的轨迹是任一个逆相似圆.

因为此时 $\rho_1 = \rho_2$；$\dfrac{t_1^2}{t_2^2} = \dfrac{r_1}{r_2}$；因此，……（目 114 下的（2））.

另外的方法如下：因为一个圆和两个互反形反演为一个圆和两个互反形；如果原点取在任一个逆相似圆上，那么这个圆反演为一条直线. 所以关于一个圆互为反形的任意两个图形反演为关于一条直线互相反射（目 121 下的例 6）. **[245]**

例　题

1. 说明如何将三个圆反演为等圆.

[反演中心是已知圆两两之间的逆相似圆的交点.]

2. 例 1 的解中有多少个反演中心？

[三个外逆相似圆共轴（目 88 下的例 13），因此交于两个实点或虚点. 又因为每两个内逆相似圆与一个外逆相似圆共轴，所以一共存在八个实的或虚的反演中心.]

3. 任意三个圆关于它们共同的正交圆反演后不变. 由于这个原因后者被称为三个已知圆的自反演圆（Circle of Self-Inversion）.

4. 将一个三角形的各边反演为：

（1）三个等圆.

（2）三个半径具有任意已知比 $p:q:r$ 的圆.

[（1）内切圆和各旁切圆的圆心是四个原点.（2）原点到各边的距离与 $p:q:r$ 成反比.]

125. 定理. 两个互反形在对应点 A 和 A' 处的切线与它们的连线 AA' 成等角.

如图 11.5 所示，在这两条曲线上取与点 A 和点 A' 连续的对应点 B 和 B'. 连接 AA' 和 BB'；它们都通过点 O.

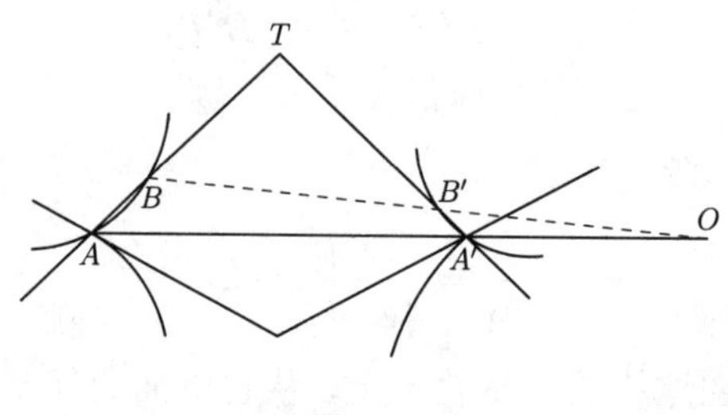

图 11.5

[246] 连接连续点的直线 AB 和 $A'B'$ 可以看作这两条曲线的切线；又因为 $ABB'A'$ 是一个圆内接四边形且 $\angle O$ 无限小，所以我们有(Euc. III. 22)

$$\angle BAO = \angle OB'A' = \angle AA'B';$$

因此 $\triangle TAA'$ 是一个等腰三角形.

126. 定理. 两条曲线的交角相似于①它们的反形在对应点处的交角.

因为任意两条曲线的交角是它们交点处切线的交角.

但是这些切线在直线 AA' 上确定出两个等腰三角形(目 125)；因此，……

如果反演中心同时在两个圆的外部或内部，那么这个角保持不变；而另一方面如果它在其中一个圆的外部并在另外一个圆的内部时，反演前后的交角是互补的. [247]

127. 在由前一目导出的各种结论之中，我们记录下:

(1) 任意两个交成一个角 α 的圆关于任一个交点反演为两条交成同样角的直线，例如，两个正交圆反演为两条相垂直的直线.

(2) 三个彼此正交的圆，例如由一个垂心点组构成的三角形的三个实的极圆，关于它们的任一个交点反演为一个圆和两条互相垂直的直径.

(3) 任意三个圆关于它们共同的正交圆上的任一点反演为另外三个中心共线的圆，所共直线是共同的正交圆的反形.

① “两个圆的交角作为一个图形，在经过反演这一过程后形状并不改变，但作为一个数量在这一过程中有时要变化，变为它的补角.”

“在将反演这一理论运用到圆的几何学中时，必须始终注意这个细节.”

“相切的两种情形，外切和内切，作为特殊情形在反演下自然会发生这种情况；但在有一种情形中是独一无二的，那就是正交，不会引起不确定，曾经的警惕可以完全省掉.” 汤森，*Modern Geometry of the Point, Line, and Circle*, Art. 407.

（4）有一个以上正交圆的一组圆反演为有一条以上正交直线的一组圆.

（5）第(4)条中共同正交圆的交点显然是已知共轴圆组的极限点(目 86).

由此关于任一个反演中心：

a°. 一个共轴圆组反演为一个共轴圆组.

b°. 一个圆和一对反演点反演为一个圆和一对反演点.

而对于在任一个极限点的反演中心：

c°. 一组共轴圆反演为一组同心圆，共同的圆心是第二个极限点关于反演圆的反演点. [248]

（6）一组共点直线反演为一个共点型的共轴圆组，两个公共点是反演中心和公共点的反演点.

（7）一个角和它的两条平分线反演为两个圆和它们的两个逆相似圆(目 109).

（8）如果以一个圆内接四边形的第三条对角线的端点为圆心作两个圆与已知圆正交，那么它们互相正交，而它们的交点 O_1 和 O_2 自然是关于已知圆的反演点. 因此如果取 O_1 和 O_2 为反演中心我们得到如下结论：这三个圆反演为一个圆和两条互相垂直的直径；这个四边形的顶点，它们是关于这两个圆的反演点，以同样的顺序反演为关于这两条直线的反演点，即构成一个矩形的顶点. 因此任一个圆内接四边形的顶点可以反演为一个矩形的顶点，而两个反演中心是关于这个圆的反演点.

（9）一个圆可以反演为以一个已知点 A 为中心的圆.

设点 A 的反演点 A' 是反演中心，而 AA' 是反演半径. 那么已知圆和关于它的反演点对 A 和 A' 反演为一个圆和一对反演点；但是反演中心 A' 的反演点在无穷远；因此点 A 是反形圆的圆心. [249]

（10）如果原点在两条平行线之间，那么这两条直线反演为两个相外切的圆；而如果这两条直线在原点的同侧，那么反演为相内切的圆.

（11）如果一个四边形 $ABCD$ 关于一个原点 O 反演为一个平行四边形；那么圆对 BOC，AOD 及圆对 COA，BOD 相切于点 O.[1]

[1] 由此得出一个所求反演中心的作法.

第3节　非调和比经过反演不变

128. 定理. 如果 A, B, C, D 是任意四个共圆点，而 A', B', C', D' 是它们关于任一个反演圆的反演点，那么

$$BC \cdot AD : CA \cdot BD : AB \cdot CD = B'C' \cdot A'D' : C'A' \cdot B'D' : A'B' \cdot C'D'.$$

这个性质已经证明对于任意四个点和它们的反演点成立，因而这个当它们位于一个圆上的特殊情形也正确；因此四个共圆点的非调和比等于它们关于任意反演圆的反演点的非调和比. 特殊情形在目 121 下的推论 1 和推论 2 中已经注意过.

129. 问题. 关于任意原点 P 反演一个正多边形 $ABC\cdots$.

如图 11.6 所示，外接圆 $ABC\cdots$ 反演为一个圆 $\alpha\beta\gamma\cdots$；直径 AA', BB', CC', $\cdots$ 反演为通过原点 P 并与圆 $\alpha\beta\gamma\cdots$ 正交于点 α, α'; β, β'; γ, γ'; $\cdots$ [250] 的圆.

所以它们通过点 P 关于反形圆的反演点 Q，因此组成一个共点型的共轴圆组（目 127 下的 (6)），并且弦 $\alpha\alpha'$, $\beta\beta'$, $\gamma\gamma'$, $\cdots$ 相交于 PQ 上的一点 K（目 72 下的例 6）.

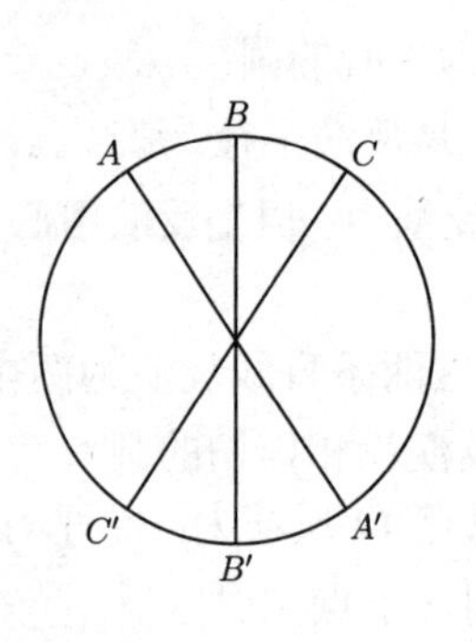

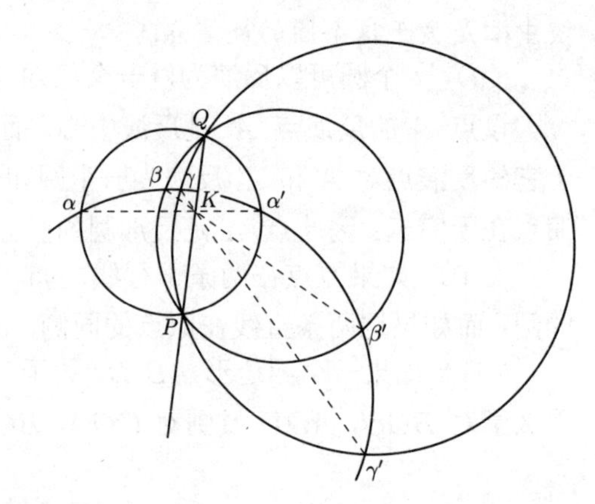

图 11.6

在原来的图上这个多边形的任一条边 BC 和任一条直径 AA' 与该圆交于一个调和点列；所以（目 128）在反形上 β, γ, α, α' 是调和点列；因此 $\dfrac{\beta\alpha}{\gamma\alpha} = \dfrac{\beta\alpha'}{\gamma\alpha'}$，即根据 Euc. III. 22，这个四边形的对角线 $\alpha\alpha'$ 是到交于其端点的任一对边的距离与这两条边的长度成比例的点的轨迹；对于四边形 $\gamma\delta\beta\beta'$ 等类似. 从而点 K 到多边形 $\alpha\beta\gamma\cdots$ 各边的距离与这些边成比例.

对于一个调和四边形 (Harmonic Quadrilateral)，K 显然是两条对角线的交点；而正多边形的反形，由于具有已经证明的这个对应的更一般的性质而被开世称为调和多边形 (Harmonic Polygon)． [251]

定义. 点 K 称为这个多边形的类似重心 (Symmedian Point)；而如果发自 K 的任一条垂线与它所落边的一半的比是 $\tan\omega$，那么 ω 是这个多边形的布洛卡角.

关于调和多边形的性质读者可以参阅开世的 *Sequel to Euclid* 一书中的增补章，第 VI 节.

130. 共类似中线三角形. 设 $\triangle ABC$ 是一个三角形，K 是它的类似重心，并设 AK，BK，CK 与外接圆又交于点 A'，B'，C'. 如果反演圆是 (K,ρ)，这里

$$KA\cdot KA'=KB\cdot KB'=KC\cdot KC'=-\rho^2,$$

那么 $\triangle ABC$ 的顶点反演为点 A'，B'，C'.

又因为 $BCAA'$ 是一个调和四边形，所以 $B'C'A'A$ 是调和的，即 $A'A$ 是 $\triangle A'B'C'$ 的一条类似中线；类似地，另外两条类似中线是 $B'B$ 和 $C'C$.

因此这两个三角形有相同的类似中线、类似重心、布洛卡圆、布洛卡角、布洛卡点等. 由于这些联系，它们被称为共类似中线三角形 (Cosymmedian Triangles)．[①] [252]

例 题

1. 如果 $\triangle ABC$ 的重心是 G；AA'，BB'，CC' 是外接圆通过 G 的弦；那么 $\triangle A'B'C'$ 的类似重心在包含泰利点的那条直径上. [维加里 (Vigarié)]

[如图 11.7 所示，设这个圆关于 G 为原点是自反演的且点 A，B，C 分别反演为点 A'，B'，C'. 设 AA''，BB''，CC'' 是交于 K 的类似中线弦.

如果圆 CGC'' 交 GK 于点 L，那么

$$KG\cdot KL=KC\cdot KC'';$$

且对于圆 AGA'' 和圆 BGB'' 成立类似的关系；因此这三个圆交于一个第二公共点 L，它是 $A'B'C'$ 的类似重心 K' 的反演点.

设点 J 是点 K 关于 $\triangle ABC$ 外接圆的反演点，那么 $KO\cdot KJ=KG\cdot KL=$ 点 K 关于外接圆的幂. 因此 $OGJL$ 是一个共圆图形，而 $\angle GOK=\angle L$.

已经证明 (目 67 下的例 18) 外接圆上的泰利点关于 $\triangle ABC$ 对应于布洛卡圆上的外心 O 关于布洛卡第一三角形，而点 G 是它们共同的重心；因此 $\angle GNO=\angle GOK$ 且 $\angle GRO=\angle GKO=\angle GF'O$. 于是 $OGKF'$ 是一个圆内接四边形，因而 (Euc. III. 21) 点

① 它们的性质是开世于 1885 年 12 月在爱尔兰皇家科学院上最先陈述的. 关于它们进一步的论述能在 Milne 的 *Companion* 中找到.

F, K, F' 共线. 从而 $KO \cdot KJ = KG \cdot KL = KF \cdot KF'$，即点 F，J，L 共线，这条直线是圆 $OGKF'$ 关于以点 K 为原点的反形.

[253]

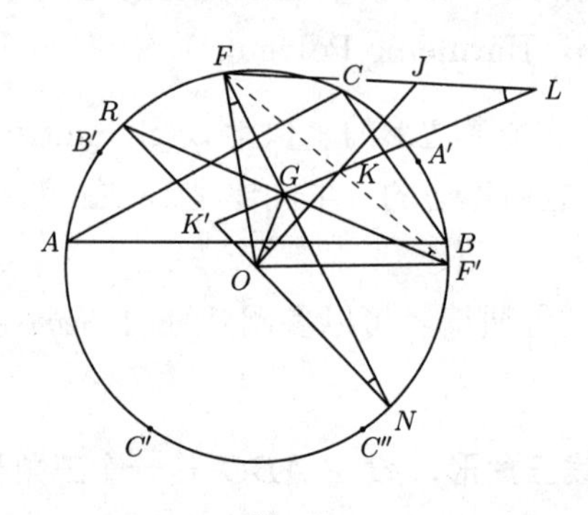

图 11.7

现在 $\triangle ABC$ 和 $\triangle GFL$ 的外接圆互相正交，因为 $\angle OFG = \angle L$；所以后者关于点 G 的反形是直径 NR，从而点 L 反演为它上面的一点 K'；因此，……

这个解属于麦凯[①].]

杂例

1. 能作出六个圆与三个已知圆圆 A，圆 B，圆 C 中的两个外切并与一个内切，以及与两个内切并与一个外切，这六个圆成对地关于圆 A，圆 B，圆 C 的共同的正交圆相反演.

[关于圆 A，圆 B，圆 C 的共同的正交圆进行反演，又因为在反演后圆 A，圆 B，圆 C 保持不变，切圆中的三个反演为剩下的三个；因此，……]

2. 与圆 A，圆 B，圆 C 相切的八个圆有一个共同的逆相似圆.

[因为在例 1 中它们成对地关于圆 A，圆 B 和圆 C 的共同的正交圆互为反形.]

3. 作出三个圆与一个三角形的三个旁切圆中的两个相外切并与另一个相内切；证明它们中的每个都通过泰勒圆的圆心.

[关于泰勒圆进行反演，那么问题中的三个圆反演为剩下的切圆，在这情形中它们是这个三角形的三条边；又因为反演为直线的圆都通过反演中心.]

4. 如果 ABC 是一个三角形；(C,ρ) 是一个反演圆，点 A' 和 B' 是点 A 和 B 的反演点；证明

$$2s = \frac{\rho^2 \sin C}{r'},$$

其中 r' 是 $\triangle A'B'C$ 的内切圆的半径.

[我们有 $AC = \dfrac{\rho^2}{A'C}$，$BC = \dfrac{\rho^2}{B'C}$ 及 $\dfrac{AB}{A'B'} = \dfrac{\rho^2}{A'C \cdot B'C}$，由此相加得

[254]

$$2s = \rho^2 \cdot \frac{A'C + B'C + A'B'}{A'C \cdot B'C} = \frac{\rho^2 \sin C}{r'}.]$$

① *Mathematical Questions with their Solutions*，取自 *Educational Times*，vol. lii., p.73.

5. **曼海姆定理.**[①] 具有给定的顶角 C 和内切圆半径 r' 的 $\triangle A'B'C$: 外接圆的包络是一个定圆.

[自这个顶点关于一个反演圆 (C,ρ) 进行反演，根据例 4，外接圆的反形是一个周长已知的三角形的底边 AB；又因为反形包络出一个圆，即 $\triangle ABC$ 的旁切圆；因此，……]

6. 一个动圆与一个等腰三角形的底边切于它的中点；证明与侧边的交点弦中相交在该圆内部的两条的包络是一个定圆.（M‘Vicker）

[参见目 61 下的例 1 的性质.]

6a. 通过关于顶点反演获得曼海姆定理.

7. 两个圆相交成一个角 ω，且满足 $2\cos\omega=\sqrt{\dfrac{r}{R}}$；证明能作一个三角形内接于一个圆并外切于另外一个圆. 由此求出一点的轨迹，关于它，两个圆可以反演为另外两个圆，使得能作出一个三角形内接于一个圆并外切于另一个圆.

8. 圆 (O,r) 的一条动弦 XX' 通过一个定点 Q；证明 $\triangle QOX$ 和 $\triangle QOX'$ 的外接圆包络出共轴圆组.

[设 P 是 Q 关于已知圆的反演点. 问题中的圆反演为直线 PX，PX'，根据目 72 下的例 5，这两条直线与两个同心圆组（即 $\triangle PXX'$ 的内切圆和旁切圆）中的每个都相切.]

9. 证明一个三角形的顶点与任一点 O 关于各边的反射点 O_1，O_2，O_3 可以反演为一个三角形的顶点与三边上的三个共线点.（罗素）

[圆 BCO_1，圆 CAO_2，圆 ABO_3 相交于一点 P（目 79 下的例 15），从 Euc. III. 22 能看出它在 $\triangle O_1O_2O_3$ 的外接圆上. 关于点 P 进行反演，因此，……]　**[255]**

10. 任意 $\triangle ABC$ 和一条西姆松线 XYZ 可以关于这条直线的极反演为一个 $\triangle X'Y'Z'$ 和西姆松线 $A'B'C'$.

11. 如果四个圆彼此正交，并设任一个图形连续地关于每个圆进行反演；那么第四个反形重合于原来的图形.

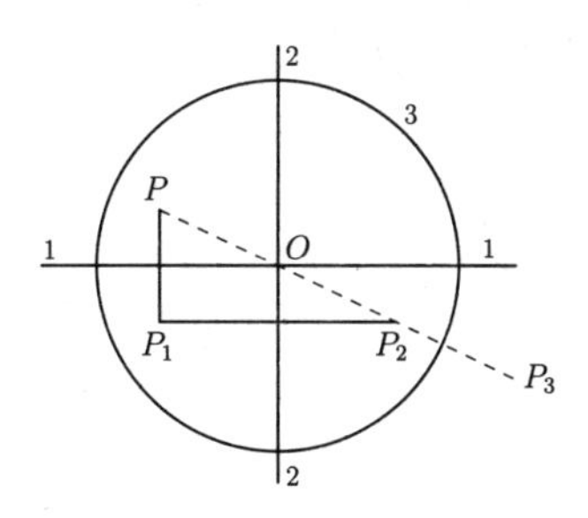

图 11.8

[下面的证明由麦凯给出：将这四个正交圆关于它们中任意两圆的一个交点进行反演. 那么这两个圆反演为直线；第三个圆变为一个与这两条直线交成直角的圆 ρ；而第四个圆反

① 因此这个熟知的性质可以看作如下性质的反演：已给定顶角 C 与值 s 和 $s-c$ 中的任一个；底边的包络是一个圆.

演后的圆(ρ')，因为它与第三个反形圆交成直角并与它同心，所以满足关系式 $\rho^2+\rho'^2=0$，即 $\rho^2=-\rho'^2$.

如图 11.8 所示，设点 P_1, P_2, P_3 表示点 P 在反形中的连续反演点；因为 $OP_2\cdot OP_3=\rho^2$ 且 $OP_2=-OP$，因此 $OP\cdot OP_3=-\rho^2$，即点 P_3 关于半径为 $\mathrm{i}\rho$，圆心在 O 的虚圆的反演点重合于点 P；因此，……]

12. “由四条直线组成的四个三角形的外接圆的圆心共圆.”通过关于这四个外接圆的公共点 P 进行反演来证明这个定理，并证明这个圆通过点 P.

[显而易见：(1) 这四条直线反演为四个通过点 P 的圆. (2) 这四个圆反演为 (1) 中四个圆剩余各对交点的连线. (3) 根据目 123，这四个圆的圆心反演为点 P 关于反形中四条直线的反射点；但是这几个点是共线的；因此，……]

[256]

13. 设 T 是两个圆的一条公切线，t 和 t' 是任一点 O 到它们的切线；如果这两个圆关于以 O 为原点进行反演，证明 $\dfrac{T^2}{tt'}$ 不变.

14. $\angle ACB$ 的大小已给定，且顶点 C 是固定的；求圆 ACB 的包络，这里 A 和 B 是一条已知直线上的点.

15. 一个圆的一条弦 AB 通过一个定点 P；求通过点 P 并与已知圆切于点 A 和点 B 的两个圆的交点的轨迹.

16. 如果两个圆被反演为任两个另外的圆；对于每对圆来说，公切线的平方除以直径的乘积是相等的.

[比较目 126 和目 4 下的脚注.]

17. 通过对与一条直线相切的一组四个圆的反演，来证明都与第五个圆相切的四个圆的公切线之间的开世关系式(目 7).

18. 作两条平行线并作一些圆与这两条直线相切且彼此顺次相切. 自任一个圆垂直于两条直线的直径上的一点反演这组圆，并推导下面的定理：

A, B, C 是三个共线点，在线段 BC, CA, AB 上分别作圆 X, Y, Z. 如图 11.9 所示，作一组圆互相相切并与已知圆相切，如果 (C_n, ρ) 表示第 n 个圆，证明它的圆心到 AB 的距离等于 $2n\rho$. [帕普斯(Pappus)]

[257]

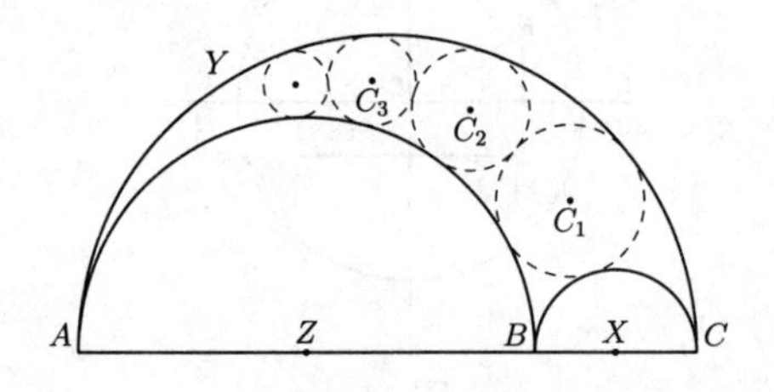

图 11.9

19. 如果圆 (A, r_1)，圆 (B, r_2)，圆 (C, r_3) 两两相切；通过反演证明与它们以相同类型相切的两个圆的半径是

$$\frac{r_1r_2r_3}{\sum r_1r_2\pm 2\Delta},$$

其中 2Δ 是 $\triangle ABC$ 的面积.

[自圆 (B, r_2)，圆 (C, r_3) 的切点，以等于到圆 (A, r_1) 的切线为半径进行反演；……]

20. 两圆的外相似中心到它们的根轴和内相似中心的距离的乘积等于固定的逆相似积.

[相似圆关于任一个相似中心反演为两已知圆的根轴.]

20a. 证明两个圆的根轴关于这两个圆的极点关于两个相似中心是调和共轭的.

[这是如下定理的反演：任一个相似中心关于两圆的极线到它们根轴的距离相等；逆相似圆取为反演圆.]

21. 一个动圆 $ABCD$ 与两个定圆相外切，交它们的根轴于点 L 和点 O，并分别与它们的一对内公切线交于点 A，C 及点 B，D；证明这个图形(图 11.10)的下述性质：

(1) 这两个圆的极限点 M 和 N 是四边形 $PQRS$ 中两条平行边的中点.

(2) 动直线 AB 和 CD 分别平行于外公切线 PQ 和 RS.

(3) $ABCD$ 的顶点在点 O 和点 L 与两个极限点的连线上.

(4) BC 和 AD 包络出的圆分别与点 M 和点 N 同心.

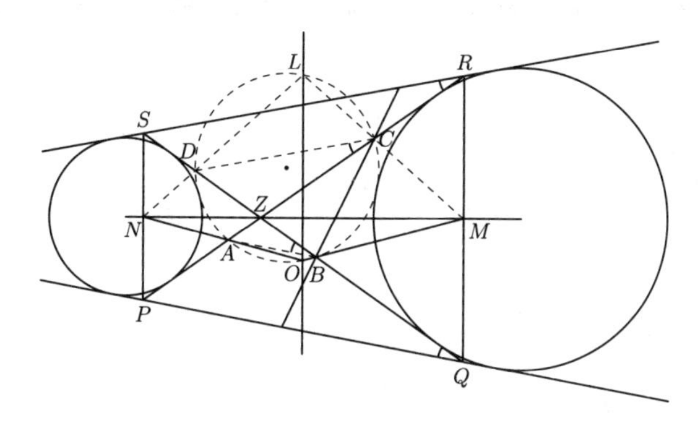

图 11.10

[证明：(1). 因为两个已知圆的四条公切线组成一个共同的外切四边形，所以它的两条对角线与对应的内接四边形的两条对角线共点；因此，…… 参见目 67 下的推论 6. **[258]**

(2). 将点 A 和点 B 与两个已知圆记为数字 1，2，3，4. 运用关联都与一个第五圆相切的四个圆的公切线的开世关系式并化简，得到 $AZ + BZ \propto AB$. 因此 AB 有固定的方向，而 PQ 是它的一个特殊位置，因此 AB 和 PQ 互相平行；类似的，CD 和 RS 互相平行.

(3). 为证明点 D，L，N 共线. 将这个图形以点 D 为原点进行反演. 这两个圆，它们的根轴和反演点对反演为三个共轴圆，以及它们的两个极限点，其中的一个通过原点；另外圆 $ABCD$ 反演为后一圆组的外公切线. 由此容易得到(目 92 下的例 5)点 N 和点 L 的反演点的连线通过点 D；因此，……

(4). 因为 LO 内等分等腰 $\triangle LMN$ 的顶角，所以 BM 外等分 $\triangle ZBC$ 的底角 $\angle B$；类似地，CM 外等分另一个底角，因此点 M 是 $\triangle BCZ$ 的旁心.]

注记. 由 Charles M‘Vicker 先生交流的这个性质，是曼海姆定理的一个明显的推广. 因为如果任一个圆化为一点 Z，那么我们得到 $\triangle BCZ$ 的顶角 $\angle Z$ 的大小和位置以及旁切圆是固定的；因为动外接圆 BCZ（即 $ABCD$）包络出一个圆，关于该圆这个顶点和旁切圆的圆心是一对反演点；因此，……

[259]

22. 证明开世定理（目 7）的逆命题，已给出都与一个第五圆相切的四个圆的公切线之间成立的关系式.

[将圆 1，2，3 反演为等圆（目 124）(A, r)，(B, r)，(C, r)；并求出圆 4 关于同一个反演圆的反形圆 (D, r_1). 关系式 $\sum \overline{23} \cdot \overline{14} = 0$ 对于反演后的四个圆成立（目 126）；并且切线 $\overline{23}$，$\overline{31}$，$\overline{12}$ 等于连接三等圆的圆心而构成的三角形的各边. 现在作一个圆以点 D 为圆心且半径等于 $r \sim r_1$，而点 A，B，C 到它的切线分别等于 $\overline{14}$，$\overline{24}$，$\overline{34}$. 因此一般的关系式转化为对于三个点与一个圆的相应关系式. 容易看出 $\triangle ABC$ 的外接圆与圆 $(D, r \sim r_1)$ 相切；因为根据托勒密定理的逆这两个圆的极限点在圆 ABC 上；因此，…… [弗里（Fry）]]

注记. 反演这一在现代几何学中非常有用的方法是由都柏林圣三一学院的神学教授斯塔布斯（Stubbs）在 1843 年获得的. 他关于这一主题的宝贵的论文能在 *Philosophical Magazine*，1843 年 11 月，p. 338 中找到. 大约在同一时间，因格拉姆（Ingram）博士在 *Transactions of the Dublin Philosophical Society* 中发表了他的研究成果. 见 vol. i.，p. 145.

[260]

第 12 章　非调和分割的一般理论

第 1 节　非调和分割

131. 定义. 设一条线段 AB 被两个动点 C 和 D 分割，使得 $\frac{AC}{BC} \div \frac{AD}{BD}$ 是一个定比 $(=\kappa)$. 于是 κ 的值为

$$-\frac{CA \cdot BD}{BC \cdot AD},$$

并称为线段 AB 被点 C 和 D 分成的*非调和比*(Anharmonic Ratio). 类似地，CD 被点 A 和点 B 分成的非调和比是

$$\frac{CA}{DA} \div \frac{CB}{DB},$$

即

$$-\frac{CA \cdot BD}{BC \cdot AD}.$$

在*点列*(Row) A，B，C，D 中，点 C 和 D 称为*共轭点*(Conjugate Points)或*对应点*(Corresponding Points). 而 AB 和 CD 是*共轭线段*(Conjugate Segments). 显然共轭线段彼此*等非调和地*(Equianharmonically)分割，即 AB 被点 C 和点 D 分成的非调和比等于 CD 被点 A 和点 B 分成的非调和比.

132. 设四个点 A, B, C, D 被分成三组对应的线段 BC, AD; CA, BD; AB，CD; 那么各非调和比为 **[261]**

$$BC \text{ 被点 } A \text{ 和点 } D \text{ 分成的非调和比} = \frac{BA}{CA} \div \frac{BD}{CD} = \lambda, \tag{1}$$

$$CA \text{ 被点 } B \text{ 和点 } D \text{ 分成的非调和比} = \frac{CB}{AB} \div \frac{CD}{AD} = \mu, \tag{2}$$

$$AB \text{ 被点 } C \text{ 和点 } D \text{ 分成的非调和比} = \frac{AC}{BC} \div \frac{AD}{BD} = \nu, \tag{3}$$

或者它们的倒数; 因为一条线段被点 A 和点 D 与被点 D 和点 A 分成互为

倒数的非调和比.

这三个分式 λ，μ，ν 及它们的倒数是点 A，B，C，D 的六个非调和比.

注记. 设一条线段 AB 被一个动点 X 内分并被 X' 外分，使得 $\dfrac{AX}{BX}=k\cdot\dfrac{AX'}{BX'}$. 当点 X 趋近于点 B 时，$\dfrac{AX}{BX}$ 变大；因此共轭点 X' 同时趋近于点 B. 因为设 $AX'=a$ 及 $BX'=b$，那么

$$\frac{a-x}{b-x}>\text{（或}<\text{）}\frac{a}{b}\ \text{对应于}\ a>\text{（或}<\text{）}b.$$

但是 $a>b$，因此可得当点 X' 向点 B 移动时，比 $\dfrac{AX'}{BX'}$ 连续地变大，并当动点重合于点 B 时变为无穷大. 这时它也重合于它的共轭点 X，因而点 B 是由动点 X 和 X' 描出的线段的一个二重点(Double Point). 类似地，点 A 是一个二重点.

另外，当 X' 自 B 沿线段的延长线后退时，X 趋向于 AB 的中点 M. 在极限情形下，当 X' 在无穷远时，$\dfrac{AX'}{BX'}=1$，它的共轭点 $X(=P)$ 分这条线段为单比 $\dfrac{AP}{PB}=k$. 类似地，当 X 运动到无穷远时，它的共轭点 $X'(=Q)$ 给出关系式 $\dfrac{AQ}{BQ}=\dfrac{1}{k}$；因而共轭点在无穷远的两个点是关于 AB 的等截共轭点.

这里我们应该注意，并在随后将会看到的是，当两个点组中的对应点沿相同的方向移动时，二重点是虚点.

133. 问题. 用 A, B, C, D 的非调和比中的一个(λ)表示出所有的非调和比.

因为
$$BC\cdot AD+CA\cdot BD+AB\cdot CD=0,$$

[262] 除以 $AB\cdot CD$，我们有

$$\frac{BC\cdot AD}{AB\cdot CD}+\frac{CA\cdot BD}{AB\cdot CD}+1=0,$$

因此根据目 132 通过代换，得

$$-\mu-\frac{1}{\lambda}+1=0.$$

所以一般地，将上面的等式用它的每一项去除，能得到

$$\mu+\frac{1}{\lambda}=1;\quad \nu+\frac{1}{\mu}=1;\quad \lambda+\frac{1}{\nu}=1.$$

因此这六个比是

$$\lambda,\ \frac{1}{\lambda},\ \frac{\lambda-1}{\lambda},\ \frac{\lambda}{\lambda-1},\ 1-\lambda,\ \frac{1}{1-\lambda}.$$

这些值可以表示为一个角的三角函数. 设 $\lambda=\sec^2\theta$. 那么这几个比按上面的顺序转化为如下

$$\sec^2\theta,\ \cos^2\theta,\ \sin^2\theta,\ \csc^2\theta,\ -\tan^2\theta,\ -\cot^2\theta.$$

如果这些比中的两个相等，比如 $\lambda = \dfrac{\lambda-1}{\lambda}$，那么 $\lambda^2-\lambda+1=0$，因而 $\lambda=\omega$ 或 ω^2，1 的三次虚根. 在此情形下三对比有值 ω 和 ω^2.

如果 $\lambda=-1$，那么这些点构成一个调和点列，而剩下的比是 -1，-2，$-\frac{1}{2}$，2，$\frac{1}{2}$.

在论及一条直线上的四个点的非调和比时，其中各点所取的顺序是默认的. 萨蒙博士引入了简便的记号 $[ABCD]$ 来表示 AB 被点 C 和点 D 所分成的比. $[ABCD]$ 等于 $\dfrac{AC}{BC}\div\dfrac{AD}{BD}$，因而 $[ABCD]\cdot[ABDC]=1$.

例　题

1. 证明 $[ABCD]=[BADC]=[DCBA]=[CDAB]$；因此当四个点中的任两个交换时，如果剩余的一对同样被交换，那么这个点组的非调和比保持不变.

2. 如果 $[ABCD]=[ABDC]=\kappa$；求 κ 的值.

[显然 κ 等于它的倒数，因而是单位数. 此时这四个点构成了一个调和点组.]　**[263]**

3. 证明对于任意的共线点组 A，B，C，D，E，$\cdots$，有 $\dfrac{[ABCE]}{[ABCD]}=[ABDE]$.

[将左侧的两个比展开并化简；因此，……]

4. 对于任意两个共线点组 A，B，C，D，E，$\cdots$；A'，B'，C'，D'，E'，$\cdots$；已知 $[ABCD]=[A'B'C'D']$ 且 $[ABCE]=[A'B'C'E']$，证明

$$[BCDE]=[B'C'D'E'],\ [CADE]=[C'A'D'E'],\ [ABDE]=[A'B'D'E'].$$

[利用例 3.]

5. 如果 $[ABCD]=[ABC'D']$，证明 $[ABCC']=[ABDD']$.

[将这两个比展开通过交错项即得到所求的结论.]

6. 如果在例 4 中有 $[ABCD]=[A'B'C'D']$，$[ABCE]=[A'B'C'E']$，$[ABCF]=[A'B'C'F']$，$\cdots$；证明

$$[ADEF]=[A'D'E'F'],\ [BDEF]=[B'D'E'F'],\ \cdots. \tag{1}$$

因此 $[DEFG\cdots]=[D'E'F'G'\cdots]$.

7. 如果线段 MN 被点对 A，A'；B，B'；C，C'；$\cdots$ 非调和地分割；证明：

（1）$[MABC\cdots]=[MA'B'C'\cdots]$ 且 $[NABC\cdots]=[NA'B'C'\cdots]$.

（2）$[ABCD\cdots]=[A'B'C'D'\cdots]$.

[因为 $[MNAA']=[MNBB']=[MNCC']=\cdots$，所以根据例 5 有 $[MNAB]=[MNA'B']$; $[MNAC]=[MNA'C']$, $\cdots$. 由此相除我们得到 $[MABC]=[MA'B'C']$, $\cdots$.

证明 (2). 利用 (1) 我们有 $[MABC]=[MA'B'C']$ 及 $[MABD]=[MA'B'D']$，因此相除得 $[ABCD]=[A'B'C'D']$.]

8. 如果一条线段 MN 被点 A 和 A'，B 和 B'，C 和 C' 调和分割；证明这六个点中按任意顺序所取的四个点的非调和比等于它们的四个共轭点的非调和比，$[ABCC']=$

$[A'B'C'C]$.

[根据例 7 有 $[MABC] = [MA'B'C']$；但是（题设）点 C 和 C' 是可交换的，因此 $[MABC'] = [MA'B'C]$；将这两个等式相除，因此，……与例 4 中一样.]

9. 证明例 8 的逆，即对于六个共线点 A，B，C，A'，B'，C'，如果某四点的非调和比等于它们共轭点的非调和比，$[CABA'] = [C'A'B'A]$，那么：

[264] （1）每四个点的非调和比等于它们的四个共轭点的非调和比.

（2）线段 AA'，BB'，CC' 有一条共同的调和分割线段.

[证明（1）. 根据题设有 $[CABA'] = [C'A'B'A]$；根据例 1，通过重新排列，我们得到 $[AA'BC] = [A'AB'C'] = [AA'C'B']$. 因而通过交换项（例 5）有 $[AA'BC'] = [AA'CB'] = [A'AC'B]$；对于所有其他的组合类似.

证明（2）. 设 MN 调和分割线段 AA' 和 BB'，那么它也调和分割 CC'. 因为 $[MABA'] = [MA'B'A]$（根据例 7）且 $[NABA'] = [NA'B'A]$；另外，根据（1）有 $[CABA'] = [C'A'B'A]$ 及 $[C'ABA'] = [CA'B'A]$，所以（例 6）$[MNCC'] = [MNC'C]$；因此，……（例 2）]

10. 一般地，对于两个等非调和点组，如果某两个共轭点 A 和 A' 可交换，例如，如果 $[ABCD] = [A'B'C'D']$ 且 $[A'BCD] = [AB'C'D']$，证明：

（1）每四个点与它们的对应点是等非调和比的.

（2）线段 AA'，BB'，CC'，DD' 有一条共同的调和分割线段.

[利用例 9 的方法.]

第 2 节　角的非调和分割

134. 在目 3 中已经阐释过四点 A，B，C，D 的非调和比等于连接它们与任意点 O 所构成的线束 $O.ABCD$ 的非调和比. 由此可见，前一节中所述的四个共线点的所有性质都包含了一个线束的相关性质，并且借助等式

$$BC\cdot AD : CA\cdot BD : AB\cdot CD$$
$$= \sin\widehat{BC}\cdot\sin\widehat{AD} : \sin\widehat{CA}\cdot\sin\widehat{BD} : \sin\widehat{AB}\cdot\sin\widehat{CD},$$

由前者可以立即得出后者. 另外，通过线束 $O.ABCD$ 的顶点作一个圆，并将它与该线束各射线的另外交点记为 A，B，C，D；因为点 O 处各角的正弦与它们所对的弦成比例，我们进一步可以由共线点的非调和性质得出位于一个圆上的各点之间的对应关系. **[265]**

135. 下述性质是显然的（图 12.1）：

（1）一束射线被所有的截线等非调和地相交.

（2）作一条截线平行于一个线束中的一条射线 D，并被剩下的三条射线分成单比 $\dfrac{AC}{BC}$，它是该线束的非调和比.

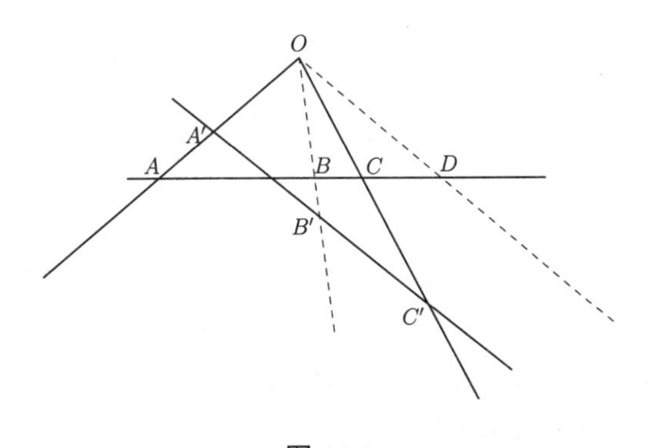

图 12.1

（3）在（2）中，如果这个线束是调和的，那么平行于 D 的任意截线 $A'B'C'$ 使得 $A'B' = B'C'$.

（4）对于任两个等非调和的点列 $A, B, C, D, \cdots$ 和 $A', B', C', D', \cdots$，如果直线 AA'，BB' 和 CC' 共点于 O；那么 DD' 以及两个已知点组中其他所有对应点的连线通过点 O.

[这个重要的性质是（1）的逆，并容易通过直接的证明得出.] **[266]**

136. 定理. 如果两条直线被等非调和地分割，使得一组对应点重合于它们的交点，即 $[OABC\cdots] = [OA'B'C'\cdots]$，那么这两个点组是成透视的；而

反过来，如果两个等非调和比的线束使得一组对应射线重合于它们顶点的连线，那么它们成透视.

如图 12.1 所示，设 AA' 和 BB' 交于点 O. 连接 OC，且若能设 OC 与另一条轴交于点 C''. 那么因为它们是透视的，所以

$$[OABC] = [OA'B'C''].$$

但是

$$[OABC] = [OA'B'C'] \text{（题设）；}$$

因此 $[OA'B'C'] = [OA'B'C'']$，即点 C' 和点 C'' 重合. 反之，对于任意两个线束 $O.ABC$ 和 $O.A'B'C'$，如果射线 A，A' 以及射线 B，B' 分别交于点 X 和点 Y，那么能得出射线 C 和 C' 相交在直线 XY 上.

另外的方法如下：如图 12.2 所示，点列 $[XYZW]$ 和 $[XYZ'W]$ 是等非调和比的；因此点 Z 和点 Z' 重合.

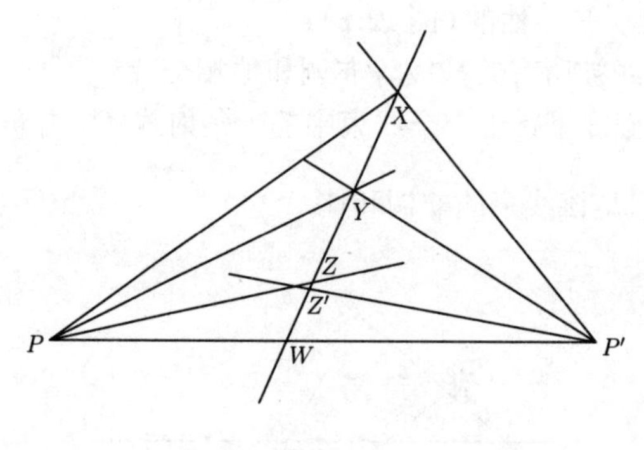

图 12.2

推论 1. 如果两个线束是等非调和比的，那么通过一组对应射线的交点的任意两个点列是成透视的. [267]

推论 2. 通过一个已知点 P 可以作一条直线穿过 $\triangle ABC$，与它的各边交于点 Q，R，S，使得 $[PQRS]$ 等于一个已知的非调和比.

[因为由这个点列与三角形的任一个顶点 A 构成的线束（$A.PQRS$）是已知的，又因为它的射线中的三条是给定的，所以第四条也是已知的.]

定义. 几条直线被等非调和地分割也称为被单应地(Homographically)分割. 单应这一术语一般被用于相同类型图形的等非调和分割，例如，直线、圆等.

例题

1. 一个圆的每一条切线被外切正方形的各边调和地分割.

[在极限位置，当这条动切线重合于这个正方形的一条边时，在它上面确定的点列是调和的；因此，……目81下的例3.]

2. 将一条动切线被四条定切线分成的非调和比用这些定切线的切点弦表示出来.

[设 P，Q，R，S 是这个外切四边形各边的切点，这些边与点 O 处的动切线交于点 A，B，C，D；O' 是这个圆的圆心. 那么 $[ABCD]=[O'.ABCD]=[O.PQRS]$，因为 $O'A$，OP；$O'B$，OQ；$\cdots$ 是四对互相垂直的直线；所以所求的表达式为

$$QR\cdot PS:RP\cdot QS:PQ\cdot RS.]$$

3. 对于与一个圆外切于点 P，Q，R，S 的任意四边形，每一双对角线与内接四边形 $PQRS$ 中相应的一双对联线共点（参见目67下的推论8）.

[证明直线组

$$QR,\quad PS,\quad YY',\quad ZZ';$$
$$RP,\quad QS,\quad ZZ',\quad XX';$$
$$PQ,\quad RS,\quad XX',\quad YY'$$

每组都是共点的.　**[268]**

将点 P，Q，R，S 处的四条切线中的每一条看作四边形 $XX'YY'ZZ'$ 的一条截线. 因为两条连续的切线相交在圆上，所以点 P 和点 Q 处的切线被按相同的顺序截于点 P，Z，Y，X' 和点 Z，Q，X，Y'；于是 $[PZYX']=[ZQXY']=[QZY'X]$. 因此 PQ，YY'，XX' 共点. 类似地，RS，YY' 和 XX' 共点；因此，……]

注记. 因为上面的性质更一般地对于二次曲线成立，所以我们来考虑一种出现在抛物线中，当第四条切线是无穷远线（目81）时的有趣情形. 假设作出一条抛物线在点 A 和点 B 处的切线 AC 和 BC，而第三条切线分别交 BC 和 CA 于点 X 和点 Y. 那么容易知道相等的非调和关系式转化为 $\dfrac{BX}{CX}=\dfrac{CY}{AY}$；即一条动切线分两条定切线为相等的比. 它还对焦点张一个定角. 因此，与 $\triangle ABC$ 的每对边（b，c，$\cdots$）切于第三条边（BC）的两个端点的三条抛物线的焦点是布洛卡第二三角形的顶点.

4. 如果一个圆与四个其他圆相切，那么各切点的非调和比等于

$$\overline{23}\cdot\overline{14}:\overline{31}\cdot\overline{24}:\overline{12}\cdot\overline{34}.$$

[利用目7.]

5. $\triangle ABC$ 的九点圆与内切圆及三个旁切圆的切点的非调和比是

$$\frac{a^2-b^2}{a^2-c^2},\ \frac{b^2-c^2}{b^2-a^2},\ \frac{c^2-a^2}{c^2-b^2}.$$

[如例4.]

6. 如果将一个圆（或二次曲线）上的四个点 A，B，C，D 的非调和比记为 λ，μ，ν，$\cdots$，证明线束 $P.ABCD$ 的非调和比是 λ^2，μ^2，ν^2，$\cdots$，这里 P 是直线 AB 的极点.

[设 PC，PD 与这条二次曲线又交于点 C'，D'，并与 AB 交于点 E，G；那么 CD'，DC' 和 AB 共点于点 F；又因为

$$[C'.ABCD]=[D'.ABCD],\ [ABCD]=[ABEF]=[ABFG]=(\text{设为})\lambda;$$

[269] 所以

$$\frac{AE}{BE}\Big/\frac{AF}{BF}=\frac{AF}{BF}\Big/\frac{AG}{BG}=\lambda,$$

因而

$$\frac{AE}{BE}\Big/\frac{AG}{BG}=\lambda^2,$$

即

$$[ABEG]=\lambda^2.$$

但是 $[ABEG]=[P.ABEG]=[P.ABCD]$；因此，……]

137. 准轴. 如图 12.3 所示，对于不同轴 L 和 L' 上的任意两个单应点列 $A, B, C, \cdots$；$A', B', C', \cdots$，如果将任一对对应点 A 和 A' 中的每一个与另外一条轴上的所有点相连，那么两个线束 $A.A'B'C'\cdots$，$A'.ABC\cdots$ 是成透视的(目 136)，即各直线对的交点 AB'，$A'B(C'')$；AC'，$A'C(B'')$；AD'，$A'D$；$\cdots$ 是共线的. 因此我们能够在直线 L' 上求出一点 P' 对应于 L 上的一个已知点 P.

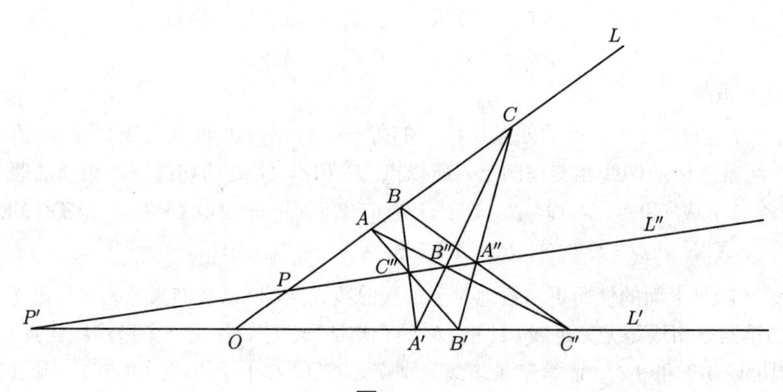

图 12.3

因为已有得出的直线 $B''C''$，连接 $A'P$ 并设它与 $B''C''$ 交于 P''；那么 AP'' 与轴 L' 交于所求的点.

考虑轴 L，L'，L'' 两两之间的交点 O，P 和 P' 的对应点引出重要的一点. 利用上面的一般方法，我们发现轴 L 上的点 P 对应于轴 L' 上的点 O，而轴 L' 上的点 P' 对应于轴 L 上的点 O. 这证明以随意选取两个已知单应

[270] 点组的任一对对应点 A 和 A' 作为顶点的线束

$$A.A'B'C'\cdots,\ A'.ABC\cdots$$

的透视轴 L'' 是一条定直线，因为它与每一条轴交于它们的交点 O 看作是另一条轴上的点时的对应点. 因此所有非对应点对的对应连线(XY'，$X'Y$)的交点在一条直线上. 这条直线称为两个已知点组的准轴(Directive Axis).

另外的方法如下：取顶点为 A'' 的两个单应线束，而 L 和 L' 分别作为它们的截线，那么

$$[BCPO] = [C'B'P'O];$$

类似地，对于顶点 B'' 能得到 $[CAPO] = [A'C'P'O]$，因此通过相除（目 133 下的例 3）有 $[ABPO] = [B'A'P'O]$，即直线 AB'，$A'B$，PP' 共点.

同样的证明可以运用于一条二次曲线上两组点的更一般的情形.

138. 准心. 由目 137 通过倒演可以得到下述两个单应线束的性质：如图 12.4 所示，对于任意两个单应线束 $O.ABC\cdots$ 和 $O'.A'B'C'\cdots$，各非对应射线（A，B' 和 A'，B）的对应交点（AB'，$A'B$）的连线共点. **[271]**

该公共点称为这两个线束的准心 (Directive Centre)，而刚刚叙述的它的这个性质可以通过目 137 中对于准轴给出的方法的一种类似方法来证明. 这些证明留给同学们作为有益的练习.

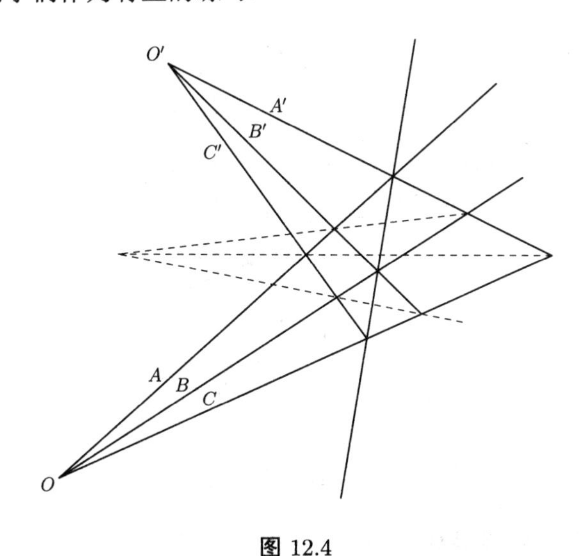

图 12.4

139. 问题. 在任一条轴 L 上求出一点 X，它在另一条轴上的对应点位于无穷远 (∞').

因为 A，∞' 及 A'，X 的连线相交在准轴上，所以我们有如下作图法：过点 A 作 L' 的一条平行线，将它和准轴的交点与点 A' 相连；这条连线交 L 于所求的点.

例　题

1. 已知两个不同顶点处的单应射线束；在其中一个线束中求一条射线对应于另一个线束中的一条已知射线.

[利用准心.]

2. 如果两个单应点列使得这两条轴上的无穷远点 ∞ 和 ∞' 相对应，那么这两条直线是被相似分割的.

[因为 $[ABC\infty]=[A'B'C'\infty']$，所以 $AB:BC=A'B':B'C'$；因此，……]

3. 一个面积为定值的三角形的顶角的大小和位置是给定的，那么底边的两个端点单应地分割两条侧边.

4. 如图 12.5 所示，如果 $\triangle ABC$ 和 $\triangle A'B'C'$ 的对应顶点的连线 AA'，BB'，CC' 共点于点 O，那么三对边 BC，$B'C'$，$\cdots$ 的交点 X，Y，Z 共线(参照目 66).

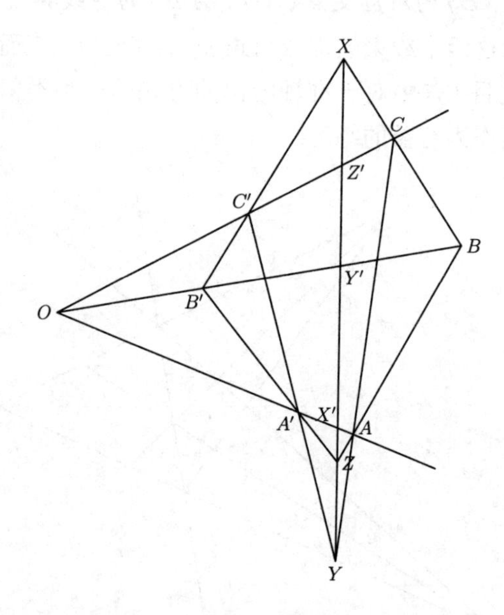

图 12.5

[连接 XY 并设它分别交直线 AA'，BB'，CC' 于点 X'，Y'，Z'. 那么

[272]

$$[X.OBY'B']=[X.OCZ'C']=[Y.OCZ'C']=[Y.OAX'A'];$$

因此 $[OBY'B']=[OAX'A']$，又因为 O 是两个点列的公共点. 所以对应点的连线 AB，$X'Y'$，$A'B'$ 共点. 由此还知，这两个三角形的透视中心 O 和透视轴 L 等非调和地分割对应线段 AA'，BB'，CC'.]

5. 一个动三角形的各顶点在三条共点直线上移动，使得它的两条边通过定点 X 和 Y；那么第三条边通过直线 XY 上的一个定点.

[利用例 4.]

6. 任两个成透视的图形的对应点对的连线被透视中心和透视轴单应地分割.

7. 通过两个圆的任一个透视中心的任意线段①被它们的根轴②交成一个固定的非调和比.

① 指两圆关于这个透视中心的逆对应点的连线. —— 译者注

② 被这个透视中心和根轴. —— 译者注

8. 例 4 中六个点 X，Y，Z，X'，Y'，Z' 中的每四个点与它们的四个对应点是等非调和的. [273]

9. 在目 137 的图 12.3 中证明关系式：

（1）　$[BCPO]=[B'C'OP']=[B''C''P'P]$.

　　　$[CAPO]=[C'A'OP']=[C''A''P'P]$.

（2）　$[ABCP]=[A'B'C'O]=[A''B''C''P]$.

　　　$[ABCO]=[A'B'C'P']=[A''B''C''P']$.

注记. 将看到 $\triangle AB''C''$ 内接于 $\triangle A'BC$ 并外接于 $\triangle B'C'A''$，而更一般地，它是这样一组三个三角形中的一个，*每个三角形内接于剩下两个三角形中的一个并外接于另一个.*

$\triangle AB''C''$ 的顶点 A 和对边 $B''C''$，与其外接 $\triangle A'BC$ 的对应边的端点 B 和 C 构成一个点列 B，C，A，P. 类似地，$\triangle A'BC$ 的顶点 A' 和对边 BC，与其外接 $\triangle A''B'C'$ 的对应边构成一个点列 B'，C'，A'，O. 但是这两个点列是等非调和的（例 9 的（2））；因此对于这样的一组三角形，*每个三角形的顶点和对边单应地分割其外接三角形的对应边.*

另外，点列 B''，C''，P，P' 是由底边 $B''C''$ 的端点及其与剩下的两个三角形的对应边的交点所构成的. 但是

$$[B''C''PP']=[BCPO]=[B'C'OP];$$

因此每个三角形的各边被另外两个三角形的对应边单应地分割.

设点 C' 沿轴 L' 变化. 那么直线 AC' 和 BC' 绕定点 A 和 B 旋转；点 A'' 和 B'' 沿着直线 $A'C$ 和 BC' 移动，且准轴通过定点 C''. 在这一情形中，$\triangle A''B''C'$ 是一个内接于 $\triangle A'B'C$ 并外接于 $\triangle ABC''$ 的动三角形，而后两个三角都是固定的. 因此*对于一个内接于已知 $\triangle A'B'C$ 的动 $\triangle A''B''C'$，如果它的两条边通过前者的外接三角形的顶点 A 和 B，那么它的第三条边通过第三个顶点 C''.*

现在让我们来考虑动 $\triangle A''B''C'$ 的两个位置. 因为它的各边分别通过定点 A，B，C''，所以 $\triangle ABC''$ 是一个公共的内接三角形. 因此，*当两个三角形都内接于第三个 $\triangle A'B'C$，且边 $A''B''$，$\cdots$ 和对顶点 C'，$\cdots$ 分 $\triangle A'B'C$ 的对应边为固定的非调和比 $[A'B'C'P']$ 时，它们对应边的交点确定一个共同的内接 $\triangle ABC''$，它外接于 $\triangle A'B'C$.* [274]

顶点 C'' 和对边 AB 交对应边 $B''C''$，$\cdots$ 为上面固定的非调和比.

140. 定理. *对于任意两个单应点列 $A, B, C, \cdots, X$ 和 $A', B', C', \cdots, X'$，如果 X 和 X' 是无穷远点 ∞' 和 ∞ 的对应点；证明关系式*

$$AX\cdot A'X'=BX\cdot B'X'=CX\cdot C'X'=\cdots.$$

因为 A，A'；B，B'；X，∞'；∞，X' 是四组对应点，所以 $[ABX\infty]=[A'B'\infty'X']$. 展开并化简，这个关系式变为 $\dfrac{AX}{BX}=1\div\dfrac{A'X'}{B'X'}$；因而 $AX\cdot A'X'=BX\cdot B'X'$，$\cdots$；即：*如果分别在两条定直线 L 和 L' 上取动点 A 和 A'，使得到这两条直线上的两个定点 X 和 X' 的乘积是定值，那么它们描出两个单应点列.*

推论 1. 当一个定面积的三角形的顶角的大小和位置是给定的时，底边

的端点单应地分割两条侧边.

在这一情形中，∞' 和 ∞ 的对应点 X 和 X' 重合于两条轴的交点.

根据目 81 下的例 3，我们看到底边的包络是一条二次曲线；并根据同一目下的例 29，这条二次曲线是一条以两已知轴为渐近线的双曲线.

推论 2. 任意两个单应点列可以通过摆放，使得对应线段 AA'，BB'，$\cdots$，有一条共同的调和分割线段.

[275] 摆放这个点组使得轴 L 和 L' 以及点 X 和点 X' 重合. 那么这一目中的等式写为

$$XA\cdot XA'=XB\cdot XB'=XC\cdot XC'=\pm\rho^2.$$

作一个以点 X 为圆心并以点 A，A'；B，B'；$\cdots$ 为反演点对的圆，并设它与这条轴交于点 M 和点 N. 根据目 70，MN 是共同的调和分割线段，但是当点 A 和点 A' 位于点 X 的相反方向时它是虚的.

定义. 任意轴上具有一条共同的调和分割线段的两个单应点列称为是成*对合的*(Involution)，而对应点 A，A'；B，B'；$\cdots$ 称为这个对合的*共轭点*. 在推论 2 中我们已经看到总存在一对点，实点或虚点，当其中的每一个点看作属于一个点组时重合于它在另一个点组中的对应点. 这两个点（M，N）称为该对合的*二重点*(Double Points)，且与这两组点由以下等式相联系

$$[MNBC]=[MNB'C'],[MNCD]=[MNC'D'],\cdots,$$
$$[MABC\cdots]=[MA'B'C'\cdots],[NABC\cdots]=[NA'B'C'\cdots].$$

参见目 133 下的例 7.

推论 3. 同轴上的任意两个单应点列的二重点 M 和 N 可以由等式①

$$XA\cdot X'A'=XB\cdot X'B'=\cdots=XM\cdot X'M=XN\cdot X'N$$

[276] 求出；因而它们到点 X 和 X' 的距离相等.

141. 对于任意两个单应点列，我们已经看到如何求出任一点 P 的对应点 P'：

（1）利用准轴，目 137.

（2）利用公式 $XP\cdot XP'=$ 定值.

接下来将证明两个已知的单应点列可以通过两个确定的角中的一个绕固定顶点旋转而得到，后者的位置与这两个角的大小取决于 $[ABCD\cdots]$ 和 $[A'B'C'D'\cdots]$ 相等的值以及两条轴的位置.

142. 问题. *如果 A，B，C，$\cdots$ 和 A'，B'，C'，$\cdots$ 是任意两个单应点*

① 如果把对应点 A，A' 到这条轴上任意点 O 的距离 OA，OA' 记为 x，x'，那么能得到 $(x-OX)(x'-OX')=$ 定值，一个具有如下形式的结论

$$Axx'+Bx+Cx'+D=0\text{（参照目 143）}.$$

列；求出两个点使得对应点对所连的线段 AA', BB', $\cdots$ 对它们所张的角相等.

如图 12.6 所示，设 E 和 F 是所求的点；X, X' 是 ∞' 和 ∞ 的对应点（目 139）. 因为 $\angle AEA'$ 是一个定角，如果轴 L 上的点 P 重合于点 X，那么 EP' 平行于轴 L'. 类似地，如果点 Q' 和点 X' 重合，那么 EQ 平行于轴 L. 因此 EX 和 EX' 对轴 L 和轴 L' 成相等的倾角，即 $\angle AXE$ 和 $\angle A'X'E$ 相等.

[277]

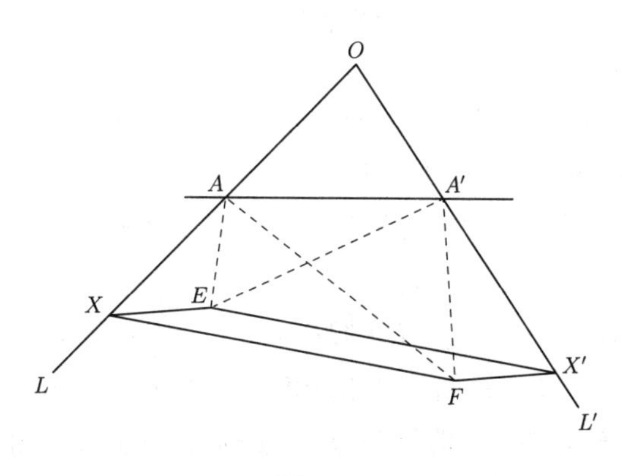

图 12.6

另外，由任两个点 A 和 X 与它们的对应点 A' 和 ∞' 对点 E 所张的角相等（题设）；所以在 $\triangle AEX$ 和 $\triangle EA'X'$ 这两个三角形中我们还得到 $\angle AEX$ 和 $\angle EA'X'$ 相等，故这两个三角形相似. 因此（Euc. VI. 4）

$$\frac{AX}{XE} = \frac{EX'}{X'A'}$$

所以 $EX \cdot EX' = AX \cdot A'X' =$ 定值（目 140）.

现在在 $\triangle XEX'$ 中我们已知固定的底边 XX'，两个底角的差和侧边的积；因此顶点 E 是两个定点 E 或 F 中的一个，这两个点显然是一个以 XX' 为对角线的平行四边形的对顶点.

推论 1. $\angle AEA'$, $\angle AXF$ 和 $\angle A'X'F$ 相等.

因为如果点 A' 和点 X' 重合，那么 EA 平行于轴 L；所以 $\angle AEA'$ 等于 EX' 和轴 L 的夹角，即 FX 和轴 L 的夹角，因为 EX' 和 FX 互相平行.

推论 2. $\triangle AEA'$, $\triangle AXF$ 和 $\triangle EX'A'$ 相似.

[因为由相似的 $\triangle AEX$ 和 $\triangle EA'X'$ 可得 $\dfrac{AX}{AE} = \dfrac{EX'}{EA'}$，但是 $EX' = FX$，所以

$$\frac{AX}{AE}=\frac{FX}{EA'},$$

或通过移项有 $\dfrac{AX}{XF}=\dfrac{AE}{EA'}$；因此，……（Euc. VI. 6）]

推论 3. 如果 O 表示轴 L 和 L' 的交点，那么点 E 和 F 是关于动 $\triangle OAA'$ 的等角共轭点.

[278] [根据推论 2，$\angle FAX=\angle EAA'$ 且 $\angle FA'X'=\angle EA'A$；因此，……]

推论 4.① E 和 F 到动直线 AA' 的距离 p 和 p' 的乘积是定值($pp'=k^2$).

[利用推论 3.]

推论 5①. AA' 的每两个相垂直位置的交点的轨迹是一个圆，半径(ρ)的平方由等式 $\rho^2=2k^2+\delta^2$ 给出，这里 $2\delta=EF$.

推论 6. 与两条定直线单应地相交的一条动直线和它自己的所有位置交成的点组 A'', B'', C'', $\cdots$ 使得

$$[ABCD\cdots]=[A'B'C'D'\cdots]=[A''B''C''D''\cdots].$$

如图 12.7 所示，作出这两个点组的准轴 $XYZ\cdots$，那么 OX 和 OA'' 调和地分割四边形 $PXP'O$ 中的 $\angle LOL'$（目 68）. 对于 OY 和 OB''，$\cdots$ 与之类似. 因此我们有 $[O.XY\cdots]=[O.A''B''\cdots]$，目 133 下的例 7. 但是

$$[O.XY\cdots]=[P.XY\cdots]=[P.A'B'\cdots],$$

所以 $[A'B'C'\cdots]=[A''B''C''\cdots]$.

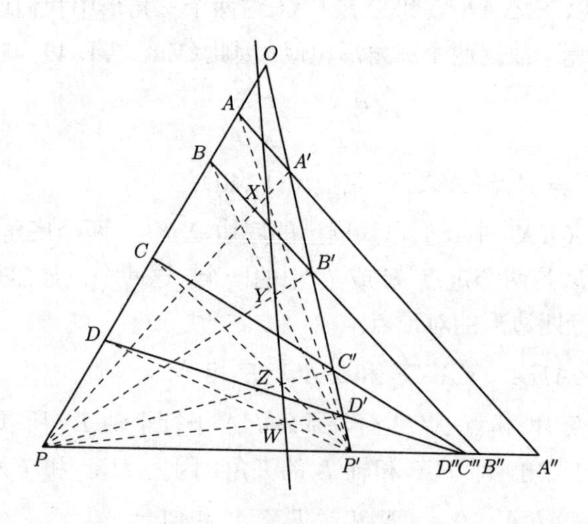

图 12.7

[279]

① 这些性质分别可以另外叙述为：一条单应地分割两条定轴的直线 AA' 的包络是一条以 E 和 F 为焦点的二次曲线. 成直角的两条切线的交点的轨迹是一个圆（准圆）.

推论 7. 如果一条动直线与两个定圆交成一个调和点列，那么与自己的所有位置单应地相截.

[因为它到这两个圆的圆心的距离的乘积是定值，目78下的例12；因此，…… 推论4.]

推论 8. 与两个定圆相交的一条动直线被它们截成的弦有定比，那么这条直线与自己的所有位置单应地相交.

[利用目90前面的例8.]

143. 如果点 O 到一条通过它的直线 L 上的四个点 A, B, C, D 的距离为 α, β, γ, x，而类似地，沿着另一条直线 L' 度量 O' 到点 A', B', C', D' 的距离为 α', β', γ', x'，那么这两组点是单应的，仅当

$$\frac{(\beta-\gamma)(\alpha-x)}{(\gamma-\alpha)(\beta-x)}=\frac{(\beta'-\gamma')(\alpha'-x')}{(\gamma'-\alpha')(\beta'-x')},$$

展开后形如

$$Axx'+Bx+Cx'+D=0, \tag{1}$$

这个方程让我们能够确定任一点组中与另一个点组中的一个已知点相对应的点的位置（参见目140下的推论3）.

我们已经看到对应点的连线包络出一条与轴 L 和 L' 相切的二次曲线. 特别的，当式 (1) 中 $x=\infty$ 时，x' 的值也同时为 ∞，因而对应的二次曲线与无穷远线相切. 由此显然得到当上面等式中的 $A=0$ 时，这条二次曲线是一条抛物线.

因此如果作一条动直线与 $\triangle ABC$ 的边 a 和 b 交于点 X 和点 Y，使得 [280]

$$lAY+mBX=\text{定值},$$

那么它的包络是一条与三角形的这两条边相切的抛物线.

如果轴 L 和 L' 重合且在式 (1) 中 $B=C$，那么在这个等式中 x 和 x' 可以交换，正如下一章中将要全面论述的，这两个点组是成对合的.

位于同一条轴上的两组点的二重点，可以通过在式 (1) 中令 $x=x'$ 而求得，此时该方程化为 $Ax^2+(B+C)x+D=0$ 的形式.

例　题

1. 如果两对共线点 A, B 和 A', B' 到这条直线上的一个原点 O 的距离由方程 $ax^2+2bx+c=0$ 和 $a'x^2+2b'x+c'=0$ 的根表示，若 $ac'+a'c-2bb'=0$，那么它们构成一个调和点列.

2. 已知四个共线点的非调和比中的两个相等，证明

$$(\beta-\gamma)^2(\alpha-\delta)^2+(\gamma-\alpha)^2(\beta-\delta)^2+(\alpha-\beta)^2(\gamma-\delta)^2=0.$$ [281]

第13章　对　合

第1节　对合的判定

144. 当任一条直线或圆上的两组点 A，B，C，$\cdots$；A'，B'，C'，$\cdots$ 中的任意三对 A，A'；B，B'；C，C' 具有形如 $[BCAA'] = [B'C'A'A]$ 的关系时，在目133下的例9中已经证明：

（1）每四个点和它们的四个对应点是等调和的.

（2）AA'，BB'，CC'，... 有一条共同的调和分割线段.

根据目140下的定义，我们可以把这两条性质中的任一条作为点成对合的判定准则.

现在因为 $[BCA'B'] = [B'C'AB]$，通过展开并化简我们得到

$$\frac{BA'}{CA'} \cdot \frac{CB'}{AB'} \cdot \frac{AC'}{BC'} = 1, \tag{1}$$

这是之前在目64中获得的一个结论，在那里运用塞瓦定理证明了穿过一个四边形所作的一条直线被截成对合；共轭点 A，A'，$\cdots$ 是这条直线与该四边形中各组对连线的交点.

[282] 另外，取一束六条射线，并过它的顶点作一个圆与这些射线交于点 A，A'；B，B'；C，C'；如果

$$\frac{\sin\angle BOA'}{\sin\angle COA'} \cdot \frac{\sin\angle COB'}{\sin\angle AOB'} \cdot \frac{\sin\angle AOC'}{\sin\angle BOC'} = 1, \tag{2}$$

那么它们构成一个对合组.

判定准则式 (1) 和式 (2) 称为对合等式(Equations of Involution).

145. 在目134下的例10中已经注意到，当两个单应组中的某两个共轭元素 A 和 A' 可以交换时，那么每两个共轭元素都可以交换，且 AA'，BB'，CC'，$\cdots$ 有一个公共的调和分割线段或角.

由此可得"如果一条轴上的任一点或者通过一个顶点的任一条射线被看

作属于任意一组时有相同的对应元素，那么这条轴上的每一点或通过这个顶点的每一条射线有相同的性质.”①

作为该定理的一个说明，将两个点组中的对应元素成对地与准轴上的任一点（A''）相连（目137）. 那么对应射线 $A''B$，$A''B'$ 是能够交换的，它们通过点 A'' 的延长线是 $A''C'$，$A''C$；因此：

与两个单应点列连成一个对合线束的点的轨迹是它们的准轴；而类似地，或者通过倒演，与两个单应线束交成对合点组的动直线通过它们的准心.

146. 一条直线上的一个对合点组当它的两对共轭点 A，A'；B，B' 是已知的时就完全得以确定了；而任一点 C 的共轭点 C' 是它关于以 AB 和 $A'B'$ 为一对互反线段所作的圆的反演点. **[283]**

如果这个圆的半径无限大，那么二重点中的一个（N）在无穷远处，因而（目72下的推论3）$MA = MA'$，$MB = MB'$，$\cdots$；*即如果一个对合点组的一个二重点是无穷远点，那么线段 AA'，BB'，CC'，$\cdots$ 有一个共同的中点，即另一个二重点.*

另外一条定长的动线段 AA' 沿一条已知轴移动时确定两组成对合的点，其二重点是虚点.

147. 定理. 如果一个圆的两条弦 AA'，BB' 交于点 C，通过点 C 的任一条直线与这个圆的交点为 O 和 O'，这样确定的一组点 $A, A'; B, B'; O, O'$ 成对合.

设 AB 和 OO' 相交于点 Z（目64下的IV中的图5.4和图5.5）. 那么线束 $B.AB'OO'$ 与它在过 C 的截线上确定的点列 Z，C，O，O' 有相等的非调和比. 由类似的理由有

$$[ZCOO'] = [A.BA'OO'] = [A'BO'O],$$

由这一关系式得知这六个共圆点中的每四个与它们的四个对应点有相等的非调和比.

这个关系式中涉及的弦 AA', BB', OO' 的共点性给出了目133下的例9(1)中定理的一个几何说明.

下面推广的陈述是上述定理的一个直接推论：

*如果过一个圆（或二次曲线）的内部或外部的任意点 P 作一些弦交这条曲线于 $A, A'; B, B'; C, C', \cdots$，那么两组点 $ABC\cdots$，$A'B'C'\cdots$ 成对合，而（目64下的III）点 P 的极线与这个圆的交点是二重点，实的或虚的.*② **[284]**

① 汤森，*Modern Geometry*，vol. ii. p. 276.

② 当这个点在圆外时，它的极线与这个圆交于实点 M 和 N，它们调和地分割 $AA', BB', CC', \cdots$，因而是对合点列 A，B，C，$\cdots$；A'，B'，C'，$\cdots$ 的二重点.

例　题

1. 通过两个圆的任一个相似中心的一条动直线与它们交于四个等非调和比的点组.

2. 与两个已知圆交成等角或补角的一个动圆等非调和地分割它们.

3. 如果两圆 V_1，V_2 与另外两个圆交成相同的角 α，β，交点为 A，B，C，D 和 A'，B'，C'，D'，证明

$$[ABCD]=[A'B'C'D'].$$①

[AA'，BB'，CC'，DD' 共点于 V_1，V_2 的外相似中心. 参照目 113 下的例 12.]

4. 更一般地，对于任意数目的圆 $V_1, V_2, \cdots, V_n$，证明 $[AA'A''\cdots]=[BB'B''\cdots]=[CC'C''\cdots]$.

5. 在例 3 中，如果 α 和 β 是直角，那么动圆的四个交点的非调和比等于它们共同的直径上的四个点的非调和比.

6. 如果内接于同一个圆的 $\triangle ABC$，$\triangle A'B'C'$ 透视于点 O，并自圆上的任一点 P 作直线 PA'，PB'，PC' 交 $\triangle ABC$ 的各边于点 X，Y，Z，那么点 X，Y，Z，O 共线.

[帕斯卡六边形 $PB'BACC'$，$PC'CBAA'$，$PA'ACBB'$ 以 YOZ，ZOX，XOY 为帕斯卡线；因此，……]

7. 如果点 P' 表示该圆上在这个透视中对应于点 P 的点，且直线 $P'A$，$P'B$，$P'C$ 与 $\triangle A'B'C'$ 的各边交于 X'，Y'，Z'，那么：

(1) X'，Y'，Z' 与 X，Y，Z 共线，且这六个点成对合.

(2) $[XYZO]=[X'Y'Z'O]$.

[285] (汤森，vol. ii，p. 208.)

8. 与三个定圆交成等角或相似角的动圆在这些圆上确定六个单应点组.

[取动圆与已知圆分别交成等角 α 和 β 的两个位置；那么已知圆中的每一个与一个共轴圆组交成相同的角 α 和 β（目 114 下的例 10）；因此，…… 显然每个圆上的单应点组的三对二重点是对应两个切圆的切点.]

9. 作一个圆与三个已知圆以指定的类型相切.

[利用例 7.]

10. 作一个圆通过一个定点并与两个圆上的两段已知弧等非调和地相交.

11. 作一个圆与三个已知圆上的三段弧等非调和地相交.

12. 一个圆的任意两条弦的两个透视中心的连线同时被这个圆及这两条弦调和分割.

13. 一个圆上的各等弧被两个无穷远圆环点等非调和地分割.

---

① 根据一个圆上的四个点的非调和比经过反演不变可以直接推出；在此情形中反演圆是 V_1 和 V_2 的任一个逆相似圆.

第2节　笛沙格定理

148. 如图13.1所示，一个圆内接四边形 $ABCD$ 的任意一条截线与三组对连线 BC 和 AD，$\cdots$ 的交点 X，X'；Y，Y'；Z，Z' 以及与这个圆的交点 W 和 W' 是八个成对合的点. **[286]**

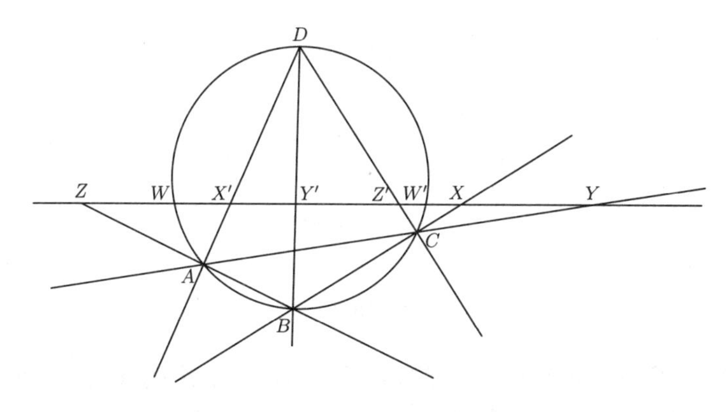

图 13.1

因为线束 $B.ADWW'$ 和 $C.ADWW'$ 的非调合比相等，所以 $[ZY'WW'] = [YZ'WW'] = [Z'YW'W]$，即两个三点组 Y，Z，W；Y'，Z'，W' 成对合.

另外，因为 $[C.BDWW'] = [A.BDWW']$，类似的可得点 Z，X，W 和点 Z'，X'，W' 成对合；又因为 $[A.CDWW'] = [B.CDWW']$，所以点 X，Y，W 和点 X'，Y'，W' 成对合；因此，…… 目 144.

推论 1. 通过关于这个已知圆进行倒演我们得到相关的定理：

对于任意圆外切四边形，任一点 P 与三组对顶点 X，X'；Y，Y'；Z，Z' 的连线及切线对 PW，PW' 是成对合的.

推论 2. 通过关于任一原点进行倒演能得到本定理和推论 1 更一般地对于一个二次曲线的内接或外切四边形也成立. **[287]**

推论 3. 如图13.2所示，在特殊情形中，当一个圆，或一条二次曲线的内接四边形的一组对边重合时，剩下的一组边变为切线，而这条截线（L）交它们的切点弦于一个二重点.

另外，通过它们交点（这个点自然是一个二重点）的直线（M）被调和分割；即一条二次曲线的一条通过一个定点的弦被该点和它的极线调和分割.

推论 4. 如图13.2所示，当截线（N）是这条二次曲线的一条切线时，切点（WW'）和点（YY'）[1]是二重点.

---

① 点 YY' 在图13.2中标为点 Y，此时点 Y 和点 Y' 是重合的. —— 译者注

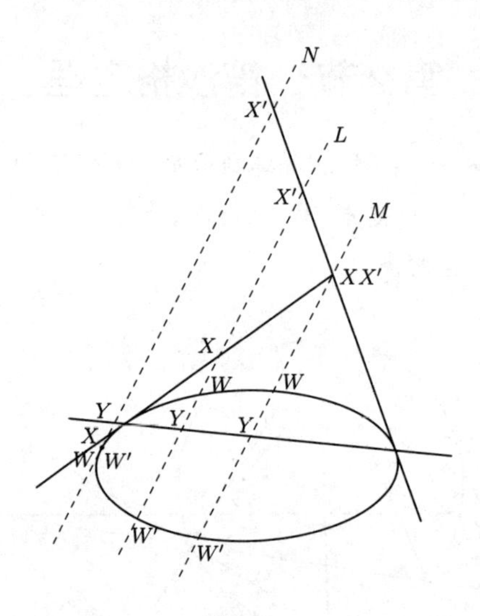

图 13.2

推论 5. 作为推论 4 的一种特殊情形，如图 13.3 所示，设这条截线平行于切点弦. 那么二重点中的一个(YY')是无穷远点，而另一个自然是 XX' 的中点，因此我们有下面的性质：

两条平行切线的切点弦(即一条直径)平分这条二次曲线的每一条平行的弦，即一条二次曲线的平行弦的中点的轨迹是一条直线.

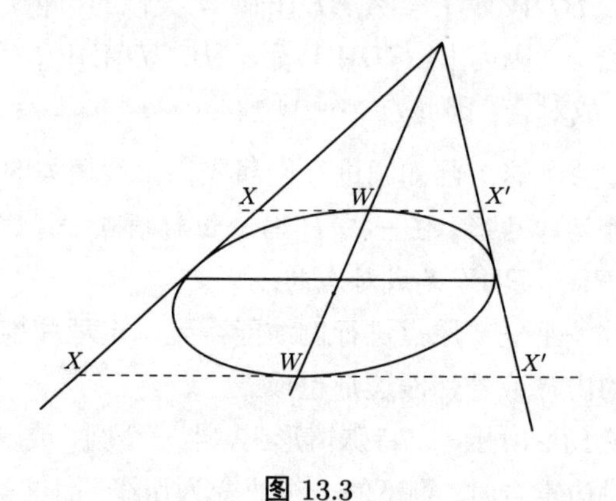

图 13.3

推论 6. 因为一条抛物线与无穷远线相切(目 81)，而任一条切线和无穷远线的切点弦是一条直径，所以一条抛物线的任一条弦(WW')与一条切线的交点 X 是这个对合的中心，而与通过其切点的直径的交点(YY')是这个对合的一个二重点(如图 13.4 所示). 因此还有

[288]

$$XW \cdot XW' = XY^2,$$

或者通过作出纵标线 WP, $W'P'$, 有

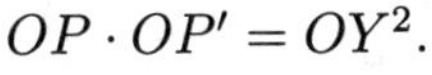

$$OP \cdot OP' = OY^2.$$

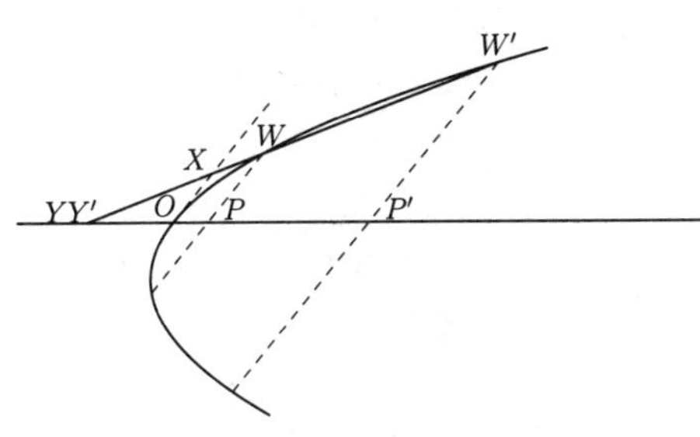

图 13.4

推论 7. 如图13.5所示，因为一条双曲线的两条渐近线和无穷远线是内接于一条二次曲线的四边形的一种特殊情形，所以任一条截线 WW' 被相似地分割于点 X 和点 X', 因为二重点中的一个(YY')是无穷远点. 所以另一个二重点是 WW' 的中点, 且这条曲线和两条渐近线之间的截段 WX 和 $W'X'$ 相等.

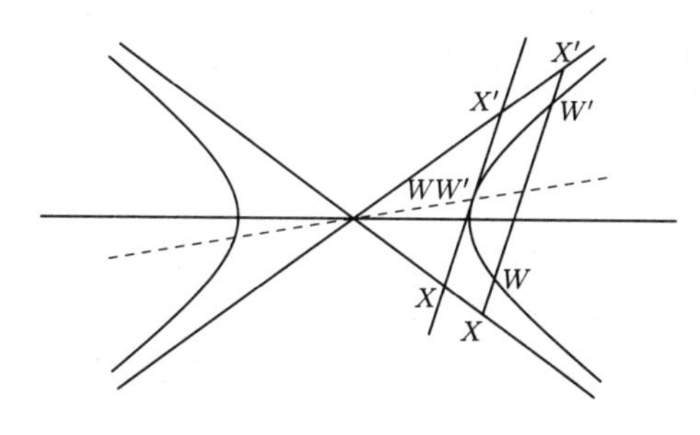

图 13.5

另外，一条双曲线的任意切线被两条渐近线截得的部分被切点所平分. [289]

推论 8. 如果推论1中的点 P 使得两组对连线 PX，PX'；PY，PY' 成直角，那么 P 到这个圆的两条切线同样成直角. 但是这个圆关于 P 为原点倒演为一条等轴双曲线；因此，如果一条等轴双曲线外接于一个三角形，那么它通过垂心.

更一般地，如果作一条等轴双曲线外接于一个四边形，那么它通过三个三个地取顶点构成的四个三角形的垂心.

目68下的例8的性质现在变得显然了.

由此还能得到一个三角形的外接等轴双曲线的中心的轨迹是它的九点圆.

推论 9. 如果将这个四边形的各边记为数字 1，2，3，4，而点 W 和点 W' 到它们的距离记为 p_1，p_2，p_3，p_4；q_1，q_2，q_3，q_4，那么因为

$$[WW'XX'] = [WW'YY'] = [WW'ZZ'],$$

所以
$$\frac{W'X}{WX}\cdot\frac{WZ'}{W'Z'}=\frac{WZ}{W'Z}\cdot\frac{WX'}{W'X'},\cdots,$$
我们得到
$$\frac{p_2p_3}{q_2q_3}=\frac{p_1p_4}{q_1q_4};$$
因此对于这条二次曲线上的所有点 $\frac{p_2p_3}{p_1p_4}$ 是定值，即到一个四边形的三组对边的垂线的乘积有固定比的点的轨迹是一条通过其各个顶点的二次曲线；而通过倒演我们得到相关的定理：如果一个四边形外切于一条二次曲线，那么各组对顶点到一条动切线的距离的乘积彼此间具有定比.[①]

[290]

推论 10. 如果一条双曲线的任一条渐近线取作一个内接四边形的一条截线，那么这个对合的两个二重点都是无穷远点，而线段 XX', YY', ZZ' 有一个共同的中点；因此一条双曲线上的一个动点与它上面的两个定点的连线在每条渐近线上截出的线段有定长.

这个性质在汤森，*Modern Geometry* 中的目 340 中是这样叙述的：

对于通过不同顶点的每两个单应射线束，存在两条直线，实的或虚的，几组对应射线在它们中的每一条上截出相等的线段.

例 题

1. 各条射线平行于一个四边形的三对对连线的一个线束确定一个对合组.

[因为无穷远线作为一条截线与这个四边形的各边交于对合；因此，……]

2. 过一个四边形的各个顶点和第三条对角线的两个端点所作的三对平行线与任一条截线交于一个对合点组.

3. 如果四边形 $ABCD$ 的第四个顶点 D 是 $\triangle ABC$ 的垂心，证明目 148 定理的下述特殊情形：对于任一束成对合的射线，如果两对共轭射线成直角，那么所有的共轭对都成直角.

[291]

4. 由此推断出“以一个完全四边形的三条对角线为直径的圆共轴.”

5. 任一条直线或圆与一组共轴圆交于成对合的点.

6. 过任一点平行于一个三角形各边的直线与该点和各顶点的连线构成一个对合.

7. 每两个圆与它们的两个透视中心对任一点张成一个对合线束.

8. 对于每两个关于同一个圆的自倒三角形，任两个顶点与剩下的四个顶点等非调和地相连.

[292]

① Chasles, *Sectiones coniques*, Art. 26.

第14章　二重点

149. 在几何学中，大量各种类型问题的解答经常依赖于求出两个单应组的二重点. 由于这些点的重要性，已经给出了它们的各种作法. 因此在最后的推论中当我们已经得出轴上与无穷远点共轭的点后，利用等式

$$XA \cdot X'A' = XM \cdot X'M = XN \cdot X'N$$

容易求出它们. 在接下来的各目中我们给出位于一条轴上的两个单应点列的二重点的两种额外作法，并增加足够数量的例题，其中的一些表面上看起来与我们目前的主题没有联系，使得学生能够形成关于它们的广泛应用的观念.

150. 对于一个圆上的任意两组点(目 67 下的例 6)，直线对 BC'，$B'C$；CA'，$C'A$；AB'，$A'B$ 分别交于点 X，Y，Z，它们是共线的；而所共直线与这个圆的交点 M 和 N，实点或虚点，由等式

$$[ABCM] = [A'B'C'M],$$
$$[ABCN] = [A'B'C'N]$$

给出. **[293]**

但是因为非调和比经过反演后不变，所以如果原点 O 取在这个圆上，那么共圆的点组反演为位于一条直线上的点，而前者的二重点反演为后一个点组的二重点.

由此得到一条直线上的两个单应点组 A，B，C，$\cdots$ 和 A'，B'，C'，$\cdots$ 的二重点的如下作法.

取任一点 O，并作圆 BOC' 和圆 $B'OC$ 又交于点 X；圆 COA' 和圆 $C'OA$ 又交于点 Y；圆 AOB' 和圆 $A'OB$ 又交于点 Z. 那么 O，X，Y，Z 共圆，该圆与轴交于所求的点 M 和点 N. [查尔斯(Chasles)]

另外的方法如下：因为 $[BCAM] = [B'C'A'M]$，我们得到

$$\frac{BA}{CA}\Big/\frac{BM}{CM} = \frac{B'A'}{C'A'}\Big/\frac{B'M}{C'M},$$

通过化简这给出比 $\dfrac{MB\cdot MC'}{MB'\cdot MC}$ 是一个已知值.

但是分子和分母分别等于点 M 到以线段 BC' 和 $B'C$ 为直径所作的圆的切线的平方；因此，…… 根据目 88 下的推论 2.

应该注意的是两个二重点为虚点的单应点组可以由一个固定大小的角绕关于轴互相对称的两个定点中的任一个旋转而得到，因为如果 AA'，BB' 和 CC' 对一点 P 张相等的角（目 72 下的推论 8），那么

$$\angle DPD'=\angle APA'=\cdots,$$

[294] 因为 $[ABCD\cdots]=[A'B'C'D'\cdots]$.

例 题

1. 过一个已知点 P 作一条直线与两条被单应分割的直线交于对应点 X，X'.

[连接 PA, PB, PC, 并设这几条直线与轴 L' 交于点 A'', B'', C'', 那么 $[ABC\cdots]=[A''B''C''\cdots]$, 因为这两组点透视于点 P, 因此 $[A''B''C''\cdots]=[A'B'C'\cdots]$, 如果任一点组中的某一点重合于它在另一个点组中的对应点，那么该点是所求的点；因而点 P 与这两个点组的两个二重点的连线给出了这个问题的两个解.]

2. 过一点 P 作一条直线与四条直线 L_1，L_2，L_3，L_4 交成的一列点 A，B，C，D 具有一个已知的非调和比 k.

[在轴 L_1 上取点 A_1，A_2，A_3，$\cdots$，并过它们作直线与剩下的几条轴相交，交成的点组使得

$$[A_1B_1C_1D_1]=[A_2B_2C_2D_2]=[A_3B_3C_3D_3].$$

那么角 L_1L_2 被过 C_1，D_1；C_2，D_2；C_3，D_3；$\cdots$ 的射线对单应地分割，而点组 C_1，C_2，C_3，$\cdots$；D_1，D_2，D_3，$\cdots$ 自然是等非调和的.[①] 连接 PC_1，PC_2，PC_3，$\cdots$，并设这些连线与轴 L_4 交于点 D_1'，D_2'，D_3'，$\cdots$. 与例 1 中一样能得到 $[D_1D_2D_3\cdots]=[D_1'D_2'D_3'\cdots]$，而它们的两个二重点与点 P 的连线是所求的直线.]

3. 作一条直线与五条直线相交，使得交点中的任意四个的非调和比等于任意另外四个的非调和比.

4. 已知两个单应线束，求出相交在一条直线 L 上的对应射线对.

[设这条直线与这两个单应线束交于点 A，B，C，$\cdots$；A'，B'，C'，$\cdots$，那么所求的两条射线通过这样确定的两个单应点列的二重点.]

5. 在例 4 中求相交成一个已知角的那对对应射线.

[连接这两个线束的顶点 O 和 O'，并在 OO' 上作出一个含这个已知角的圆上的一段；设这个圆与这两个线束交于点 A，B，C，$\cdots$；A'，B'，C'，$\cdots$，并求出这两个单应点

[295] 组的二重点；因此，……]

6. 求出平行射线的方向[②]，并由此作出被两个单应线束相似地分割的一条截线.

---

① 这从另外的方式来看是显然的，因为所有的这些直线与同一条二次曲线相切.

② 指这两条射线是两个单应线束中的对应射线，且互相平行. —— 译者注

7. 在一条已知直线上求出两点，使得它们是关于一个已知三角形的等角共轭点.

8. 作一个三角形，使它的各边通过三个已知点，而各顶点在三条已知直线，或一个圆上.

9. 将连接两个单应线束的顶点的直线 L 看作每一线束的一条射线，具有共轭射线 L_1 和 L_2；证明通过点 L_1L_2 的任意截线被截成对合(参照目 145).

10. 过一个已知点 P 作一条直线按任意指定的顺序与五条直线交于点 A，A'，B，B'，P'，与点 P 构成一个对合点列.

[设包含点 A，B 的两条已知直线交于点 O；包含点 A'，B' 的两条已知直线交于点 O'. 因为(题设) $[O.ABPP'] = [O'.A'B'P'P] = [O'.B'A'PP']$ 且与 OB，$O'B'$；OA，$O'A'$ 相对应的射线对是固定的，所以动射线 OP' 和 $O'P'$ 单应地分割第五条射线 L，而两个二重点给出所要求的解.]

11. 在一条已知直线上求一点，使得若将该点与五个已知点相连，则任意两对连线与这条直线及第五条连线成对合.

12. 作一个圆与三个圆按指定的类型相切. **[296]**

索 引

[1] 译名后的页码是英文原版书中的页码, 在本书中以边注的形式给出. —— 译者注

刘培杰数学工作室
已出版(即将出版)图书目录——高等数学

书　　名	出版时间	定　价	编号
距离几何分析导引	2015－02	68.00	446
大学几何学	2017－01	78.00	688
关于曲面的一般研究	2016－11	48.00	690
近世纯粹几何学初论	2017－01	58.00	711
拓扑学与几何学基础讲义	2017－04	58.00	756
物理学中的几何方法	2017－06	88.00	767
几何学简史	2017－08	28.00	833
微分几何学历史概要	2020－07	58.00	1194
解析几何学史	2022－03	58.00	1490
曲面的数学	2024－01	98.00	1699
复变函数引论	2013－10	68.00	269
伸缩变换与抛物旋转	2015－01	38.00	449
无穷分析引论(上)	2013－04	88.00	247
无穷分析引论(下)	2013－04	98.00	245
数学分析	2014－04	28.00	338
数学分析中的一个新方法及其应用	2013－01	38.00	231
数学分析例选:通过范例学技巧	2013－01	88.00	243
高等代数例选:通过范例学技巧	2015－06	88.00	475
基础数论例选:通过范例学技巧	2018－09	58.00	978
三角级数论(上册)(陈建功)	2013－01	38.00	232
三角级数论(下册)(陈建功)	2013－01	48.00	233
三角级数论(哈代)	2013－06	48.00	254
三角级数	2015－07	28.00	263
超越数	2011－03	18.00	109
三角和方法	2011－03	18.00	112
随机过程(Ⅰ)	2014－01	78.00	224
随机过程(Ⅱ)	2014－01	68.00	235
算术探索	2011－12	158.00	148
组合数学	2012－04	28.00	178
组合数学浅谈	2012－03	28.00	159
分析组合学	2021－09	88.00	1389
丢番图方程引论	2012－03	48.00	172
拉普拉斯变换及其应用	2015－02	38.00	447
高等代数.上	2016－01	38.00	548
高等代数.下	2016－01	38.00	549
高等代数教程	2016－01	58.00	579
高等代数引论	2020－07	48.00	1174
数学解析教程.上卷.1	2016－01	58.00	546
数学解析教程.上卷.2	2016－01	38.00	553
数学解析教程.下卷.1	2017－04	48.00	781
数学解析教程.下卷.2	2017－06	48.00	782
数学分析.第1册	2021－03	48.00	1281
数学分析.第2册	2021－03	48.00	1282
数学分析.第3册	2021－03	28.00	1283
数学分析精选习题全解.上册	2021－03	38.00	1284
数学分析精选习题全解.下册	2021－03	38.00	1285
数学分析专题研究	2021－11	68.00	1574
函数构造论.上	2016－01	38.00	554
函数构造论.中	2017－06	48.00	555
函数构造论.下	2016－09	48.00	680
函数逼近论(上)	2019－02	98.00	1014
概周期函数	2016－01	48.00	572
变叙的项的极限分布律	2016－01	18.00	573
整函数	2012－08	18.00	161
近代拓扑学研究	2013－04	38.00	239
多项式和无理数	2008－01	68.00	22
密码学与数论基础	2021－01	28.00	1254

刘培杰数学工作室
已出版(即将出版)图书目录——高等数学

书　　名	出版时间	定　价	编号
模糊数据统计学	2008－03	48.00	31
模糊分析学与特殊泛函空间	2013－01	68.00	241
常微分方程	2016－01	58.00	586
平稳随机函数导论	2016－03	48.00	587
量子力学原理.上	2016－01	38.00	588
图与矩阵	2014－08	40.00	644
钢丝绳原理:第二版	2017－01	78.00	745
代数拓扑和微分拓扑简史	2017－06	68.00	791
半序空间泛函分析.上	2018－06	48.00	924
半序空间泛函分析.下	2018－06	68.00	925
概率分布的部分识别	2018－07	68.00	929
Cartan 型单模李超代数的上同调及极大子代数	2018－07	38.00	932
纯数学与应用数学若干问题研究	2019－03	98.00	1017
数理金融学与数理经济学若干问题研究	2020－07	98.00	1180
清华大学"工农兵学员"微积分课本	2020－09	48.00	1228
力学若干基本问题的发展概论	2023－04	58.00	1262
Banach 空间中前后分离算法及其收敛率	2023－06	98.00	1670
基于广义加法的数学体系	2024－03	168.00	1710
向量微积分、线性代数和微分形式:统一方法:第5版	2024－03	78.00	1707
向量微积分、线性代数和微分形式:统一方法:第5版:习题解答	2024－03	48.00	1708
受控理论与解析不等式	2012－05	78.00	165
不等式的分拆降维降幂方法与可读证明(第2版)	2020－07	78.00	1184
石焕南文集:受控理论与不等式研究	2020－09	198.00	1198
实变函数论	2012－06	78.00	181
复变函数论	2015－08	38.00	504
非光滑优化及其变分分析	2014－01	48.00	230
疏散的马尔科夫链	2014－01	58.00	266
马尔科夫过程论基础	2015－01	28.00	433
初等微分拓扑学	2012－07	18.00	182
方程式论	2011－03	38.00	105
Galois 理论	2011－03	18.00	107
古典数学难题与伽罗瓦理论	2012－11	58.00	223
伽罗华与群论	2014－01	28.00	290
代数方程的根式解及伽罗瓦理论	2011－03	28.00	108
代数方程的根式解及伽罗瓦理论(第二版)	2015－01	28.00	423
线性偏微分方程讲义	2011－03	18.00	110
几类微分方程数值方法的研究	2015－05	38.00	485
分数阶微分方程理论与应用	2020－05	95.00	1182
N 体问题的周期解	2011－03	28.00	111
代数方程式论	2011－05	18.00	121
线性代数与几何:英文	2016－06	58.00	578
动力系统的不变量与函数方程	2011－07	48.00	137
基于短语评价的翻译知识获取	2012－02	48.00	168
应用随机过程	2012－04	48.00	187
概率论导引	2012－04	18.00	179
矩阵论(上)	2013－06	58.00	250
矩阵论(下)	2013－06	48.00	251
对称锥互补问题的内点法:理论分析与算法实现	2014－08	68.00	368
抽象代数:方法导引	2013－06	38.00	257
集论	2016－01	48.00	576
多项式理论研究综述	2016－01	38.00	577
函数论	2014－11	78.00	395
反问题的计算方法及应用	2011－11	28.00	147
数阵及其应用	2012－02	28.00	164
绝对值方程—折边与组合图形的解析研究	2012－07	48.00	186
代数函数论(上)	2015－07	38.00	494
代数函数论(下)	2015－07	38.00	495

刘培杰数学工作室

已出版(即将出版)图书目录——高等数学

书　　名	出版时间	定　价	编号
偏微分方程论:法文	2015—10	48.00	533
时标动力学方程的指数型二分性与周期解	2016—04	48.00	606
重刚体绕不动点运动方程的积分法	2016—05	68.00	608
水轮机水力稳定性	2016—05	48.00	620
Lévy 噪音驱动的传染病模型的动力学行为	2016—05	48.00	667
时滞系统:Lyapunov 泛函和矩阵	2017—05	68.00	784
粒子图像测速仪实用指南:第二版	2017—08	78.00	790
数域的上同调	2017—08	98.00	799
图的正交因子分解(英文)	2018—01	38.00	881
图的度因子和分支因子:英文	2019—09	88.00	1108
点云模型的优化配准方法研究	2018—07	58.00	927
锥形波入射粗糙表面反散射问题理论与算法	2018—03	68.00	936
广义逆的理论与计算	2018—07	58.00	973
不定方程及其应用	2018—12	58.00	998
几类椭圆型偏微分方程高效数值算法研究	2018—08	48.00	1025
现代密码算法概论	2019—05	98.00	1061
模形式的 p—进性质	2019—06	78.00	1088
混沌动力学:分形、平铺、代换	2019—09	48.00	1109
微分方程,动力系统与混沌引论:第 3 版	2020—05	65.00	1144
分数阶微分方程理论与应用	2020—05	95.00	1187
应用非线性动力系统与混沌导论:第 2 版	2021—05	58.00	1368
非线性振动,动力系统与向量场的分支	2021—06	55.00	1369
遍历理论引论	2021—11	46.00	1441
动力系统与混沌	2022—05	48.00	1485
Galois 上同调	2020—04	138.00	1131
毕达哥拉斯定理:英文	2020—03	38.00	1133
模糊可拓多属性决策理论与方法	2021—06	98.00	1357
统计方法和科学推断	2021—10	48.00	1428
有关几类种群生态学模型的研究	2022—04	98.00	1486
加性数论:典型基	2022—05	48.00	1491
加性数论:反问题与和集的几何	2023—08	58.00	1672
乘性数论:第三版	2022—07	38.00	1528
交替方向乘子法及其应用	2022—08	98.00	1553
结构元理论及模糊决策应用	2022—09	98.00	1573
随机微分方程和应用:第二版	2022—12	48.00	1580
吴振奎高等数学解题真经(概率统计卷)	2012—01	38.00	149
吴振奎高等数学解题真经(微积分卷)	2012—01	68.00	150
吴振奎高等数学解题真经(线性代数卷)	2012—01	58.00	151
高等数学解题全攻略(上卷)	2013—06	58.00	252
高等数学解题全攻略(下卷)	2013—06	58.00	253
高等数学复习纲要	2014—01	18.00	384
数学分析历年考研真题解析.第一卷	2021—04	38.00	1288
数学分析历年考研真题解析.第二卷	2021—04	38.00	1289
数学分析历年考研真题解析.第三卷	2021—04	38.00	1290
数学分析历年考研真题解析.第四卷	2022—09	68.00	1560
硕士研究生入学考试数学试题及解答.第 1 卷	2024—01	58.00	1703
硕士研究生入学考试数学试题及解答.第 2 卷	2024—04	68.00	1704
硕士研究生入学考试数学试题及解答.第 3 卷	即将出版		1705
超越吉米多维奇.数列的极限	2009—11	48.00	58
超越普里瓦洛夫.留数卷	2015—01	48.00	437
超越普里瓦洛夫.无穷乘积与它对解析函数的应用卷	2015—05	28.00	477
超越普里瓦洛夫.积分卷	2015—06	18.00	481
超越普里瓦洛夫.基础知识卷	2015—06	28.00	482
超越普里瓦洛夫.数项级数卷	2015—07	38.00	489
超越普里瓦洛夫.微分、解析函数、导数卷	2018—01	48.00	852
统计学专业英语(第三版)	2015—04	68.00	465
代换分析:英文	2015—07	38.00	499

刘培杰数学工作室

已出版(即将出版)图书目录——高等数学

书　　名	出版时间	定　价	编号
历届美国大学生数学竞赛试题集. 第一卷(1938—1949)	2015－01	28.00	397
历届美国大学生数学竞赛试题集. 第二卷(1950—1959)	2015－01	28.00	398
历届美国大学生数学竞赛试题集. 第三卷(1960—1969)	2015－01	28.00	399
历届美国大学生数学竞赛试题集. 第四卷(1970—1979)	2015－01	18.00	400
历届美国大学生数学竞赛试题集. 第五卷(1980—1989)	2015－01	28.00	401
历届美国大学生数学竞赛试题集. 第六卷(1990—1999)	2015－01	28.00	402
历届美国大学生数学竞赛试题集. 第七卷(2000—2009)	2015－08	18.00	403
历届美国大学生数学竞赛试题集. 第八卷(2010—2012)	2015－01	18.00	404
超越普特南试题:大学数学竞赛中的方法与技巧	2017－04	98.00	758
历届国际大学生数学竞赛试题集(1994－2020)	2021－01	58.00	1252
历届美国大学生数学竞赛试题集(全3册)	2023－10	168.00	1693
全国大学生数学夏令营数学竞赛试题及解答	2007－03	28.00	15
全国大学生数学竞赛辅导教程	2012－07	28.00	189
全国大学生数学竞赛复习全书(第2版)	2017－05	58.00	787
历届美国大学生数学竞赛试题集	2009－03	88.00	43
前苏联大学生数学奥林匹克竞赛题解(上编)	2012－04	28.00	169
前苏联大学生数学奥林匹克竞赛题解(下编)	2012－04	38.00	170
大学生数学竞赛讲义	2014－09	28.00	371
大学生数学竞赛教程——高等数学(基础篇、提高篇)	2018－09	128.00	968
普林斯顿大学数学竞赛	2016－06	38.00	669
考研高等数学高分之路	2020－10	45.00	1203
考研高等数学基础必刷	2021－01	45.00	1251
考研概率论与数理统计	2022－06	58.00	1522
越过211,刷到985:考研数学二	2019－10	68.00	1115
初等数论难题集(第一卷)	2009－05	68.00	44
初等数论难题集(第二卷)(上、下)	2011－02	128.00	82,83
数论概貌	2011－03	18.00	93
代数数论(第二版)	2013－08	58.00	94
代数多项式	2014－06	38.00	289
初等数论的知识与问题	2011－02	28.00	95
超越数论基础	2011－03	28.00	96
数论初等教程	2011－03	28.00	97
数论基础	2011－03	18.00	98
数论基础与维诺格拉多夫	2014－03	18.00	292
解析数论基础	2012－08	28.00	216
解析数论基础(第二版)	2014－01	48.00	287
解析数论问题集(第二版)(原版引进)	2014－05	88.00	343
解析数论问题集(第二版)(中译本)	2016－04	88.00	607
解析数论基础(潘承洞,潘承彪著)	2016－07	98.00	673
解析数论导引	2016－07	58.00	674
数论入门	2011－03	38.00	99
代数数论入门	2015－03	38.00	448
数论开篇	2012－07	28.00	194
解析数论引论	2011－03	48.00	100
Barban Davenport Halberstam 均值和	2009－01	40.00	33
基础数论	2011－03	28.00	101
初等数论100例	2011－05	18.00	122
初等数论经典例题	2012－07	18.00	204
最新世界各国数学奥林匹克中的初等数论试题(上、下)	2012－01	138.00	144,145
初等数论(Ⅰ)	2012－01	18.00	156
初等数论(Ⅱ)	2012－01	18.00	157
初等数论(Ⅲ)	2012－01	28.00	158

刘培杰数学工作室
已出版(即将出版)图书目录——高等数学

书　　名	出版时间	定　价	编号
Gauss,Euler,Lagrange 和 Legendre 的遗产:把整数表示成平方和	2022－06	78.00	1540
平面几何与数论中未解决的新老问题	2013－01	68.00	229
代数数论简史	2014－11	28.00	408
代数数论	2015－09	88.00	532
代数、数论及分析习题集	2016－11	98.00	695
数论导引提要及习题解答	2016－01	48.00	559
素数定理的初等证明.第2版	2016－09	48.00	686
数论中的模函数与狄利克雷级数(第二版)	2017－11	78.00	837
数论:数学导引	2018－01	68.00	849
域论	2018－04	68.00	884
代数数论(冯克勤　编著)	2018－04	68.00	885
范氏大代数	2019－02	98.00	1016
高等算术:数论导引:第八版	2023－04	78.00	1689
新编640个世界著名数学智力趣题	2014－01	88.00	242
500个最新世界著名数学智力趣题	2008－06	48.00	3
400个最新世界著名数学最值问题	2008－09	48.00	36
500个世界著名数学征解问题	2009－06	48.00	52
400个中国最佳初等数学征解老问题	2010－01	48.00	60
500个俄罗斯数学经典老题	2011－01	28.00	81
1000个国外中学物理好题	2012－04	48.00	174
300个日本高考数学题	2012－05	38.00	142
700个早期日本高考数学试题	2017－02	88.00	752
500个前苏联早期高考数学试题及解答	2012－05	28.00	185
546个早期俄罗斯大学生数学竞赛题	2014－03	38.00	285
548个来自美苏的数学好问题	2014－11	28.00	396
20所苏联著名大学早期入学试题	2015－02	18.00	452
161道德国工科大学生必做的微分方程习题	2015－05	28.00	469
500个德国工科大学生必做的高数习题	2015－06	28.00	478
360个数学竞赛问题	2016－08	58.00	677
德国讲义日本考题.微积分卷	2015－04	48.00	456
德国讲义日本考题.微分方程卷	2015－04	38.00	457
二十世纪中叶中、英、美、日、法、俄高考数学试题精选	2017－06	38.00	783
博弈论精粹	2008－03	58.00	30
博弈论精粹.第二版(精装)	2015－01	88.00	461
数学　我爱你	2008－01	28.00	20
精神的圣徒　别样的人生——60位中国数学家成长的历程	2008－09	48.00	39
数学史概论	2009－06	78.00	50
数学史概论(精装)	2013－03	158.00	272
数学史选讲	2016－01	48.00	544
斐波那契数列	2010－02	28.00	65
数学拼盘和斐波那契魔方	2010－07	38.00	72
斐波那契数列欣赏	2011－01	28.00	160
数学的创造	2011－02	48.00	85
数学美与创造力	2016－01	48.00	595
数海拾贝	2016－01	48.00	590
数学中的美	2011－02	38.00	84
数论中的美学	2014－12	38.00	351
数学王者　科学巨人——高斯	2015－01	28.00	428
振兴祖国数学的圆梦之旅:中国初等数学研究史话	2015－06	98.00	490
二十世纪中国数学史料研究	2015－10	48.00	536
数字谜、数阵图与棋盘覆盖	2016－01	58.00	298
时间的形状	2016－01	38.00	556
数学发现的艺术:数学探索中的合情推理	2016－07	58.00	671
活跃在数学中的参数	2016－07	48.00	675

刘培杰数学工作室
已出版(即将出版)图书目录——高等数学

书　　名	出版时间	定　价	编号
格点和面积	2012—07	18.00	191
射影几何趣谈	2012—04	28.00	175
斯潘纳尔引理——从一道加拿大数学奥林匹克试题谈起	2014—01	28.00	228
李普希兹条件——从几道近年高考数学试题谈起	2012—10	18.00	221
拉格朗日中值定理——从一道北京高考试题的解法谈起	2015—10	18.00	197
闵科夫斯基定理——从一道清华大学自主招生试题谈起	2014—01	28.00	198
哈尔测度——从一道冬令营试题的背景谈起	2012—08	28.00	202
切比雪夫逼近问题——从一道中国台北数学奥林匹克试题谈起	2013—04	38.00	238
伯恩斯坦多项式与贝齐尔曲面——从一道全国高中数学联赛试题谈起	2013—03	38.00	236
卡塔兰猜想——从一道普特南竞赛试题谈起	2013—06	18.00	256
麦卡锡函数和阿克曼函数——从一道前南斯拉夫数学奥林匹克试题谈起	2012—08	18.00	201
贝蒂定理与拉姆贝克莫斯尔定理——从一个拣石子游戏谈起	2012—08	18.00	217
皮亚诺曲线和豪斯道夫分球定理——从无限集谈起	2012—08	18.00	211
平面凸图形与凸多面体	2012—10	28.00	218
斯坦因豪斯问题——从一道二十五省市自治区中学数学竞赛试题谈起	2012—07	18.00	196
纽结理论中的亚历山大多项式与琼斯多项式——从一道北京市高一数学竞赛试题谈起	2012—07	28.00	195
原则与策略——从波利亚“解题表”谈起	2013—04	38.00	244
转化与化归——从三大尺规作图不能问题谈起	2012—08	28.00	214
代数几何中的贝祖定理(第一版)——从一道 IMO 试题的解法谈起	2013—08	18.00	193
成功连贯理论与约当块理论——从一道比利时数学竞赛试题谈起	2012—04	18.00	180
素数判定与大数分解	2014—08	18.00	199
置换多项式及其应用	2012—10	18.00	220
椭圆函数与模函数——从一道美国加州大学洛杉矶分校(UCLA)博士资格考题谈起	2012—10	28.00	219
差分方程的拉格朗日方法——从一道 2011 年全国高考理科试题的解法谈起	2012—08	28.00	200
力学在几何中的一些应用	2013—01	38.00	240
高斯散度定理、斯托克斯定理和平面格林定理——从一道国际大学生数学竞赛试题谈起	即将出版		
康托洛维奇不等式——从一道全国高中联赛试题谈起	2013—03	28.00	337
西格尔引理——从一道第 18 届 IMO 试题的解法谈起	即将出版		
罗斯定理——从一道前苏联数学竞赛试题谈起	即将出版		
拉克斯定理和阿廷定理——从一道 IMO 试题的解法谈起	2014—01	58.00	246
毕卡大定理——从一道美国大学数学竞赛试题谈起	2014—07	18.00	350
贝齐尔曲线——从一道全国高中联赛试题谈起	即将出版		
拉格朗日乘子定理——从一道 2005 年全国高中联赛试题的高等数学解法谈起	2015—05	28.00	480
雅可比定理——从一道日本数学奥林匹克试题谈起	2013—04	48.00	249
李天岩一约克定理——从一道波兰数学竞赛试题谈起	2014—06	28.00	349
受控理论与初等不等式:从一道 IMO 试题的解法谈起	2023—03	48.00	1601

刘培杰数学工作室
已出版(即将出版)图书目录——高等数学

书　名	出版时间	定　价	编号
布劳维不动点定理——从一道前苏联数学奥林匹克试题谈起	2014－01	38.00	273
伯恩赛德定理——从一道英国数学奥林匹克试题谈起	即将出版		
布查特－莫斯特定理——从一道上海市初中竞赛试题谈起	即将出版		
数论中的同余数问题——从一道普特南竞赛试题谈起	即将出版		
范·德蒙行列式——从一道美国数学奥林匹克试题谈起	即将出版		
中国剩余定理:总数法构建中国历史年表	2015－01	28.00	430
牛顿程序与方程求根——从一道全国高考试题解法谈起	即将出版		
库默尔定理——从一道 IMO 预选试题谈起	即将出版		
卢丁定理——从一道冬令营试题的解法谈起	即将出版		
沃斯滕霍姆定理——从一道 IMO 预选试题谈起	即将出版		
卡尔松不等式——从一道莫斯科数学奥林匹克试题谈起	即将出版		
信息论中的香农熵——从一道近年高考压轴题谈起	即将出版		
约当不等式——从一道希望杯竞赛试题谈起	即将出版		
拉比诺维奇定理	即将出版		
刘维尔定理——从一道《美国数学月刊》征解问题的解法谈起	即将出版		
卡塔兰恒等式与级数求和——从一道 IMO 试题的解法谈起	即将出版		
勒让德猜想与素数分布——从一道爱尔兰竞赛试题谈起	即将出版		
天平称重与信息论——从一道基辅市数学奥林匹克试题谈起	即将出版		
哈密尔顿－凯莱定理:从一道高中数学联赛试题的解法谈起	2014－09	18.00	376
艾思特曼定理——从一道 CMO 试题的解法谈起	即将出版		
一个爱尔特希问题——从一道西德数学奥林匹克试题谈起	即将出版		
有限群中的爱丁格尔问题——从一道北京市初中二年级数学竞赛试题谈起	即将出版		
糖水中的不等式——从初等数学到高等数学	2019－07	48.00	1093
帕斯卡三角形	2014－03	18.00	294
蒲丰投针问题——从 2009 年清华大学的一道自主招生试题谈起	2014－01	38.00	295
斯图姆定理——从一道“华约”自主招生试题的解法谈起	2014－01	18.00	296
许瓦兹引理——从一道加利福尼亚大学伯克利分校数学系博士生试题谈起	2014－08	18.00	297
拉姆塞定理——从王诗宬院士的一个问题谈起	2016－04	48.00	299
坐标法	2013－12	28.00	332
数论三角形	2014－04	38.00	341
毕克定理	2014－07	18.00	352
数林掠影	2014－09	48.00	389
我们周围的概率	2014－10	38.00	390
凸函数最值定理:从一道华约自主招生题的解法谈起	2014－10	28.00	391
易学与数学奥林匹克	2014－10	38.00	392
生物数学趣谈	2015－01	18.00	409
反演	2015－01	28.00	420
因式分解与圆锥曲线	2015－01	18.00	426
轨迹	2015－01	28.00	427
面积原理:从常庚哲命的一道 CMO 试题的积分解法谈起	2015－01	48.00	431
形形色色的不动点定理:从一道 28 届 IMO 试题谈起	2015－01	38.00	439
柯西函数方程:从一道上海交大自主招生的试题谈起	2015－02	28.00	440

刘培杰数学工作室
已出版(即将出版)图书目录——高等数学

书　　名	出版时间	定　价	编号
三角恒等式	2015－02	28.00	442
无理性判定:从一道 2014 年"北约"自主招生试题谈起	2015－01	38.00	443
数学归纳法	2015－03	18.00	451
极端原理与解题	2015－04	28.00	464
法雷级数	2014－08	18.00	367
摆线族	2015－01	38.00	438
函数方程及其解法	2015－05	38.00	470
含参数的方程和不等式	2012－09	28.00	213
希尔伯特第十问题	2016－01	38.00	543
无穷小量的求和	2016－01	28.00	545
切比雪夫多项式:从一道清华大学金秋营试题谈起	2016－01	38.00	583
泽肯多夫定理	2016－03	38.00	599
代数等式证题法	2016－01	28.00	600
三角等式证题法	2016－01	28.00	601
吴大任教授藏书中的一个因式分解公式:从一道美国数学邀请赛试题的解法谈起	2016－06	28.00	656
易卦——类万物的数学模型	2017－08	68.00	838
"不可思议"的数与数系可持续发展	2018－01	38.00	878
最短线	2018－01	38.00	879
从毕达哥拉斯到怀尔斯	2007－10	48.00	9
从迪利克雷到维斯卡尔迪	2008－01	48.00	21
从哥德巴赫到陈景润	2008－05	98.00	35
从庞加莱到佩雷尔曼	2011－08	138.00	136
从费马到怀尔斯——费马大定理的历史	2013－10	198.00	Ⅰ
从庞加莱到佩雷尔曼——庞加莱猜想的历史	2013－10	298.00	Ⅱ
从切比雪夫到爱尔特希(上)——素数定理的初等证明	2013－07	48.00	Ⅲ
从切比雪夫到爱尔特希(下)——素数定理 100 年	2012－12	98.00	Ⅲ
从高斯到盖尔方特——二次域的高斯猜想	2013－10	198.00	Ⅳ
从库默尔到朗兰兹——朗兰兹猜想的历史	2014－01	98.00	Ⅴ
从比勃巴赫到德布朗斯——比勃巴赫猜想的历史	2014－02	298.00	Ⅵ
从麦比乌斯到陈省身——麦比乌斯变换与麦比乌斯带	2014－02	298.00	Ⅶ
从布尔到豪斯道夫——布尔方程与格论漫谈	2013－10	198.00	Ⅷ
从开普勒到阿诺德——三体问题的历史	2014－05	298.00	Ⅸ
从华林到华罗庚——华林问题的历史	2013－10	298.00	Ⅹ
数学物理大百科全书.第1卷	2016－01	418.00	508
数学物理大百科全书.第2卷	2016－01	408.00	509
数学物理大百科全书.第3卷	2016－01	396.00	510
数学物理大百科全书.第4卷	2016－01	408.00	511
数学物理大百科全书.第5卷	2016－01	368.00	512
朱德祥代数与几何讲义.第1卷	2017－01	38.00	697
朱德祥代数与几何讲义.第2卷	2017－01	28.00	698
朱德祥代数与几何讲义.第3卷	2017－01	28.00	699

刘培杰数学工作室
已出版(即将出版)图书目录——高等数学

书　　名	出版时间	定　价	编号
闵嗣鹤文集	2011—03	98.00	102
吴从炘数学活动三十年(1951～1980)	2010—07	99.00	32
吴从炘数学活动又三十年(1981～2010)	2015—07	98.00	491
斯米尔诺夫高等数学.第一卷	2018—03	88.00	770
斯米尔诺夫高等数学.第二卷.第一分册	2018—03	68.00	771
斯米尔诺夫高等数学.第二卷.第二分册	2018—03	68.00	772
斯米尔诺夫高等数学.第二卷.第三分册	2018—03	48.00	773
斯米尔诺夫高等数学.第三卷.第一分册	2018—03	58.00	774
斯米尔诺夫高等数学.第三卷.第二分册	2018—03	58.00	775
斯米尔诺夫高等数学.第三卷.第三分册	2018—03	68.00	776
斯米尔诺夫高等数学.第四卷.第一分册	2018—03	48.00	777
斯米尔诺夫高等数学.第四卷.第二分册	2018—03	88.00	778
斯米尔诺夫高等数学.第五卷.第一分册	2018—03	58.00	779
斯米尔诺夫高等数学.第五卷.第二分册	2018—03	68.00	780
zeta 函数,q-zeta 函数,相伴级数与积分(英文)	2015—08	88.00	513
微分形式:理论与练习(英文)	2015—08	58.00	514
离散与微分包含的逼近和优化(英文)	2015—08	58.00	515
艾伦·图灵:他的工作与影响(英文)	2016—01	98.00	560
测度理论概率导论,第 2 版(英文)	2016—01	88.00	561
带有潜在故障恢复系统的半马尔柯夫模型控制(英文)	2016—01	98.00	562
数学分析原理(英文)	2016—01	88.00	563
随机偏微分方程的有效动力学(英文)	2016—01	88.00	564
图的谱半径(英文)	2016—01	58.00	565
量子机器学习中数据挖掘的量子计算方法(英文)	2016—01	98.00	566
量子物理的非常规方法(英文)	2016—01	118.00	567
运输过程的统一非局部理论:广义波尔兹曼物理动力学,第 2 版(英文)	2016—01	198.00	568
量子力学与经典力学之间的联系在原子、分子及电动力学系统建模中的应用(英文)	2016—01	58.00	569
算术域(英文)	2018—01	158.00	821
高等数学竞赛:1962—1991 年的米洛克斯·史怀哲竞赛(英文)	2018—01	128.00	822
用数学奥林匹克精神解决数论问题(英文)	2018—01	108.00	823
代数几何(德文)	2018—04	68.00	824
丢番图逼近论(英文)	2018—01	78.00	825
代数几何学基础教程(英文)	2018—01	98.00	826
解析数论入门课程(英文)	2018—01	78.00	827
数论中的丢番图问题(英文)	2018—01	78.00	829
数论(梦幻之旅):第五届中日数论研讨会演讲集(英文)	2018—01	68.00	830
数论新应用(英文)	2018—01	68.00	831
数论(英文)	2018—01	78.00	832
测度与积分(英文)	2019—04	68.00	1059
卡塔兰数入门(英文)	2019—05	68.00	1060
多变量数学入门(英文)	2021—05	68.00	1317
偏微分方程入门(英文)	2021—05	88.00	1318
若尔当典范性:理论与实践(英文)	2021—07	68.00	1366
R 统计学概论(英文)	2023—03	88.00	1614
基于不确定静态和动态问题解的仿射算术(英文)	2023—03	38.00	1618

刘培杰数学工作室
已出版(即将出版)图书目录——高等数学

书　　名	出版时间	定　价	编号
湍流十讲(英文)	2018－04	108.00	886
无穷维李代数:第3版(英文)	2018－04	98.00	887
等值、不变量和对称性(英文)	2018－04	78.00	888
解析数论(英文)	2018－09	78.00	889
《数学原理》的演化:伯特兰·罗素撰写第二版时的手稿与笔记(英文)	2018－04	108.00	890
哈密尔顿数学论文集(第4卷):几何学、分析学、天文学、概率和有限差分等(英文)	2019－05	108.00	891
数学王子——高斯	2018－01	48.00	858
坎坷奇星——阿贝尔	2018－01	48.00	859
闪烁奇星——伽罗瓦	2018－01	58.00	860
无穷统帅——康托尔	2018－01	48.00	861
科学公主——柯瓦列夫斯卡娅	2018－01	48.00	862
抽象代数之母——埃米·诺特	2018－01	48.00	863
电脑先驱——图灵	2018－01	58.00	864
昔日神童——维纳	2018－01	48.00	865
数坛怪侠——爱尔特希	2018－01	68.00	866
当代世界中的数学.数学思想与数学基础	2019－01	38.00	892
当代世界中的数学.数学问题	2019－01	38.00	893
当代世界中的数学.应用数学与数学应用	2019－01	38.00	894
当代世界中的数学.数学王国的新疆域(一)	2019－01	38.00	895
当代世界中的数学.数学王国的新疆域(二)	2019－01	38.00	896
当代世界中的数学.数林撷英(一)	2019－01	38.00	897
当代世界中的数学.数林撷英(二)	2019－01	48.00	898
当代世界中的数学.数学之路	2019－01	38.00	899
偏微分方程全局吸引子的特性(英文)	2018－09	108.00	979
整函数与下调和函数(英文)	2018－09	118.00	980
幂等分析(英文)	2018－09	118.00	981
李群,离散子群与不变量理论(英文)	2018－09	108.00	982
动力系统与统计力学(英文)	2018－09	118.00	983
表示论与动力系统(英文)	2018－09	118.00	984
分析学练习.第1部分(英文)	2021－01	88.00	1247
分析学练习.第2部分.非线性分析(英文)	2021－01	88.00	1248
初级统计学:循序渐进的方法:第10版(英文)	2019－05	68.00	1067
工程师与科学家微分方程用书:第4版(英文)	2019－07	58.00	1068
大学代数与三角学(英文)	2019－06	78.00	1069
培养数学能力的途径(英文)	2019－07	38.00	1070
工程师与科学家统计学:第4版(英文)	2019－06	58.00	1071
贸易与经济中的应用统计学:第6版(英文)	2019－06	58.00	1072
傅立叶级数和边值问题:第8版(英文)	2019－05	48.00	1073
通往天文学的途径:第5版(英文)	2019－05	58.00	1074

刘培杰数学工作室
已出版(即将出版)图书目录——高等数学

书　　名	出版时间	定　价	编号
拉马努金笔记. 第 1 卷(英文)	2019—06	165.00	1078
拉马努金笔记. 第 2 卷(英文)	2019—06	165.00	1079
拉马努金笔记. 第 3 卷(英文)	2019—06	165.00	1080
拉马努金笔记. 第 4 卷(英文)	2019—06	165.00	1081
拉马努金笔记. 第 5 卷(英文)	2019—06	165.00	1082
拉马努金遗失笔记. 第 1 卷(英文)	2019—06	109.00	1083
拉马努金遗失笔记. 第 2 卷(英文)	2019—06	109.00	1084
拉马努金遗失笔记. 第 3 卷(英文)	2019—06	109.00	1085
拉马努金遗失笔记. 第 4 卷(英文)	2019—06	109.00	1086
数论:1976 年纽约洛克菲勒大学数论会议记录(英文)	2020—06	68.00	1145
数论:卡本代尔 1979:1979 年在南伊利诺伊卡本代尔大学举行的数论会议记录(英文)	2020—06	78.00	1146
数论:诺德韦克豪特 1983:1983 年在诺德韦克豪特举行的 Journees Arithmetiques 数论大会会议记录(英文)	2020—06	68.00	1147
数论:1985—1988 年在纽约城市大学研究生院和大学中心举办的研讨会(英文)	2020—06	68.00	1148
数论:1987 年在乌尔姆举行的 Journees Arithmetiques 数论大会会议记录(英文)	2020—06	68.00	1149
数论:马德拉斯 1987:1987 年在马德拉斯安娜大学举行的国际拉马努金百年纪念大会会议记录(英文)	2020—06	68.00	1150
解析数论:1988 年在东京举行的日法研讨会会议记录(英文)	2020—06	68.00	1151
解析数论:2002 年在意大利切特拉罗举行的 C. I. M. E. 暑期班演讲集(英文)	2020—06	68.00	1152
量子世界中的蝴蝶:最迷人的量子分形故事(英文)	2020—06	118.00	1157
走进量子力学(英文)	2020—06	118.00	1158
计算物理学概论(英文)	2020—06	48.00	1159
物质,空间和时间的理论:量子理论(英文)	即将出版		1160
物质,空间和时间的理论:经典理论(英文)	即将出版		1161
量子场理论:解释世界的神秘背景(英文)	2020—07	38.00	1162
计算物理学概论(英文)	即将出版		1163
行星状星云(英文)	即将出版		1164
基本宇宙学:从亚里士多德的宇宙到大爆炸(英文)	2020—08	58.00	1165
数学磁流体力学(英文)	2020—07	58.00	1166
计算科学:第 1 卷,计算的科学(日文)	2020—07	88.00	1167
计算科学:第 2 卷,计算与宇宙(日文)	2020—07	88.00	1168
计算科学:第 3 卷,计算与物质(日文)	2020—07	88.00	1169
计算科学:第 4 卷,计算与生命(日文)	2020—07	88.00	1170
计算科学:第 5 卷,计算与地球环境(日文)	2020—07	88.00	1171
计算科学:第 6 卷,计算与社会(日文)	2020—07	88.00	1172
计算科学. 别卷,超级计算机(日文)	2020—07	88.00	1173
多复变函数论(日文)	2022—06	78.00	1518
复变函数入门(日文)	2022—06	78.00	1523

刘培杰数学工作室

已出版(即将出版)图书目录——高等数学

书　　名	出版时间	定　价	编号
代数与数论:综合方法(英文)	2020-10	78.00	1185
复分析:现代函数理论第一课(英文)	2020-07	58.00	1186
斐波那契数列和卡特兰数:导论(英文)	2020-10	68.00	1187
组合推理:计数艺术介绍(英文)	2020-07	88.00	1188
二次互反律的傅里叶分析证明(英文)	2020-07	48.00	1189
旋瓦兹分布的希尔伯特变换与应用(英文)	2020-07	58.00	1190
泛函分析:巴拿赫空间理论入门(英文)	2020-07	48.00	1191
典型群,错排与素数(英文)	2020-11	58.00	1204
李代数的表示:通过 gln 进行介绍(英文)	2020-10	38.00	1205
实分析演讲集(英文)	2020-10	38.00	1206
现代分析及其应用的课程(英文)	2020-10	58.00	1207
运动中的抛射物数学(英文)	2020-10	38.00	1208
2-扭结与它们的群(英文)	2020-10	38.00	1209
概率,策略和选择:博弈与选举中的数学(英文)	2020-11	58.00	1210
分析学引论(英文)	2020-11	58.00	1211
量子群:通往流代数的路径(英文)	2020-11	38.00	1212
集合论入门(英文)	2020-10	48.00	1213
酉反射群(英文)	2020-11	58.00	1214
探索数学:吸引人的证明方式(英文)	2020-11	58.00	1215
微分拓扑短期课程(英文)	2020-10	48.00	1216
抽象凸分析(英文)	2020-11	68.00	1222
费马大定理笔记(英文)	2021-03	48.00	1223
高斯与雅可比和(英文)	2021-03	78.00	1224
π与算术几何平均:关于解析数论和计算复杂性的研究(英文)	2021-01	58.00	1225
复分析入门(英文)	2021-03	48.00	1226
爱德华·卢卡斯与素性测定(英文)	2021-03	78.00	1227
通往凸分析及其应用的简单路径(英文)	2021-01	68.00	1229
微分几何的各个方面.第一卷(英文)	2021-01	58.00	1230
微分几何的各个方面.第二卷(英文)	2020-12	58.00	1231
微分几何的各个方面.第三卷(英文)	2020-12	58.00	1232
沃克流形几何学(英文)	2020-11	58.00	1233
彷射和韦尔几何应用(英文)	2020-12	58.00	1234
双曲几何学的旋转向量空间方法(英文)	2021-02	58.00	1235
积分:分析学的关键(英文)	2020-12	48.00	1236
为有天分的新生准备的分析学基础教材(英文)	2020-11	48.00	1237

刘培杰数学工作室
已出版(即将出版)图书目录——高等数学

书　　名	出版时间	定　价	编号
数学不等式.第一卷.对称多项式不等式(英文)	2021—03	108.00	1273
数学不等式.第二卷.对称有理不等式与对称无理不等式(英文)	2021—03	108.00	1274
数学不等式.第三卷.循环不等式与非循环不等式(英文)	2021—03	108.00	1275
数学不等式.第四卷.Jensen 不等式的扩展与加细(英文)	2021—03	108.00	1276
数学不等式.第五卷.创建不等式与解不等式的其他方法(英文)	2021—04	108.00	1277
冯・诺依曼代数中的谱位移函数:半有限冯・诺依曼代数中的谱位移函数与谱流(英文)	2021—06	98.00	1308
链接结构:关于嵌入完全图的直线中链接单形的组合结构(英文)	2021—05	58.00	1309
代数几何方法.第 1 卷(英文)	2021—06	68.00	1310
代数几何方法.第 2 卷(英文)	2021—06	68.00	1311
代数几何方法.第 3 卷(英文)	2021—06	58.00	1312
代数、生物信息和机器人技术的算法问题.第四卷,独立恒等式系统(俄文)	2020—08	118.00	1119
代数、生物信息和机器人技术的算法问题.第五卷,相对覆盖性和独立可拆分恒等式系统(俄文)	2020—08	118.00	1200
代数、生物信息和机器人技术的算法问题.第六卷,恒等式和准恒等式的相等问题、可推导性和可实现性(俄文)	2020—08	128.00	1201
分数阶微积分的应用:非局部动态过程,分数阶导热系数(俄文)	2021—01	68.00	1241
泛函分析问题与练习:第 2 版(俄文)	2021—01	98.00	1242
集合论、数学逻辑和算法论问题:第 5 版(俄文)	2021—01	98.00	1243
微分几何和拓扑短期课程(俄文)	2021—01	98.00	1244
素数规律(俄文)	2021—01	88.00	1245
无穷边值问题解的递减:无界域中的拟线性椭圆和抛物方程(俄文)	2021—01	48.00	1246
微分几何讲义(俄文)	2020—12	98.00	1253
二次型和矩阵(俄文)	2021—01	98.00	1255
积分和级数.第 2 卷,特殊函数(俄文)	2021—01	168.00	1258
积分和级数.第 3 卷,特殊函数补充:第 2 版(俄文)	2021—01	178.00	1264
几何图上的微分方程(俄文)	2021—01	138.00	1259
数论教程:第 2 版(俄文)	2021—01	98.00	1260
非阿基米德分析及其应用(俄文)	2021—03	98.00	1261

刘培杰数学工作室
已出版(即将出版)图书目录——高等数学

书　　名	出版时间	定　价	编号
古典群和量子群的压缩(俄文)	2021-03	98.00	1263
数学分析习题集.第3卷,多元函数:第3版(俄文)	2021-03	98.00	1266
数学习题:乌拉尔国立大学数学力学系大学生奥林匹克(俄文)	2021-03	98.00	1267
柯西定理和微分方程的特解(俄文)	2021-03	98.00	1268
组合极值问题及其应用:第3版(俄文)	2021-03	98.00	1269
数学词典(俄文)	2021-01	98.00	1271
确定性混沌分析模型(俄文)	2021-06	168.00	1307
精选初等数学习题和定理.立体几何.第3版(俄文)	2021-03	68.00	1316
微分几何习题:第3版(俄文)	2021-05	98.00	1336
精选初等数学习题和定理.平面几何.第4版(俄文)	2021-05	68.00	1335
曲面理论在欧氏空间 En 中的直接表示	2022-01	68.00	1444
维纳一霍普夫离散算子和托普利兹算子:某些可数赋范空间中的诺特性和可逆性(俄文)	2022-03	108.00	1496
Maple中的数论:数论中的计算机计算(俄文)	2022-03	88.00	1497
贝尔曼和克努特问题及其概括:加法运算的复杂性(俄文)	2022-03	138.00	1498
复分析:共形映射(俄文)	2022-07	48.00	1542
微积分代数样条和多项式及其在数值方法中的应用(俄文)	2022-08	128.00	1543
蒙特卡罗方法中的随机过程和场模型:算法和应用(俄文)	2022-08	88.00	1544
线性椭圆型方程组:论二阶椭圆型方程的迪利克雷问题(俄文)	2022-08	98.00	1561
动态系统解的增长特性:估值、稳定性、应用(俄文)	2022-08	118.00	1565
群的自由积分解:建立和应用(俄文)	2022-08	78.00	1570
混合方程和偏差自变数方程问题:解的存在和唯一性(俄文)	2023-01	78.00	1582
拟度量空间分析:存在和逼近定理(俄文)	2023-01	108.00	1583
二维和三维流形上函数的拓扑性质:函数的拓扑分类(俄文)	2023-03	68.00	1584
齐次马尔科夫过程建模的矩阵方法:此类方法能够用于不同目的的复杂系统研究、设计和完善(俄文)	2023-03	68.00	1594
周期函数的近似方法和特性:特殊课程(俄文)	2023-04	158.00	1622
扩散方程解的矩函数:变分法(俄文)	2023-03	58.00	1623
多赋范空间和广义函数:理论及应用(俄文)	2023-03	98.00	1632
分析中的多值映射:部分应用(俄文)	2023-06	98.00	1634
数学物理问题(俄文)	2023-03	78.00	1636
函数的幂级数与三角级数分解(俄文)	2024-01	58.00	1695
星体理论的数学基础:原子三元组(俄文)	2024-01	98.00	1696
素数规律:专著(俄文)	2024-01	118.00	1697

书　　名	出版时间	定　价	编号
狭义相对论与广义相对论:时空与引力导论(英文)	2021-07	88.00	1319
束流物理学和粒子加速器的实践介绍:第2版(英文)	2021-07	88.00	1320
凝聚态物理中的拓扑和微分几何简介(英文)	2021-05	88.00	1321
混沌映射:动力学、分形学和快速涨落(英文)	2021-05	128.00	1322
广义相对论:黑洞、引力波和宇宙学介绍(英文)	2021-06	68.00	1323
现代分析电磁均质化(英文)	2021-06	68.00	1324
为科学家提供的基本流体动力学(英文)	2021-06	88.00	1325
视觉天文学:理解夜空的指南(英文)	2021-06	68.00	1326

刘培杰数学工作室
已出版(即将出版)图书目录——高等数学

书　　名	出版时间	定　价	编号
物理学中的计算方法(英文)	2021－06	68.00	1327
单星的结构与演化:导论(英文)	2021－06	108.00	1328
超越居里:1903 年至 1963 年物理界四位女性及其著名发现(英文)	2021－06	68.00	1329
范德瓦尔斯流体热力学的进展(英文)	2021－06	68.00	1330
先进的托卡马克稳定性理论(英文)	2021－06	88.00	1331
经典场论导论:基本相互作用的过程(英文)	2021－07	88.00	1332
光致电离量子动力学方法原理(英文)	2021－07	108.00	1333
经典域论和应力:能量张量(英文)	2021－05	88.00	1334
非线性太赫兹光谱的概念与应用(英文)	2021－06	68.00	1337
电磁学中的无穷空间并矢格林函数(英文)	2021－06	88.00	1338
物理科学基础数学. 第 1 卷,齐次边值问题、傅里叶方法和特殊函数(英文)	2021－07	108.00	1339
离散量子力学(英文)	2021－07	68.00	1340
核磁共振的物理学和数学(英文)	2021－07	108.00	1341
分子水平的静电学(英文)	2021－08	68.00	1342
非线性波:理论、计算机模拟、实验(英文)	2021－06	108.00	1343
石墨烯光学:经典问题的电解解决方案(英文)	2021－06	68.00	1344
超材料多元宇宙(英文)	2021－07	68.00	1345
银河系外的天体物理学(英文)	2021－07	68.00	1346
原子物理学(英文)	2021－07	68.00	1347
将光打结:将拓扑学应用于光学(英文)	2021－07	68.00	1348
电磁学:问题与解法(英文)	2021－07	88.00	1364
海浪的原理:介绍量子力学的技巧与应用(英文)	2021－07	108.00	1365
多孔介质中的流体:输运与相变(英文)	2021－07	68.00	1372
洛伦兹群的物理学(英文)	2021－08	68.00	1373
物理导论的数学方法和解决方法手册(英文)	2021－08	68.00	1374
非线性波数学物理学入门(英文)	2021－08	88.00	1376
波:基本原理和动力学(英文)	2021－07	68.00	1377
光电子量子计量学. 第 1 卷,基础(英文)	2021－07	88.00	1383
光电子量子计量学. 第 2 卷,应用与进展(英文)	2021－07	68.00	1384
复杂流的格子玻尔兹曼建模的工程应用(英文)	2021－08	68.00	1393
电偶极矩挑战(英文)	2021－08	108.00	1394
电动力学:问题与解法(英文)	2021－09	68.00	1395
自由电子激光的经典理论(英文)	2021－08	68.00	1397
曼哈顿计划——核武器物理学简介(英文)	2021－09	68.00	1401

刘培杰数学工作室
已出版(即将出版)图书目录——高等数学

书　　名	出版时间	定　价	编号
粒子物理学(英文)	2021—09	68.00	1402
引力场中的量子信息(英文)	2021—09	128.00	1403
器件物理学的基本经典力学(英文)	2021—09	68.00	1404
等离子体物理及其空间应用导论. 第1卷,基本原理和初步过程(英文)	2021—09	68.00	1405
伽利略理论力学:连续力学基础(英文)	2021—10	48.00	1416
磁约束聚变等离子体物理:理想MHD理论(英文)	2023—03	68.00	1613
相对论量子场论. 第1卷,典范形式体系(英文)	2023—03	38.00	1615
相对论量子场论. 第2卷,路径积分形式(英文)	2023—06	38.00	1616
相对论量子场论. 第3卷,量子场论的应用(英文)	2023—06	38.00	1617
涌现的物理学(英文)	2023—05	58.00	1619
量子化旋涡:一本拓扑激发手册(英文)	2023—04	68.00	1620
非线性动力学:实践的介绍性调查(英文)	2023—05	68.00	1621
静电加速器:一个多功能工具(英文)	2023—06	58.00	1625
相对论多体理论与统计力学(英文)	2023—06	58.00	1626
经典力学. 第1卷,工具与向量(英文)	2023—04	38.00	1627
经典力学. 第2卷,运动学和匀加速运动(英文)	2023—04	58.00	1628
经典力学. 第3卷,牛顿定律和匀速圆周运动(英文)	2023—04	58.00	1629
经典力学. 第4卷,万有引力定律(英文)	2023—04	38.00	1630
经典力学. 第5卷,守恒定律与旋转运动(英文)	2023—04	38.00	1631
对称问题:纳维尔—斯托克斯问题(英文)	2023—04	38.00	1638
摄影的物理和艺术. 第1卷,几何与光的本质(英文)	2023—04	78.00	1639
摄影的物理和艺术. 第2卷,能量与色彩(英文)	2023—04	78.00	1640
摄影的物理和艺术. 第3卷,探测器与数码的意义(英文)	2023—04	78.00	1641
拓扑与超弦理论焦点问题(英文)	2021—07	58.00	1349
应用数学:理论、方法与实践(英文)	2021—07	78.00	1350
非线性特征值问题:牛顿型方法与非线性瑞利函数(英文)	2021—07	58.00	1351
广义膨胀和齐性:利用齐性构造齐次系统的李雅普诺夫函数和控制律(英文)	2021—06	48.00	1352
解析数论焦点问题(英文)	2021—07	58.00	1353
随机微分方程:动态系统方法(英文)	2021—07	58.00	1354
经典力学与微分几何(英文)	2021—07	58.00	1355
负定相交形式流形上的瞬子模空间几何(英文)	2021—07	68.00	1356
广义卡塔兰轨道分析:广义卡塔兰轨道计算数字的方法(英文)	2021—07	48.00	1367
洛伦兹方法的变分:二维与三维洛伦兹方法(英文)	2021—08	38.00	1378
几何、分析和数论精编(英文)	2021—08	68.00	1380
从一个新角度看数论:通过遗传方法引入现实的概念(英文)	2021—07	58.00	1387
动力系统:短期课程(英文)	2021—08	68.00	1382

刘培杰数学工作室
已出版(即将出版)图书目录——高等数学

书　　名	出版时间	定　价	编号
几何路径:理论与实践(英文)	2021-08	48.00	1385
广义斐波那契数列及其性质(英文)	2021-08	38.00	1386
论天体力学中某些问题的不可积性(英文)	2021-07	88.00	1396
对称函数和麦克唐纳多项式:余代数结构与 Kawanaka 恒等式	2021-09	38.00	1400
杰弗里·英格拉姆·泰勒科学论文集:第 1 卷. 固体力学(英文)	2021-05	78.00	1360
杰弗里·英格拉姆·泰勒科学论文集:第 2 卷. 气象学、海洋学和湍流(英文)	2021-05	68.00	1361
杰弗里·英格拉姆·泰勒科学论文集:第 3 卷. 空气动力学以及落弹数和爆炸的力学(英文)	2021-05	68.00	1362
杰弗里·英格拉姆·泰勒科学论文集:第 4 卷. 有关流体力学(英文)	2021-05	58.00	1363
非局域泛函演化方程:积分与分数阶(英文)	2021-08	48.00	1390
理论工作者的高等微分几何:纤维丛、射流流形和拉格朗日理论(英文)	2021-08	68.00	1391
半线性退化椭圆微分方程:局部定理与整体定理(英文)	2021-07	48.00	1392
非交换几何、规范理论和重整化:一般简介与非交换量子场论的重整化(英文)	2021-09	78.00	1406
数论论文集:拉普拉斯变换和带有数论系数的幂级数(俄文)	2021-09	48.00	1407
挠理论专题:相对极大值,单射与扩充模(英文)	2021-09	88.00	1410
强正则图与欧几里得若尔当代数:非通常关系中的启示(英文)	2021-10	48.00	1411
拉格朗日几何和哈密顿几何:力学的应用(英文)	2021-10	48.00	1412
时滞微分方程与差分方程的振动理论:二阶与三阶(英文)	2021-10	98.00	1417
卷积结构与几何函数理论:用以研究特定几何函数理论方向的分数阶微积分算子与卷积结构(英文)	2021-10	48.00	1418
经典数学物理的历史发展(英文)	2021-10	78.00	1419
扩展线性丢番图问题(英文)	2021-10	38.00	1420
一类混沌动力系统的分歧分析与控制:分歧分析与控制(英文)	2021-11	38.00	1421
伽利略空间和伪伽利略空间中一些特殊曲线的几何性质(英文)	2022-01	48.00	1422
一阶偏微分方程:哈密尔顿—雅可比理论(英文)	2021-11	48.00	1424
各向异性黎曼多面体的反问题:分段光滑的各向异性黎曼多面体反边界谱问题:唯一性(英文)	2021-11	38.00	1425

刘培杰数学工作室
已出版(即将出版)图书目录——高等数学

书　　名	出版时间	定　价	编号
项目反应理论手册.第一卷,模型(英文)	2021－11	138.00	1431
项目反应理论手册.第二卷,统计工具(英文)	2021－11	118.00	1432
项目反应理论手册.第三卷,应用(英文)	2021－11	138.00	1433
二次无理数:经典数论入门(英文)	2022－05	138.00	1434
数,形与对称性:数论,几何和群论导论(英文)	2022－05	128.00	1435
有限域手册(英文)	2021－11	178.00	1436
计算数论(英文)	2021－11	148.00	1437
拟群与其表示简介(英文)	2021－11	88.00	1438
数论与密码学导论:第二版(英文)	2022－01	148.00	1423
几何分析中的柯西变换与黎兹变换:解析调和容量和李普希兹调和容量、变化和振荡以及一致可求长性(英文)	2021－12	38.00	1465
近似不动点定理及其应用(英文)	2022－05	28.00	1466
局部域的相关内容解析:对局部域的扩展及其伽罗瓦群的研究(英文)	2022－01	38.00	1467
反问题的二进制恢复方法(英文)	2022－03	28.00	1468
对几何函数中某些类的各个方面的研究:复变量理论(英文)	2022－01	38.00	1469
覆盖、对应和非交换几何(英文)	2022－01	28.00	1470
最优控制理论中的随机线性调节器问题:随机最优线性调节器问题(英文)	2022－01	38.00	1473
正交分解法:涡流流体动力学应用的正交分解法(英文)	2022－01	38.00	1475
芬斯勒几何的某些问题(英文)	2022－03	38.00	1476
受限三体问题(英文)	2022－05	38.00	1477
利用马利亚万微积分进行 Greeks 的计算:连续过程、跳跃过程中的马利亚万微积分和金融领域中的 Greeks(英文)	2022－05	48.00	1478
经典分析和泛函分析的应用:分析学的应用(英文)	2022－05	38.00	1479
特殊芬斯勒空间的探究(英文)	2022－03	48.00	1480
某些图形的施泰纳距离的细谷多项式:细谷多项式与图的维纳指数(英文)	2022－05	38.00	1481
图论问题的遗传算法:在新鲜与模糊的环境中(英文)	2022－05	48.00	1482
多项式映射的渐近簇(英文)	2022－05	38.00	1483
一维系统中的混沌:符号动力学,映射序列,一致收敛和沙可夫斯基定理(英文)	2022－05	38.00	1509
多维边界层流动与传热分析:粘性流体流动的数学建模与分析(英文)	2022－05	38.00	1510

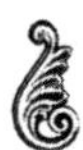

刘培杰数学工作室
已出版(即将出版)图书目录——高等数学

书　　名	出版时间	定　价	编号
演绎理论物理学的原理:一种基于量子力学波函数的逐次置信估计的一般理论的提议(英文)	2022-05	38.00	1511
R^2 和 R^3 中的仿射弹性曲线:概念和方法(英文)	2022-08	38.00	1512
算术数列中除数函数的分布:基本内容、调查、方法、第二矩、新结果(英文)	2022-05	28.00	1513
抛物型狄拉克算子和薛定谔方程:不定常薛定谔方程的抛物型狄拉克算子及其应用(英文)	2022-07	28.00	1514
黎曼-希尔伯特问题与量子场论:可积重正化、戴森-施温格方程(英文)	2022-08	38.00	1515
代数结构和几何结构的形变理论(英文)	2022-08	48.00	1516
概率结构和模糊结构上的不动点:概率结构和直觉模糊度量空间的不动点定理(英文)	2022-08	38.00	1517
反若尔当对:简单反若尔当对的自同构(英文)	2022-07	28.00	1533
对某些黎曼-芬斯勒空间变换的研究:芬斯勒几何中的某些变换(英文)	2022-07	38.00	1534
内诣零流形映射的尼尔森数的阿诺索夫关系(英文)	2023-01	38.00	1535
与广义积分变换有关的分数次演算:对分数次演算的研究(英文)	2023-01	48.00	1536
强子的芬斯勒几何和吕拉几何(宇宙学方面):强子结构的芬斯勒几何和吕拉几何(拓扑缺陷)(英文)	2022-08	38.00	1537
一种基于混沌的非线性最优化问题:作业调度问题(英文)	即将出版		1538
广义概率论发展前景:关于趣味数学与置信函数实际应用的一些原创观点(英文)	即将出版		1539
纽结与物理学:第二版(英文)	2022-09	118.00	1547
正交多项式和q-级数的前沿(英文)	2022-09	98.00	1548
算子理论问题集(英文)	2022-03	108.00	1549
抽象代数:群、环与域的应用导论:第二版(英文)	2023-01	98.00	1550
菲尔兹奖得主演讲集:第三版(英文)	2023-01	138.00	1551
多元实函数教程(英文)	2022-09	118.00	1552
球面空间形式群的几何学:第二版(英文)	2022-09	98.00	1566
对称群的表示论(英文)	2023-01	98.00	1585
纽结理论:第二版(英文)	2023-01	88.00	1586
拟群理论的基础与应用(英文)	2023-01	88.00	1587
组合学:第二版(英文)	2023-01	98.00	1588
加性组合学:研究问题手册(英文)	2023-01	68.00	1589
扭曲、平铺与镶嵌:几何折纸中的数学方法(英文)	2023-01	98.00	1590
离散与计算几何手册:第三版(英文)	2023-01	248.00	1591
离散与组合数学手册:第二版(英文)	2023-01	248.00	1592

刘培杰数学工作室
已出版(即将出版)图书目录——高等数学

书　　名	出版时间	定　价	编号
分析学教程.第1卷,一元实变量函数的微积分分析学介绍(英文)	2023—01	118.00	1595
分析学教程.第2卷,多元函数的微分和积分,向量微积分(英文)	2023—01	118.00	1596
分析学教程.第3卷,测度与积分理论,复变量的复值函数(英文)	2023—01	118.00	1597
分析学教程.第4卷,傅里叶分析,常微分方程,变分法(英文)	2023—01	118.00	1598
共形映射及其应用手册(英文)	2024—01	158.00	1674
广义三角函数与双曲函数(英文)	2024—01	78.00	1675
振动与波:概论:第二版(英文)	2024—01	88.00	1676
几何约束系统原理手册(英文)	2024—01	120.00	1677
微分方程与包含的拓扑方法(英文)	2024—01	98.00	1678
数学分析中的前沿话题(英文)	2024—01	198.00	1679
流体力学建模:不稳定性与湍流(英文)	2024—03	88.00	1680
动力系统:理论与应用(英文)	2024—03	108.00	1711
空间统计学理论:概述(英文)	2024—03	68.00	1712
梅林变换手册(英文)	2024—03	128.00	1713
非线性系统及其绝妙的数学结构.第1卷(英文)	2024—03	88.00	1714
非线性系统及其绝妙的数学结构.第2卷(英文)	2024—03	108.00	1715
Chip-firing 中的数学(英文)	2024—04	88.00	1716

联系地址:哈尔滨市南岗区复华四道街10号　哈尔滨工业大学出版社刘培杰数学工作室
邮　　编:150006
联系电话:0451－86281378　　13904613167
E-mail:lpj1378@163.com